AVENTURAS VOLCÁNICAS

Tamsin Mather

AVENTURAS VOLCÁNICAS

LO QUE LOS VOLCANES NOS CUENTAN SOBRE EL MUNDO Y LA HUMANIDAD

Traducción de Dulcinea Otero-Piñeiro

Alianza Editorial

Título original: *Adventures in Volcanoland: What Volcanoes Tell Us About the World and Ourselves*

Publicado por primera vez en inglés en 2024 por Abacus, un sello de Little, Brown Book Group.

Mapas de Stephen Dew

Valentín Beato, 21; 28037 Madrid
www.alianzaeditorial.es
ISBN: 978-84-1148-891-4
Depósito Legal: M. 24.564-2024
Printed in Spain

Para David, Alice y Dominic

NOTA DE LA AUTORA

En este libro se han empleado las abreviaturas habituales a. C. (antes de Cristo) y d. C. (después de Cristo) para indicar algunas fechas, en lugar de sus equivalentes seculares a. e. c. (antes de la era común) o e. c. (era común), más frecuentes en obras científicas.

ÍNDICE

TERCERA PARTE
AVENTURAS VOLCÁNICAS EN LAS PROFUNDIDADES DEL ESPACIO Y DEL TIEMPO

Siguió bajando, bajando, bajando. ¿Es que no iba a acabar NUNCA la caída? «¿Cuántas millas habré descendido ya?», dijo en voz alta. «Seguro que estoy muy cerca del centro de la Tierra.»

Alicia en el País de las Maravillas,
de Lewis Carroll, cuyo título inicial fue
«Las aventuras de Alicia en el subsuelo»

¿Qué experimento puede efectuarse sin ninguna molestia ni temor a correr peligro en montañas que vomitan fuego? Ciertamente, aconsejaría a esos filósofos que aspiren a realizar sus observaciones en todo momento con absoluta comodidad y sin ningún riesgo que jamás visiten volcanes.

Abate Lazzaro Spallanzani,
profesor de Historia Natural en la
Universidad de Pavía, 1798 (cita tomada de
Mind over Magma, Davis A. Young, 2003)

Somos del mismo material del que están hechos los sueños, y nuestra corta vida se cierra con un sueño.

William Shakespeare, *La tempestad*

Mapa de la superficie actual de la Tierra donde se muestran algunas de las regiones volcá cas más destacadas que se mencionan en este libro y se indican las grandes placas y límit tectónicos.

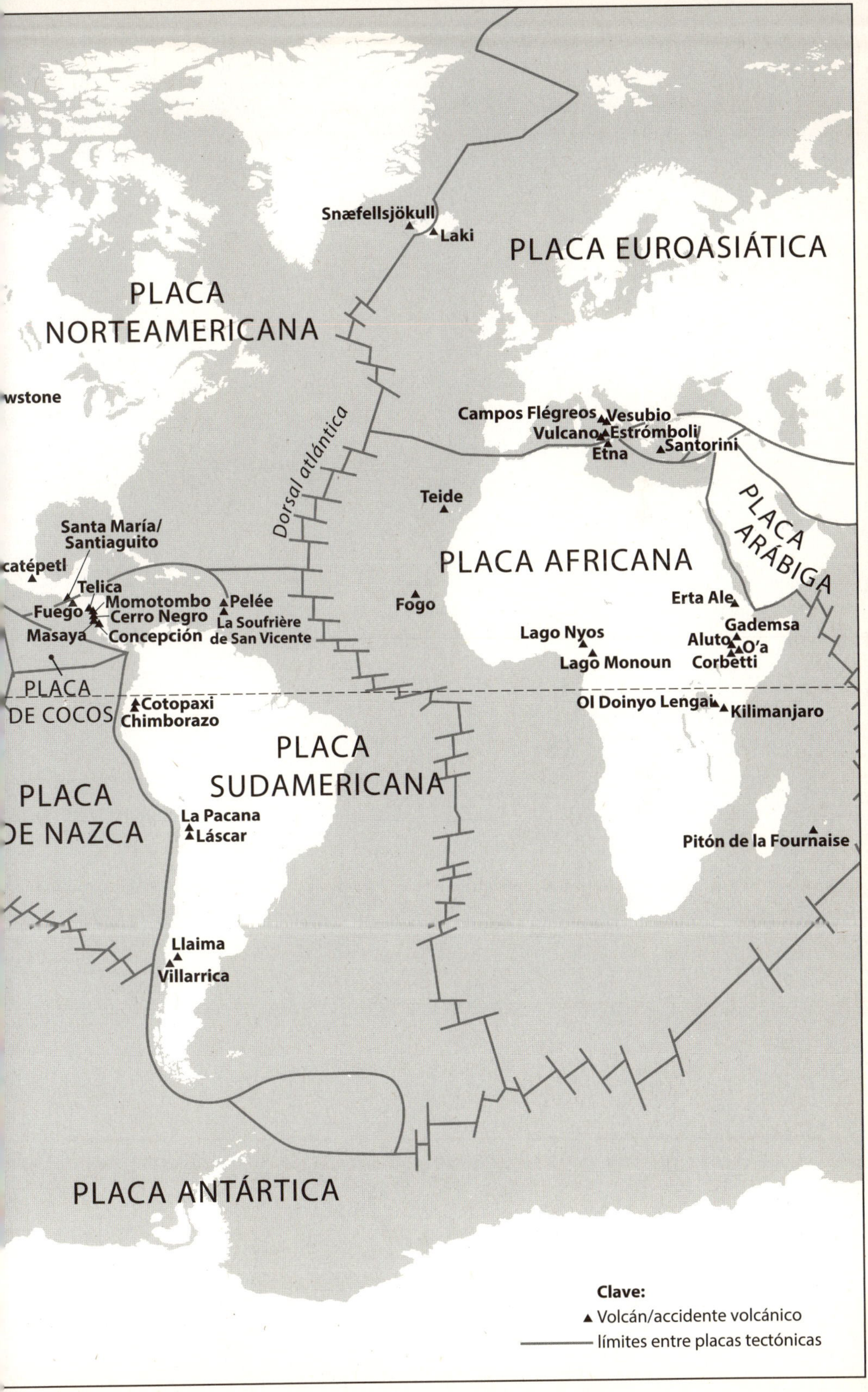
PLACA EUROASIÁTICA
PLACA NORTEAMERICANA
Snæfellsjökull
Laki
wstone
Dorsal atlántica
Campos Flégreos
Vesubio
Vulcano
Estrómboli
Etna
Santorini
Teide
PLACA ARÁBIGA
Santa María/ Santiaguito
catépetl
PLACA AFRICANA
Telica
Momotombo
Pelée
Fuego
Cerro Negro
La Soufrière de San Vicente
Masaya
Concepción
Fogo
Erta Ale
Gademsa
Lago Nyos
Aluto
O'a
Lago Monoun
Corbetti
PLACA DE COCOS
Cotopaxi
Chimborazo
Ol Doinyo Lengai
Kilimanjaro
PLACA SUDAMERICANA
PLACA DE NAZCA
La Pacana
Láscar
Pitón de la Fournaise
Llaima
Villarrica
PLACA ANTÁRTICA
Clave:
Volcán/accidente volcánico
límites entre placas tectónicas

Esquema con la escala de tiempo geológico de la Tierra, donde se indican algunas de las principales tendencias y grandes sucesos de la evolución de la vida

(MAA = Millones de años atrás)

Eón	Era	Periodo	Época	MAA		Formas de vida	Cinco grandes eventos de extinciones masivas
Fanerozoico	Cenozoico	Cuaternario	Holoceno	0.01	Edad de los mamíferos	Extinción de grandes mamíferos y aves	
			Pleistoceno	2.6		Humanos modernos	
		Neógeno	Plioceno	5.3			
			Mioceno	23.0		Proliferación de ecosistemas herbáceos	
		Paleógeno	Oligoceno	33.9			
			Eoceno	56			
			Paleoceno	66		Primeros primates	Fin del Cretácico hace 66 millones de años: desaparición de los dinosaurios no aviarios
	Mesozoico	Cretácico		145	Edad de los reptiles	Mamíferos placentarios Primeras plantas con flor	
		Jurásico		201		Diversidad y abundancia de dinosaurios	Fin del Triásico hace 201 millones de años
		Triásico		252		Primeros dinosaurios; primeros mamíferos Reptiles voladores	Fin del Pérmico hace 252 millones de años; se estima que se perdió más del 80 % de las especies marinas
	Paleozoico	Pérmico		299	Edad de los anfibios		
		Carbonífero		359		Turberas Abundancia de escualos Primeros reptiles	
		Devónico		419	Peces	Primeros anfibios Primeros bosques (perennifolios)	Devónico tardío, hace 372 millones de años
		Silúrico		444		Plantas terrestres	
		Ordovícico		485	Invertebrados marinos	Peces primitivos Máximo de trilobites Emergencia de corales	Ordovícico-Silúrico, hace 444 millones de años
		Cámbrico		539		Primeros organismos con caparazón	
Proterozoico	Precámbrico			2500		Organismos pluricelulares complejos Organismos pluricelulares simples	
Arcaico				4000		Primeras bacterias y algas (estromatolitos)	
Hádico				4600		Origen de la vida Formación de la Tierra	

INTRODUCCIÓN

La majestuosa cumbre del Vesubio preside el bullicio del actual golfo de Nápoles en el sur de Italia. Las casas bordean la falda del monte y, de noche, su oscura silueta parece emerger como una isla en medio del mar de luces resplandecientes de la ciudad. El área metropolitana de Nápoles es una de las más pobladas de Italia, y la historia de la ciudad se remonta hasta más de 2.500 años atrás. Durante estos largos milenios de asentamientos humanos, la región ha atraído innumerables visitantes para disfrutar de la belleza de sus paisajes, degustar su gastronomía y sus vinos y, al mismo tiempo, maravillarse con los numerosos estratos de historia humana que la conforman. La proximidad del volcán a la población durante este largo periodo, así como el tipo de actividad del Vesubio, la convierten asimismo en un lugar de enorme relevancia para la vulcanología.

Aquí se han efectuado muchas observaciones históricas cruciales de la actividad volcánica y fenómenos asociados a ella, tales como emisiones de gases y corrimientos de tierra, y este territorio alberga el observatorio volcánico más antiguo del mundo (Osservatorio Vesuviano), el cual lleva vigilando los volcanes de la región desde 1841. El edificio original del observatorio aún se conserva a un costado de la carretera, a unos dos kilómetros de la cumbre del Vesubio, y ahora alberga un museo de instrumentos científicos empleados en el pasado para estudiar el volcán. La ciencia de la observación de volcanes ha avanzado desde entonces, y en la actualidad la zona cuenta con una red de dispositivos de alta tecnología que detectan tremores y cambios morfológicos en el terreno y envían esas señales a enormes memorias de datos del Instituto Nacional de Geofísica y Vulcanología de Italia, en Nápoles, situado en el corazón de la propia ciudad, desde donde se vigila y se aguarda la llegada de los siguientes signos de inestabilidad.

El Vesubio fue también el primer volcán que conocí en persona, durante unas vacaciones familiares que pasé en la costa de Amalfi en 1987. A la tierna edad de diez años no tenía idea de su larga relevancia para la vulcanología. Tampoco sospechaba la importancia que acabarían teniendo los volcanes en mi propia vida. De hecho, guardo un recuerdo bastante borroso de aquella primera visita a un territorio volcánico. Tal vez no debería admitir que los muchos recuerdos que conservo de aquellas vacaciones son de la piscina al aire libre del hotel, que mi hermana y yo tuvimos casi para nosotras solas gracias al ligero frescor de las temperaturas del mes de octubre, y este tal vez sea el recuerdo más nítido que tengo entre la bruma del tiempo transcurrido, a pesar de haber vivido muchas experiencias más profundas aquella semana. Sin embargo hay retazos de memoria, fotos viejas y un raído diario de vacaciones que sí recuerdan nuestra visita a la cima del volcán: una caminata difícil pero breve desde el aparcamiento en el que dejamos el coche, un cráter extenso, profundo y escarpado, bocanadas de humo ascendiendo por sus paredes, estratos de lava de tonalidades diversas y cierto nerviosismo ante la potencial naturaleza destructiva del monte.

Aunque el Vesubio ha estado inactivo desde la década de 1940, la inquietud que sintió mi yo más joven estuvo bien justificada por los acontecimientos que ya conocía por entonces. Antes de nuestro ascenso habíamos visitado Pompeya y Herculano, dos villas que quedaron arrasadas por la terrible erupción en el año 79 de la misma montaña en la que nos encontrábamos nosotros. La visita a sus ruinas me había impresionado más aún en realidad que el polvoriento ascenso por el monte. Las reproducciones en escayola de las víctimas del Vesubio que se exponen en Pompeya (obtenidas inyectando yeso blanco en los huecos que quedaron entre los restos volcánicos tras la descomposición de los cadáveres) tornan dolorosamente corpóreo lo que vivieron: las manos se encuentran a menudo cubriendo sus rostros mientras intentaban huir o abrazadas al cuerpo en un vano acto reflejo para protegerlo de la riada abrasadora que en tan solo dos días borró por completo la grandeza y sofisticación de aquellas sociedades. Lo que se me quedó grabado en la mente fue el poder destructor de unas rocas que en mi presente estaban inertes y parecían inmutables. Unas rocas que en otro tiempo habían formado parte de una erupción tan intensa como para tragarse aquellos lugares. Pero la impresión más persistente que dejó en mi memoria el breve contacto con aquella maravilla volcánica fue la del pánico y la angustia que transmitían los cuerpos retorcidos de las víctimas.

La erupción del Vesubio en el año 79 no se produjo en absoluto sin precedentes y, sin embargo, pilló en buena medida por sorpresa a la población local. Algo más de un siglo antes, el pensador griego Estrabón había señalado las similitudes

La autora con su madre y su hermana en el borde del cráter del Vesubio en 1987.

entre las rocas del Vesubio y las que expulsaban las erupciones del monte Etna en Sicilia. Pero el Vesubio llevaba siglos inactivo antes del año 79, de modo que no se consideraba una amenaza. Sin embargo, hay signos de que la catástrofe no se produjo sin avisos previos. En el año 62, un fuerte terremoto sacudió la región, causó daños considerables en las villas de la zona y mató cientos de ovejas en los alrededores de Pompeya. Según cuenta el historiador romano Séneca, estos animales murieron envenenados al respirar la atmósfera «viciada por el veneno de los fuegos interiores», seguramente, tal como sabemos ahora, por el dióxido de carbono volcánico que se abrió pasó hasta la superficie desde el magma del subsuelo. Después de aquello, tremores leves continuaron sacudiendo la región, pero los lugareños acabaron acostumbrándose a ellos. Durante los días previos a la erupción, aquellas sacudidas se volvieron más intensas y fueron acompañadas por otros presagios ominosos, como la desecación de manantiales y pozos. Por el interior del monte el magma iba ascendiendo.

Hoy en día entendemos mucho mejor la relación que existe entre estos síntomas y una erupción inminente, pero se trata de un conocimiento que se ha ido perfeccionando a lo largo de siglos a base de reunir datos y analizar rocas. Tristemente tal vez, gran parte de él procede del propio Vesubio. Una de mis historias preferidas sobre experimentación con métodos novedosos para vigilar volcanes como el Vesubio es la de Frank Perret, un ingeniero estadounidense que viajó a Italia por motivos de salud y quedó fascinado por la montaña. En los días previos a la erupción del Vesubio de 1906 descubrió que era capaz de «oír» un zumbido continuo procedente del suelo al apoyar los dientes superiores contra su cama de hierro. Perret había transformado su propio cráneo en un sismómetro rudimentario que le permitía captar el rumor del movimiento del magma y el gas bajo el volcán.

En la actualidad, los volcanes bien vigilados, como el Vesubio, están rodeados por una red de estaciones sísmicas diseñadas para detectar las primeras vibraciones que indican alguna variación en su interior. Las rocas dejadas por erupciones previas se estudian con el fin de encontrar alguna pista sobre su actividad futura. Los cambios en las emisiones de gases, la forma del terreno, las corrientes de agua y la temperatura quedan registrados como parte de una búsqueda continua de indicios de problemas inminentes. Pero en el año 79, la población de Pompeya y Herculano no contaba con herramientas para anticipar la catástrofe que estaba a punto de ocurrir.

¿Podrían el conocimiento y el instrumental actuales haber evitado las angustiosas muertes que quedaron grabadas en los atormentados gestos de los moldes de escayola de Pompeya? Como especialistas en vulcanología, nos gusta creer que sí, a pesar de los enormes desafíos que supone captar los mensajes correctos para las personas que se encargan de ello en cada momento. Aunque en épocas recientes se han producido tragedias volcánicas espantosas, es de esperar que los seguimientos actuales y los registros de erupciones pretéritas y sus precedentes ya archivados sirvan para diagnosticar la inestabilidad volcánica, activar las alarmas y actuar antes de que irrumpa el magma. Pero en el año 79, la vida prosiguió con absoluta normalidad en el golfo de Nápoles hasta el último instante, cuando ya no hubo más remedio que hacer caso al volcán.

En una exposición de objetos procedentes de Pompeya que se exhibió en el Museo Ashmolean de Oxford a finales de 2019, me impresionaron los restos carbonizados de una hogaza de pan encontrada en un horno entre las ruinas de la ciudad. La imagen de un panadero romano introduciendo una hogaza dentro del horno sin tener ni la más remota idea de que casi 2.000 años más tarde acabaría convertida en la pieza central de aquella exposición me hizo reparar en la pátina de absoluta normalidad con la que debió de comenzar aquel día. A medida que la población de Pompeya se fue despertando aquella mañana, las fuerzas destructivas se congregaron en el inframundo para condenar sus rutinas cotidianas a quedar destrozadas por el caos que causó el desastre, y sus restos, a acabar formando parte de la historia. Pero a primera hora de la mañana sus preocupaciones y quehaceres fueron los mismos que en una jornada cualquiera.

En el caso de la mayoría de las erupciones tan antiguas como la del año 79, los estudios vulcanológicos solo pueden basarse en las rocas y otros rasgos geológicos que dejó tras de sí el episodio para reconstruir de qué manera sucedió. Pero en el caso concreto de esta catástrofe, contamos también con un testimonio que nos ayuda a interpretar la geología a través de dos cartas que escribió Plinio el Joven unos años después al historiador romano Tácito. Plinio relata lo que avistó desde su posición privilegiada en la ciudad de Miseno, al otro lado del golfo, cuando reparó en que había aparecido una nube extraña encima del volcán. Su desarrollo aumentó con rapidez hasta asemejarse a «la copa de un pino piñonero más que a la de cualquier otro árbol, porque alcanzó gran altura formando una especie de tronco y después se ramificó». A partir de estudios más recientes del tamaño de los diferentes fragmentos de roca que esparció el volcán a distintas distancias y que se han conservado en sus alrededores, se sabe que esa columna con forma de árbol se elevó entre 15 y 25 kilómetros por encima del monte. La evocadora descripción de Plinio se ha abierto paso a través de las eras, y su nombre ha entrado en el diccionario de las ciencias para describir las erupciones explosivas que arrojan penachos con esa forma característica, de modo que hoy en día se conocen como erupciones plinianas. Plinio el Viejo, tío del anterior, cruzó el golfo en barco en una misión de rescate que lo llevó a la muerte por asfixia debido a los gases volcánicos (aunque un ataque cardiaco también pudo tener parte de culpa) al intentar protegerse de la erupción a la mañana siguiente amarrándose una almohada alrededor de la cabeza mientras intentaba huir junto a sus acompañantes.

Mientras tanto, en Pompeya, a sotavento de la chimenea del volcán, los problemas comenzaron poco después del inicio de la erupción debido a la caída de una lluvia de ceniza macilenta que lo cubrió todo como una nevada polvorienta y abrasiva. El penacho habría eclipsado la luz de la tarde y convertido el día en noche como si hubieran intervenido los dioses, y, a medida que avanzara la oscuridad, las calles se bloquearían por acumulaciones de roca cuando las cubiertas empezaran a desplomarse bajo el peso de los escombros caídos sobre ellas. No queda ningún testimonio de supervivientes de la ciudad, pero debió de ser una experiencia terrorífica:

las fosas nasales, los ojos y los oídos obstruidos por la ceniza; la piel descarnada al intentar esquivar la caída de fragmentos de pumita incandescente; el aire enrarecido por el extraño olor a podrido o a áspero metal del gas volcánico. Es probable que algunas personas intentaran huir y que otras consideraran mejor permanecer sentadas en sus casas.

Por muy molesto que fuera, es probable que la mayoría de la población que decidió quedarse a esperar sobreviviera a aquella primera embestida. La muerte llegaría temprano la mañana del segundo día de la erupción, cuando desde el tronco de la columna eruptiva se descargaron inmensas nubes rasantes de pumita, cenizas y gas a temperaturas elevadísimas (aluviones piroclásticos). A lo largo de la noche, avalanchas abrasadoras equivalentes caídas sobre Herculano a una velocidad de 100 kilómetros por hora ya habrían engullido esa otra villa en cuestión de minutos sepultando a su paso personas, animales, ganado, enseres personales y edificios por igual. Las muertes se producirían por asfixia o por incineración instantánea.

Uno de los primeros libros de vulcanología que leí al empezar mis estudios de doctorado incluía imágenes de algunos restos arqueológicos de Pompeya, lo que despojó de ciencia aquellas páginas y me trasladó de vuelta a mi visita de la infancia. Una de las fotos mostraba el molde en escayola de un perro amarrado a un poste y abandonado a su suerte. Tras sobrevivir de alguna manera sobre la acumulación de ceniza caída desde las alturas, no tuvo ninguna posibilidad de salvarse cuando llegaron los aluviones piroclásticos, y sus últimos instantes quedaron inmortalizados en un cuerpo retorcido, arqueado hacia atrás mientras agitaba las extremidades. Durante mi introducción en aquella ciencia nueva a los 24 años de edad, la imagen me trajo a la memoria el objeto de recuerdo que había elegido con diez años para traer a casa de aquel primer viaje a Pompeya: una baldosa con la reproducción del famoso mosaico de cerámica que se encontró en el suelo de una vivienda durante la excavación de los restos de Pompeya con la leyenda «cave canem» ('cuidado con el perro'). Hoy todavía lo conservo junto al fregadero de la cocina. Al igual que la hogaza de pan carbonizada, es otro recordatorio de la yuxtaposición entre lo mundano y lo terrible que se conjura en catástrofes como la de Pompeya.

Mientras la devastación recorría Pompeya y Herculano, en Miseno, ciudad situada a 30 kilómetros de distancia en el golfo de Nápoles, Plinio el Joven había padecido la caída de una densa lluvia de cenizas, el pánico de una turba conmocionada por el miedo y la oscuridad total mientras aguardaba el regreso de su tío. Muchas horas después, el polvo se asentó y, a través de la bruma, se abrió paso un sol mortecino, «pajizo como en un eclipse». La pesadilla inmediata había concluido, pero al contemplar el otro lado del golfo, vio que una alfombra de escombros volcánicos grises cubría el paisaje donde otrora había campos, bosques, viñedos y ciudades. Es probable que el cono uniforme de la montaña, tal como aparece representado en murales conservados en algunas de las villas sepultadas, quedara reducido a un muñón de sí mismo. La bulliciosa ciudad de Pompeya quedó arrasada, enterrada bajo casi tres metros de coladas de lava. La desolación fue tal que quienes sobrevivieron y quienes presenciaron el episodio concluyeron que no había esperanza alguna de recuperar la ciudad. Fue abandonada y, poco a poco, con el paso del tiempo, desapareció de los mapas y cayó en el olvido. Su redescubrimiento durante el despliegue de nuevos asentamientos a finales del siglo XVI fue seguido por casualidad por otra erupción violenta del Vesubio en 1631. Esta volvió a ser tan mortífera y destructiva que arrebató la vida a muchos miles de personas, desplazó a decenas de miles más y, según cuentan, licuó la reliquia de sangre seca de san Genaro, el santo patrón católico de Nápoles.

El conocimiento de la Tierra y los volcanes ha recorrido un largo camino desde la época de Plinio. Para lograr estos avances fue crucial el estudio de las sucesivas erupciones del Vesubio desde 1631 hasta 1944, algo que en parte se vio favorecido por la accesibilidad de este monte para los pensadores occidentales (descrito en 1819 por el eminente químico británico Humphry Davy como «no tan pequeño como para resultar despreciable ni tan grande como para resultar inaccesible») y por su vieja popularidad como destino turístico. Las ideas de la Antigüedad y el Medievo sobre la naturaleza y las causas del vulcanismo (como deidades, chimeneas para el fuego interno de la Tierra o puertas de entrada al infierno) se han perfeccionado a través de siglos de observaciones, datos y ciencia, así como una visión global cada vez más compleja. A menudo nuestro estudio ha estado impulsado por las experiencias que ha tenido la humanidad con el vulcanismo. ¿Cómo definimos los peligros que entrañan los volcanes? ¿Cómo evitamos catástrofes y tragedias humanas como la ocurrida en el golfo de Nápoles? ¿Cómo altera el entorno un volcán activo y qué consecuencias tiene para la población local? ¿Cómo es posible que notemos los efectos de una gran erupción volcánica en las antípodas del planeta? A menudo definimos los volcanes de acuerdo con la naturaleza y los peligros que les atribuimos, a veces por necesidad urgente. Pero cuando nos asomamos a la boca de un volcán, la sensación dominante suele ser de insignificancia constante. Ante esta manifestación patente del poder de nuestro planeta parecen retroceder las razones humanas y nuestra intervención aparente, y emerge ante la vista algo distinto, tal vez más primordial.

La duración de los volcanes abarca una escala temporal muy distinta a la brevedad de una vida humana, insignificante y efímera en términos geológicos. La actividad del Vesubio ha marcado la historia de Europa: desde los tiempos romanos hasta su erupción más reciente en 1944, justo después de que las fuerzas aliadas tomaran Nápoles durante la Segunda Guerra Mundial. Sin embargo, el intervalo de escasos milenios que abarcan nuestros registros históricos constituye una fracción minúscula de la edad de este monte. Las rocas más antiguas que conforman el cono del Vesubio se remontan mucho más atrás, a hace unos 300.000 años, una edad equivalente a la de los restos más antiguos que se conocen de nuestra especie, hallados en África. Algunos volcanes son mucho más jóvenes, por supuesto. Paricutín en México, por ejemplo, surgió en medio de un campo de labor un día cualquiera en febrero en 1943 y formó un cono de más 100 metros de altura al final de su primera semana de existencia. Pero contemplar la majestuosidad del Vesubio sobrecoge no solo por su aspecto imponente, sino también, en cierta medida, porque abarca la escala temporal de la propia humanidad.

Pero incluso esta fracción portentosa de cientos de miles de años equivale a un mero abrir y cerrar de ojos para un planeta que tiene 4.500 millones de años de edad. Si desplazamos la vista del Vesubio para obtener una panorámica más amplia a partir de las rocas que conforman la superficie de este planeta, encontramos signos de actividad volcánica en forma de lavas que se remontan a miles de millones de años atrás. El vulcanismo en alguna de sus variantes ha formado parte de la esfera de roca que llamamos nuestro hogar desde que empezó a existir. Aunque cada volcán individual aparezca y desaparezca, el vulcanismo como proceso ha perdurado a través de los formidables eones que constituyen la historia de la Tierra. El magmatismo ha formado parte de la naturaleza intrínseca de nuestro planeta de un modo en que nosotros sencillamente no lo hemos hecho jamás. Los volcanes estaban

Erupción explosiva del Vesubio observada desde Nápoles en octubre de 1822 y publicada en la obra de George Poulett Scrope titulada *Considerations on Volcanoes* (1862): nótese el aspecto de la columna de cenizas volcánicas en forma de pino piñonero, tal como la describió Plinio, así como los relámpagos volcánicos y las cortinas de escombros que caen desde el penacho.

aquí antes que nosotros y seguirán estándolo mucho después. Puede que cambie la guardia, pero son centinelas de la historia remota y actual de nuestro planeta.

La formación de un planeta habitable es un proceso complejo, pero no es exagerado afirmar que el vulcanismo ha sido crucial para modelar este hermoso mundo que nos da cobijo. Es muy probable que las fuentes caloríficas de la Tierra primitiva, así como el continuo bombardeo de asteroides y otros planetesimales que recibió, fundieran gran parte del orbe o incluso su totalidad en varias ocasiones a lo largo de los primeros 100 millones de años de su existencia. Algunos indicios apuntan incluso a que pudo estar cubierto por grandes océanos de magma, tal vez a una escala planetaria, durante este periodo de formación. Fue una época en que el vulcanismo, o tal vez sea mejor usar el término más general de magmatismo, era la norma en este planeta en lugar de la excepción. Cuesta imaginar un mundo así, con grandes extensiones abrasadoras de tonos negros y anaranjados, más propio de la ciencia ficción, pero de alguna manera llevaba grabados los planos de nuestro planeta actual, esta canica azul espléndidamente habitable.

Aunque pueda parecer contradictorio, el vulcanismo fue crucial para transformar aquella Tierra de lava en un mundo de agua, y desde entonces ha contribuido a que siguiera siendo un planeta azul en lugar de uno negro y rojo. No se sabe con exactitud en qué momento ni de qué manera se formó la atmósfera, y aún queda mucho por esclarecer sobre su evolución a lo largo del tiempo geológico. No obstante, es indudable la importancia que tuvo y continúa teniendo la liberación de moléculas volátiles, como agua y dióxido de carbono, desde la Tierra fundida. A medida que remitió el calor del planeta en gestación, el vapor de agua de su envoltura gaseosa se condensó y cayó a la superficie en forma de lluvia, lo que la inundó y dio lugar a los primeros océanos. El magmatismo y el vulcanismo volvieron a ser los motores que contribuyeron a forjar las primeras masas de tierra: al principio meras islas y más tarde continentes, terrenos nuevos que afloraron hasta sobresalir por encima de los mares. Aquellas lavas primitivas transformaron las olas rompientes contra ellas en hervideros de vapor, lo que poco a poco les confirió la forma de volcanes en escudo. La emergencia de aquellos paisajes primordiales tuvo como testigos un Sol joven y tenue y una Luna gigante mucho más próxima y con un tamaño aparente en torno a dos veces mayor que el que muestra en el firmamento nocturno actual.

Los volcanes ya estaban aquí cuando se formó la primera vida simple en algún lugar de las aguas antiguas del planeta. Tal vez hasta fueran el calor volcánico en los surtidores hidrotermales de las profundidades marinas o los rayos volcánicos de las erupciones explosivas los que contribuyeran a recombinar algunos átomos del planeta para dar lugar a las primeras piezas moleculares que, de algún modo, permitieron el nacimiento de la biología. Mucho tiempo después, los volcanes fueron testigos mudos de la propagación de las plantas hasta cubrir los continentes y de la salida a rastras del mar de los primeros animales para adoptar la tierra firme como morada. Durante el transcurso del tiempo geológico, las rocas han sido testigos de la historia del planeta. Las especies han proliferado y menguado hasta desaparecer, a veces de manera gradual, pero otras de forma abrupta en grandes mortandades de extinciones masivas, cuando grupos inmensos de especies fueron erradicadas de la historia en un instante geológico. Es probable que los volcanes también influyeran en esta clase de acontecimientos, aunque quedan muchas incógnitas y misterios por esclarecer sobre su incidencia exacta en ellos.

El elemento más fascinante de la historia de la Tierra siempre lo constituirá el de su abundante y variada vida, cuyo culmen lo encontramos en la riqueza que vemos hoy a nuestro alrededor. Para que este mundo sea posible fue necesario modular sus fluctuaciones medioambientales. Sin embargo, aunque a veces pueda parecerlo, lo cierto es que la Tierra no es un lugar tan extremo como algunos de nuestros vecinos planetarios. No es necesario viajar muy lejos dentro del Sistema Solar para comprobarlo. La diferencia de temperatura entre la noche y el día en la Luna alcanza unos 300 °C. Nuestro gemelo planetario, Venus, tan parecido a este mundo en cuanto a tamaño y composición, soporta unas temperaturas medias en la superficie 450 °C más elevadas que las que tenemos aquí. Marte, planeta vecino algo menor que el nuestro, es 80 °C más frío en promedio. Agentes como el vulcanismo activo han contribuido a establecer los límites de la variabilidad ambiental de la Tierra, aunque también tengan el potencial de provocar grandes alteraciones. Los volcanes forman parte de un sistema de controles y equilibrios terrestres que han permitido la persistencia de la vida, pero que aún no conocemos en su totalidad. Venus y Marte evidencian lo distintas que podrían haber sido las cosas aquí. Son muchos los factores relevantes que condicionan la trayectoria evolutiva de un planeta, pero si la Tierra ha seguido un viaje hacia la habitabilidad se ha debido en parte a que en sus ciclos planetarios contó con la combinación adecuada de tectónica y magmatismo. Eso que conocemos como montañas de fuego son un signo de que aquí hay actividad geológica, y el mantenimiento constante de la atmósfera, los océanos y los continentes ha procurado las condiciones necesarias para que la evolución siguiera el camino que condujo a la aparición de nuestra existencia como especie. Los volcanes constituyen los cimientos de nuestra historia, aunque no tengamos una conciencia directa de ello. Son parte integrante del rico tapiz del mundo que habitamos, donde gozamos de la capacidad para maravillarnos con su abundancia y belleza y para razonar e intentar inferir el significado de todo ello.

Yo llegué a la vulcanología, en cierto modo, por accidente y más tarde que muchos de mis colegas, varios de los cuales quedaron seducidos por estas poderosas montañas desde la infancia. El título original de este libro *(Adventures in Volcanoland)* me lo inspiró, en parte, *Alicia en el País de las Maravillas*, de Lewis Carroll, uno de mis favoritos cuando era pequeña (y cuyo título en inglés es *Alice's Adventures in Wonderland).* Al igual que en ese mundo de maravillas que visita Alicia, en el país de las maravillas volcánicas las cosas tampoco suelen ser lo que parecen en un primer momento, y ahí radica parte de la fascinación que despiertan estas formaciones. Los volcanes representan un gran peligro, uno mayor incluso que las montañas ordinarias. A veces descargan su fuerza y causan estragos y desesperación en poblaciones humanas. Esta es a menudo la razón por la que salen en las noticias, y, cuando empecé mi doctorado en vulcanología, era también el modo en que yo concebía estas formaciones. Pero cuando visitas volcanes y conversas con quienes viven en ellos y en sus proximidades, enseguida se establece una relación mucho más compleja con ellos.

Los volcanes son devastadores y destructivos, pero también suscitan veneración y forman parte de la vida y los medios de subsistencia locales: fertilizan los suelos, atraen turistas o sirven como fuente de energía, de agua o de materias primas. En ocasiones, los pueblos humanos residen cerca de volcanes porque no les queda otro remedio, pero a veces también eligen vivir en esos lugares por las oportunidades que ofrecen o porque los consideran su tierra.

A través de mis estudios he llegado a contemplar algunos volcanes como figuras individuales. No soy la única. Es fácil que estos montes atronadores parezcan tener vida, y a menudo los identificamos con personajes poderosos, sobre todo quienes conviven con ellos a diario. Los volcanes activos aúnan las dimensiones y la inmutabilidad que observamos en otras montañas con cierto dinamismo, cambio y, en ocasiones, carácter caprichoso, lo que les confiere unos rasgos mucho más humanos. A veces, sus paisajes cambian con la misma rapidez que nuestra vida. Durante el lapso de seis años que transcurrió entre dos de mis expediciones al Etna debido al nacimiento de mis hijos, se había formado un cono nuevo en la cumbre sudoriental del volcán, y en el pico central la cresta entre dos de sus cráteres casi había desaparecido porque se había desplomado a los abismos. Cuando volví a verlo en 2012, tuve la sensación de que se había transformado casi tanto como mi propia vida y me embargó un sentimiento parecido a la empatía. En cambio, para el Etna no supuso nada tan profundo, sino otro episodio insignificante en su fluctuación incesante pero inerte. Observamos los volcanes y nos asombran, pero por muchos atributos divinos y humanos que les otorguemos, por mucho que los pinchemos e incordiemos, no tienen ninguna opinión en absoluto sobre nosotros.

La fascinación que siento por los volcanes a veces es muy personal, pero también es profundamente científica. Aunque los percibamos como entes vivos con un temperamento particular, no es más que un engaño de la mente; el mejor diálogo para conocerlos de verdad proviene de observaciones minuciosas y la documentación de semejanzas, patrones y tendencias. La vulcanología se ha basado en todas las herramientas empleadas no solo por los grandes planteamientos de la geología, sino también por los hallazgos fundamentales de todas las ciencias humanas. La nuestra es una ciencia tejida con estos hilos a lo largo de siglos de esfuerzo humano para obtener una teoría unificadora que explique cómo, por qué y dónde encontramos volcanes en nuestro planeta. Nuestro conocimiento de la esencia del vulcanismo a escala molecular nos brinda una perspectiva a escala humana de por qué algunas erupciones son más peligrosas y mortíferas que otras.

Al igual que la estructura de estas montañas dinámicas, el conocimiento humano de su naturaleza ha crecido a base de capas a lo largo de milenios. Hemos levantado edificios que se han rebajado con la destrucción causada por ideas nuevas que vuelven a erigir conos nuevos en su lugar hasta alturas más elevadas. Es indudable que ahora sabemos mucho más que nunca, pero si la historia de la ciencia nos enseña algo, es que algunas de las ideas que ahora abrazamos se acabarán revelando como mínimo incompletas, cuando no completamente erróneas. Vivimos un instante breve de la existencia de nuestros volcanes favoritos y también un instante muy concreto del pensamiento humano. Desde esta posición aventajada, yo he dedicado los últimos veinte años a desentrañar cómo entran en erupción los volcanes y de qué maneras diversas, cómo podríamos predecir su comportamiento, cómo los percibimos las personas y sus efectos en el medio ambiente. Pero también tienen la capacidad de influir más allá del entorno local y alterar el medio ambiente de todo el planeta, y eso nos desafía a deleitarnos con la riqueza de concebirlos no solo como entes individuales, sino en su conjunto como un proceso a escala planetaria que modela y remodela nuestro mundo y algunos otros.

A lo largo de este libro abordaremos algunos de los conocimientos que tenemos sobre los volcanes, cómo los adquirimos y hacia dónde se dirigen en la actualidad. Cada capítulo plantea una pregunta que intentaré responder al menos en parte. Emprenderemos una expedición que comienza en el interior de la Tierra para explicar cómo y por qué emergen los volcanes donde lo hacen, cómo entran en erupción y por qué unos lo hacen de una manera tan distinta de la de otros. Gran parte de lo que sabemos sobre comportamientos volcánicos procede de la lectura de las rocas, y exploraremos cómo nos movemos por los paisajes volcánicos para reconstruir erupciones pasadas a partir de los restos que dejaron tras de sí. Pero los volcanes también llegan más allá de su estructura particular y alteran o mantienen el medio local, regional o planetario. Esto se debe en gran medida a los gases que emiten, y para entender su repercusión más amplia debemos cuantificar esos gases y cómo y dónde se liberan. También debemos efectuar observaciones y modelos de los efectos que ejercen estas emanaciones en el equilibrio atmosférico a corto y largo plazo.

Estas herramientas permiten analizar los volcanes tal y como son de manera individual, pero también en su conjunto, como un proceso que configura el orbe, y esta interpretación arroja conocimientos nuevos sobre las intrigas que se urden en el subsuelo de nuestro propio mundo y, al mismo tiempo, nos invita a mirar hacia el firmamento. Porque lo que sabemos sobre los volcanes de la Tierra arroja luz sobre la relevancia que han tenido también en la configuración de otros planetas, en especial a medida que recibimos datos de misiones cada vez más minuciosas enviadas a planetas de nuestro vecindario cósmico y observaciones cada vez más sofisticadas de exoplanetas que residen fuera de nuestro Sistema Solar. Esto, a su vez, pone a prueba lo que sabemos sobre nuestro mundo y su historia. Pero lo extraño y remoto no está tan solo en esos otros objetos celestes. El propio pasado de nuestro planeta contiene signos de episodios volcánicos o periodos prolongados en los que el magmatismo operó a una escala mucho mayor que la observada a lo largo de la corta historia humana. Entender los volcanes de hoy es esencial para conocer los efectos de aquel vulcanismo antiguo y de qué manera cambió el curso de la evolución biológica en la Tierra.

Hay muchas rutas en este país de las maravillas volcánicas y muchas panorámicas diferentes, demasiadas —en mi opinión— para mostrarlas todas en estas páginas, ya sea en términos científicos o geográficos. Mi texto está condicionado, por supuesto, por mi formación y mis inquietudes científicas, así como por los lugares que he tenido la suerte de visitar. Como no nací ni crecí en un territorio con vulcanismo activo, siempre soy forastera en esos parajes, pero confío en lograr transmitir en cierto modo cómo se vive y se trabaja en ellos y la seducción que han ejercido en los humanos estas formaciones imponentes y su actividad. Me fascina contemplar un paisaje volcánico sabiendo cómo lo vieron otras personas antes que yo. Forma parte de la percepción de la escala temporal de esos lugares y del lapso temporal que hubo al margen de nosotros habitado por generaciones previas de observadores humanos, así como del intervalo más extenso aún por el que se despliega la geología terrestre mucho antes y después de nuestra existencia. Los augurios actuales insisten cada vez más en que a este planeta le aguarda un futuro precario, y puede que los volcanes también sirvan de algún modo para desentrañar esta cuestión. Mis viajes por estas maravillas modificaron asimismo las impresiones personales que adquirí con el estudio del magmatismo. Al principio me interesaba sobre todo investigar el vulcanismo para conocer su capacidad para cambiar el pasado, el presente y el futuro inmediato de nuestro mundo. En tiempos más recientes he encontrado aquí una lente (sobre todo en los mayores episodios de actividad volcánica del pasado) para extraer lecciones sobre el poder de la humanidad para actuar como fuerza geológica y las responsabilidades que eso conlleva.

Trabajar entre estas maravillas no siempre es fácil. A veces me desespero porque, a pesar de todos los logros alcanzados, esta ciencia aún no es capaz de evitar la pérdida de vidas humanas o de nuestros medios de subsistencia. Hay jornadas en las que regreso del campo polvorienta, magullada y maltrecha; otros días ninguno de los datos tiene sentido. Pero, en mi opinión, viajar al país de las maravillas volcánicas es una de las aventuras más apasionantes que puede emprender un ser humano.

PRIMERA PARTE

LAS ROCAS VOLCÁNICAS Y CÓMO EMERGEN DURANTE LAS ERUPCIONES

1

LA TIERRA FUNDIDA

¿Qué causa los volcanes de la Tierra?

Como vivimos en la superficie del planeta, solemos pensar que las rocas son sólidas, el material que conforma acantilados, montañas, peñascos y piedras de construcción. Pero en las profundidades de la accidentada esfera de roca que nos cobija, esta estructura esencial se comporta de un modo muy diferente. A las elevadas temperaturas y presiones que imperan en el interior de la Tierra, la roca sólida fluye lenta o viscosa y, en algunos lugares, se funde y circula líquida o convertida en magma. A veces, esta Tierra fundida encuentra la manera de encontrarse con nosotros en la superficie y sale expulsada en explosiones que la lanzan a grandes alturas o en forma de chorros o de ríos abrasadores, y entonces crea las estructuras que llamamos volcanes. Pero en la actualidad, los volcanes activos no son la norma, y en muchas partes del mundo sería fácil pasar la vida sin reparar en su existencia si no tuviéramos acceso a libros de texto, historias de viajes y las noticias de los medios de comunicación. Para emprender cualquier aventura volcánica es indispensable plantearse algunas preguntas fundamentales: ¿a qué se deben los volcanes? ¿De dónde sale la roca fundida —el magma— y por qué los volcanes se encuentran en los lugares donde están? Este viaje empezó para mí en realidad cuando inicié mis estudios de doctorado en 2001, pero el empeño por conocer los orígenes del vulcanismo es una aventura que emprendió el conocimiento humano hace varios milenios.

Cumplí 25 años durante mi primera salida de investigación a un volcán activo al final del primer semestre de mi doctorado. Me encontraba trabajando en Masaya, un departamento interior de Nicaragua, que es uno de los países centroamericanos que conforman el delicado istmo que sirve de puente entre las grandes moles de América del Norte y América del Sur. El Masaya no es un volcán especialmente destacado ni en el paisaje circundante ni en la historia de la vulcanología. Sin embargo, dio inicio a mi aprendizaje dentro de esta ciencia y fue el primer lugar donde vi una chimenea volcánica humeante y donde probé a emitir una interpretación científica sobre lo que estaba observando. Aunque hubo muchos antes del Masaya, este es el monte con el que asocio los verdaderos inicios de mis aventuras volcánicas.

Aquel mes de diciembre salimos temprano de una Cambridge fría y oscura camino del aeropuerto de Heathrow con cuatro maletas repletas de instrumental. También era noche cerrada cuando llegamos a Managua, capital de Nicaragua, aunque fuera con retraso y tres bultos de menos. Incluso a aquellas horas era posible sentir el calor y la humedad. La emoción no me había dejado dormir durante el viaje y me sentía un poco atolondrada. Una luna cenicienta pendía sobre el lago Managua mientras dábamos algunas vueltas en

La autora utilizando equipo para tomar muestras de gases y aerosoles al borde del cráter del Masaya en el año 2001.

busca del hotel. Era mi primera vez en América Latina, y recuerdo bien la impresión que me causaron las viviendas con balcones en las fachadas y los carteles luminosos con anuncios de refrescos en los bares de los pueblos por los que pasamos. Pero estaba demasiado oscuro para ver algo del paisaje de los alrededores y, cuando al fin llegamos al hotel y nos desplomamos agradecidos para descansar, no tuve ninguna percepción real de dónde me encontraba ni de estar cerca de un volcán activo.

A la mañana siguiente fui la primera en despertar y, todavía embotada por el cambio horario y el hambre, deambulé a trompicones hasta toparme con el porche. Me recibieron matas de piña, un césped de hierba gruesa y extraños árboles tropicales y enredaderas. Y justo ahí, asomando ligeramente por encima de la exuberante vegetación, estaba el volcán. En el leve frescor de la mañana, una nube envolvía la cima, y la silueta apenas distinguible de algunas aves ascendía recortada contra las hinchadas emanaciones blanquecinas. Alcancé a divisar una cruz de madera cerca de la escarpada cumbre, así como matorrales achaparrados, árboles y manchones de hierba que remontaban casi toda la falda hasta esa marca simbólica. Había una cicatriz marrón en el flanco derecho, donde las lenguas de una colada de lava rugosa habían rebosado por el borde del cráter y se habían solidificado nada más precipitarse al exterior.

Como ya he comentado, el Masaya es un volcán más bien discreto, al menos visto de lejos, con una altura máxima que apenas supera los 630 metros sobre el nivel del mar. Una de las carreteras principales de Nicaragua, la Ruta 4, lo bordea por el noreste, pero si se viaja por carretera desde la localidad de Masaya hasta Managua, es fácil pasar de largo sin reparar en él. Su topografía es suave y compleja, una nota marginal en el paisaje si se compara con su majestuoso y cónico vecino Momotombo, que domina la orilla septentrional del cercano lago de Managua. Por la Ruta 4, el Momotombo se revela de repente al culminar una colina, como salido de la nada, con su elegante cono coronado por yemas que parecen dedos tocando el cielo, y me deja sin aliento cada vez que lo veo. Es solo una ilusión, pero casi se podría creer que la carretera principal conduce hasta la base misma del volcán. El Masaya, en cambio, se encuentra en una gran depresión ovalada, una caldera, de paredes escarpadas por tres de sus lados, casi colgado del borde nororiental, con la laguna de Masaya encajada como un feto en los cortados orientales. La caldera es un parque nacional, y una carretera asfaltada serpentea hasta la baja cima del volcán.

El Masaya compensa lo que le falta de altura con una gran actividad volcánica. Solo treinta años después del desembarco de Cristóbal Colón en América llegaron a Nicaragua los primeros conquistadores. Los volcanes no se arredraron y los recibieron con erupciones del Masaya y el Momotombo en 1524. En una carta enviada al emperador español sobre la conquista de Nicaragua, el gobernador local Pedrarias Dávila detalla la primera actividad volcánica que observaron aquellos hombres en las nuevas tierras: «En esta provincia de Masaya sale una boca de fuego muy grande, que jamás cesa de arder, y de noche parece que toca en el cielo del grande fuego que es, y se ve 15 leguas como de día». La historia de la humanidad siguió su curso, pero el Masaya y el Momotombo continúan «ardiendo» cinco siglos después.

Hoy en día el Masaya es un destino frecuentado por turistas y escolares. En la cima del cráter hay un aparcamiento que suele estar lleno de los típicos autobuses amarillos estadounidenses, los cuales se han importado a América Central para acabar sus días como vehículos de transporte local. Muchos de ellos se han repintado de otros colores chillones: rojos intensos, azules iridiscentes, verdes esmeralda y morados llamativos. Despiden con regularidad humo negro por sus tubos de escape y les cuesta ascender por el monte, pero conservan toda la potencia de sus bocinas y resultan ensordecedores si te pillan cerca. A solo unos pasos del estacionamiento se puede contemplar el activo cráter Santiago del Masaya, así como la nube de gas tóxico que emerge del interior de la Tierra.

El cráter es un paisaje lunar. Sus paredes son escarpadas y están atravesadas por costuras entrecruzadas de coladas de lava solidificadas y capas de cenizas volcánicas. Esto crea un efecto parecido a una porción de tarta de tres capas, una roja, otra ocre y otra gris; la historia del Masaya se revela en cada capa del proceso volcánico. El fondo del cráter, situado unos 150 metros más abajo, es una superficie de lava retorcida, polvo y escorias. Cuando contemplé por primera vez el interior del volcán, vi la palabra «Santiago» que habían escrito con piedras blancas algunos aventureros intrépidos que se habían atrevido a descender por él. Durante mi segundo viaje, en 2003, presencié el descenso en rápel de algunos colegas de profesión por las paredes interiores para retirar aquellas letras a petición del director del parque nacional. En esa terraza y más abajo aún se encuentran las chimeneas activas, muy parecidas a bocas, donde las rocas al rojo vivo procedentes del interior de la Tierra se encuentran con la superficie y el aire. En 2001 había dos respiraderos y, de no ser por los gases ondulantes y el estruendo ocasional de pequeños desprendimientos de rocas, todo parecía estar bastante en calma en la superficie. Cada vez que visito el Masaya compruebo que la parte más interior del volcán ha cambiado, puesto que el monte exhala gases y se sacude, y eso añade detalles nuevos a su historia.

Quien trabaja en el volcán puede obtener permiso para cruzar en coche la barrera que impide el paso al camino que sigue más allá del área turística. Una carretera bordea el cráter y conduce hasta un aparcamiento abandonado en el lado opuesto. En ese lugar, el suelo está agrietado debido a la erosión volcánica, cubierto de un polvo oscuro y salpicado de piedras y cantos rodados de tamaños diversos. Cuando se levanta viento, se entiende con rapidez por qué es un paraje desierto. Los vientos dominantes que se arremolinan en la cima del cráter atrapan los gases calientes que emanan de las profundidades y los acarrean hasta allí. Con el calor del día estos gases suelen ser transparentes e invisibles, pero se manifiestan de otras maneras. Incluso cuando solo se intuye una bruma fantasmal, las bocanadas de humo son capaces de saturar con rapidez los pulmones, causar asfixia y hacer que nos aferremos con fuerza a la máscara antigás. Aunque fuera de la vulcanología todavía se suele describir como un humo, la química de este cóctel corrosivo se parece poco a la que nos envuelve el rostro cuando estamos cerca de un fuego o de una persona que fuma un cigarrillo. Son vapores repletos de gases ácidos nocivos, y son precisamente lo que me llevó a mí y muchas otras personas dedicadas a la vulcanología hasta el Masaya, debido a su procedencia directa de las entrañas de la Tierra. El volcán es un laboratorio natural que nos permite efectuar mediciones y experimentos para intentar esclarecer qué está sucediendo dentro del cráter y, por ende, dentro de la Tierra. Por muy molestas que resulten estas emanaciones ácidas, constituyen un verdadero reclamo para especialistas en geoquímica de gases como yo.

A pesar de los humos y la incomodidad de trabajar con una máscara antigás de plástico puesta en la cara, este aparcamiento repleto de vapores es un lugar especial. La vegetación es muy escasa, pero existen algunas formas de vida sorprendentes. Hay un lugar donde las abejas taladran el polvo y el lodo volcánicos compactos y escamosos para excavar nidos parecidos a celdillas que los implacables humos protegen de depredadores y parásitos. Cuando el viento amaina lo bastante, se las oye zumbar. El enclave también ofrece una perspectiva diferente del cráter. Al dirigir la vista hacia el aparcamiento destinado a las visitas turísticas se distingue la estratigrafía (las capas geológicas) del cráter Nindiri, más antiguo, allí donde la corta la actividad más reciente del cráter Santiago. Estos estratos se hunden entre los flancos del volcán como una elaborada versión ígnea de las hamacas que se venden en el mercado artesanal de Masaya. La cruz que había divisado aquella primera mañana preside el paraje desde una colina situada en el lado opuesto del cráter. Según cuentan, la cruz original fue erigida por el ferviente fraile español Francisco de Bobadilla en el año 1500 para exorcizar los demonios que pudieran haber salido de la boca del volcán, convencido de que era una puerta trasera de acceso al infierno. Oscuros buitres de alas blancas vuelan en círculo sobre el lugar aprovechando las corrientes térmicas que generan el volcán y el calor del Sol. En ocasiones usan la cruz como posadero, y los imagino observándonos desde la distancia mientras trabajamos. Son preciosos pero siniestros, algo así como un recordatorio de que siempre acecha algún peligro cuando se está sobre un volcán activo. Aunque el mayor riesgo suele radicar en los gases del Masaya, también cabe la posibilidad de que el volcán cobre virulencia. Justo el mes de abril anterior a nuestra visita de 2001 se produjo una explosión inesperada que abrió una chimenea nueva en el fondo del cráter y expulsó rocas (bombas volcánicas) y ceniza, lo que incendió pastizales, dañó vehículos e hirió (por suerte de levedad) a los visitantes allí presentes: un recordatorio del poder amenazador que se oculta tras una de las principales atracciones turísticas de Nicaragua.

Uno de los instantes del día que más me gustan en ese lugar es el anochecer. A menudo el viento parece amainar y el cielo adquiere tintes rosas y anaranjados mientras el Sol se zambulle en un Pacífico que no llega a divisarse. En los alrededores del cráter reside una colonia de pericos, y cuando hay suerte, llegan a verse los destellos de sus largas colas verdes y a oírse sus reclamos mientras regresan a su morada. A medida que el Sol continúa descendiendo, el color se desvanece del mundo circundante y empiezan a aparecer las primeras estrellas en el firmamento. Abajo, en el interior del cráter, las tonalidades del cielo casi parecen transmutarse en un nuevo fulgor procedente de la chimenea con actividad. El material ardiente. El magma. La Tierra fundida.

En 2001 ese resplandor nocturno era muy sutil y, aun así, me fascinó porque fue como contemplar los últimos rescoldos de una hoguera. En momentos más tranquilos se llegaba a oír el fragor del magma retumbando bajo el suelo fuera de la vista. Se notaba que aquella luz tenue palpitaba cuando emergían bolsas de gas de su superficie, y a veces, en los atardeceres más fríos, sentía el roce del gas caliente flotando en el aire y envolviéndome como una manta. Momentos así sobre un volcán parecen atemporales. Pero, por supuesto, no lo son. Los artículos científicos sobre vulcanología ofrecen sucesiones muy detalladas de registros tomados en emplazamientos volcánicos; a modo de folioscopios científicos, narran la historia de los cambios que experimentan estas agitadas formaciones. Se abren y cierran chimeneas; el nivel del magma asciende y desciende; salpicaduras abrasadoras se solidifican y forman rocas nuevas. Las dos chimeneas que observé durante mi primer viaje a Masaya solo fueron una página más de esa sucesión, y cada vez que regreso me pregunto cómo habrá cambiado ese santuario interior del volcán. En ocasiones, las alteraciones son sutiles: se abre una chimenea nueva, otra se rellena con rocas caídas, el fulgor nocturno es más vivo que antes o quizá se muestra más tenue. Otras veces se producen cambios mucho más llamativos. Durante una visita posterior, en 2017, las chimeneas activas del Masaya se habían expandido y fundido y el suelo se había desplomado y dejaba a la vista la parte superior de la cámara magmática que había en su interior. De noche, el resplandor iluminaba el cráter como una enardecida hoguera otoñal. Llegaba a divisarse en cuanto se pasaba la última curva de la carretera que conduce hasta la cima. Acudían a contemplarlo más turistas que nunca, y la estampa nocturna del cráter contemplado desde el aparcamiento colmado de gases lo mostraba tan iluminado por los *flashes* de las cámaras como por la lava. El interior del cráter se había convertido en un pozo de pura energía continua, turbulenta, roja y agitada. Me sorprendió su fluidez y su dinamismo, como si estuviera asomada a un tumultuoso mar de fuego en el interior de la

Tierra en lugar de a uno estático, tal como sugería la denominación técnica «lago de lava» que constaba en los informes oficiales para describir la actividad más reciente del Masaya. Fue como observar de cerca los procesos que había estado estudiando durante años sin ver su verdadero origen, como si me estuvieran desvelando un secreto.

Si se compara con el intervalo temporal de la historia escrita de la región, la actividad del Masaya podría parecer sempiterna. Pero las rocas cuentan otra cosa. La caldera data de hace unos 2.500 años, de modo que el Masaya, como todos nosotros, tuvo un comienzo, y experimentó muchos sucesos importantes antes de que existieran registros escritos para compararlos con su estado actual. No obstante, son relevantes las historias relacionadas con el volcán que nos han llegado de otras épocas. Los pueblos nativos de Nicaragua adoraban el volcán como un dios, y en torno a él se forjaron historias de sacrificios humanos y magia negra, según relataron los conquistadores. En el Masaya había un lago de lava cuando el primer cronista de las Indias, Gonzalo Fernández de Oviedo y Valdés, ascendió hasta su cima en julio de 1529. Oviedo lo describe así: «Avia un fuego liquido como agua, ó la materia quello es estaba más que vivas brasas ençendida su color, é si se puede deçir muy más fogosa materia paresçia que fuego alguno puede ser». Estas palabras no dejan lugar a dudas de que lo que vio Oviedo hace más de 450 años se parecía mucho al espectáculo turístico de 2017, lo que brinda una idea sobre la longevidad de la naturaleza volcánica actual del Masaya.

Pero en el siglo XVI aquellos tonos candentes despertaron la codicia de los visitantes extranjeros en la misma medida que el espanto, y algunos concluyeron convencidos que había oro y plata en el fulgor de aquel lago. Fray Blas del Castillo se empecinó especialmente en esta creencia y, en 1538, se propuso extraer esos metales. En un principio mantuvo sus actuaciones en secreto porque ni él y ni sus acompañantes querían compartir el tesoro. El fraile justificó el sigilo de este modo: «Callad, padre: que por ventura Dios no quiere que lo descubran capitanes ni personas ricas, sino pobres é humillados». Tras una inspección minuciosa, acarrearon los equipos necesarios hasta el borde del cráter y se sintieron en condiciones de comenzar. Descolgaron a fray Blas despacio por el cráter metido en una cesta y sin descuidar las medidas de seguridad: llevaba puesto un casco de hierro bajo un sombrero de paja para protegerse la cabeza y portaba una cruz de madera para defenderse de los demonios, así como una bota de vino para combatir la sed y el pavor. No es de extrañar que mi valoración actual de riesgos para efectuar trabajos de campo sea tan distinta que desaconseje por completo el empleo de bebidas espirituosas cuando estoy en un volcán y no contemple en absoluto los peligros que entrañan espíritus de una naturaleza más sobrenatural.

Aquel primer descenso a los infiernos en una cesta no salió bien. Hubo otros intentos, pero todo lo que consiguieron sacar consigo aquellos buscadores de oro fue roca basáltica oscura que, tras analizarse en la fundición de la ciudad nicaragüense de León, no contenía ni plata ni oro. Cuando el frustrado gobernador se enteró de aquellas actividades, prohibió a fray Blas, quien falleció poco después, la realización de más prospecciones. Pero la exaltación de fray Blas ante los tesoros volcánicos era contagiosa, y hubo otros que emprendieron la búsqueda con planes cada vez más elaborados. En 1551, el deán de la catedral de León solicitó al emperador, sin éxito, 200 esclavos para excavar un túnel a través de las paredes del cráter y vaciarlo de todo su oro. Pero cuando finalmente se fijaron los tributos para sufragar aquellas iniciativas y se concedieron los permisos necesarios, los humores del volcán ya habían migrado, y el lago de lava se había enfriado y solidificado. El brillo del oro se había esfumado.

Es fácil desestimar a estos observadores del siglo XVI que ingenuamente tomaron por oro todo lo que relucía, y el magma, por materia incandescente; pero la ciencia tardó mucho tiempo en unir todas las piezas para desentrañar qué es realmente un volcán. Aquel día de diciembre de 2001 en que contemplé por primera vez la boca del Masaya empezó mi viaje personal para entenderlo. En vista del misterioso calor y poder de los volcanes, no me sorprende en absoluto que se hayan asociado con deidades y demonios, tanto en el caso del Masaya como en todo el orbe. La explicación de la procedencia de este poder descomunal y su capacidad para fundir las piedras forma parte de la interpretación del funcionamiento interno de nuestro planeta, de cómo se formó y del lugar que nos corresponde en él.

De niña me fascinaban las llamas. De hecho, aún lo hacen. Es natural embobarse con ellas, y lo veo en mis propios hijos a medida que crecen. Velas de cumpleaños y fogatas al aire libre, una acogedora candela en la chimenea en Navidad que reconforta al arrimarse a ella con precaución. El calor de esas llamas es químico, se libera a medida que se reorganizan los átomos de la cera, la leña o el carbón y se mezclan con el oxígeno del aire para formar otras moléculas. Si le quitamos el oxígeno o el combustible o lo rociamos con agua, el fuego se apaga. Sin embargo, por mucha que sea la similitud visual, el calor volcánico es otra cosa. No hay nada ardiendo, nada que apagar.

La primera vez que estuve junto a una colada de lava fue una tarde de julio de 2006 en el Etna, en Sicilia. El suelo temblaba, el aire quemaba y todo se veía rojo, naranja y negro. Por encima de mí tronaba una fuente de fuego pulsante.

La boca del volcán lanzaba por los aires estelas de escorias brillantes que poco después se enfriaban y desvanecían creando un cono de oscuridad interrumpida en torno a aquel circo. Un flujo de lava emergió de la base del cono y se deslizó en mi dirección con un sonido metálico inesperado que tintineaba como una cadena arrastrada sobre el asfalto. Mientras observaba ese río encarnado, me incliné sobre la corriente hasta que noté un calor excesivo. La intensidad fue impresionante y retrocedí temiendo que la frontera entre lo seguro y lo sumamente peligroso fuera demasiado delgada para poder dominarla. A diferencia del fuego de una chimenea, bien confinado en un espacio seguro, aquel calor no tenía nada de acogedor ni de reconfortante.

El empleo generalizado del fuego por parte de nuestra especie data al menos de 100.000 años atrás. Tal vez por eso no sea de extrañar que los primeros intentos para explicar la actividad volcánica se basaran en esa experiencia primitiva y más ubicua del fuego, las llamas y la combustión.

El hecho de que la cuna de la civilización europea confluyera en lugares como Grecia e Italia, donde hay varios volcanes activos, tuvo como consecuencia que quedara constancia del pensamiento antiguo occidental sobre el vulcanismo y sus causas. La actividad de volcanes como el Etna, el Estrómboli y el Vulcano (que debe su nombre al dios romano del fuego y la metalurgia y del que proviene la palabra «volcán»), situados en los alrededores de Sicilia y Santorini, en las Cícladas griegas, arroja experiencias compartidas entre pobladores antiguos y modernos. El Estrómboli ha permanecido activo de manera ininterrumpida desde los comienzos de la historia escrita, que en esa región del Mediterráneo se remonta a hace más de 2.500 años. Sus explosiones periódicas todavía deleitan, y a veces aterrorizan, a turistas actuales. De noche, los estallidos de roca caliente iluminan las partículas diminutas inmersas en el gas y lanzan cortinas de luz hacia el cielo.

Estas mismas bocanadas de gas caliente instaron a los primeros navegantes griegos a pensar que el gigante Eolo, guardián de los vientos, se encontraba cautivo bajo las islas. Aunque el mito se desmontó hace tiempo, Eolo sigue encadenado al nombre que recibe el grupo de islas al que pertenecen Estrómboli y Vulcano. Las islas Eolias, todas ellas volcánicas, emergen del azul cobalto del mar Tirreno formando un complejo conjunto arqueado frente al extremo noreste de Sicilia. Los griegos y romanos de la Antigüedad interpretaron que la actividad volcánica se debía a fuegos en el interior de la Tierra o a exhalaciones de fuertes vientos calentados por fricción. Ambas ideas se fundieron y desarrollaron hasta que en Roma cundió la creencia de que los volcanes eran chimeneas de gigantescos hornos internos de la Tierra alimentados con carbón, alquitrán o azufre. Los romanos teorizaron sobre la existencia de una gran red de conductos de salida de humos dentro del planeta de modo que allí donde irrumpían esos fuegos interiores, los volcanes actuaban como válvulas de seguridad.

Estas ideas clásicas acerca de los volcanes favorecieron la iconografía medieval cristiana de las llamas del infierno. Los volcanes eran las chimeneas del inframundo, su actividad era consecuencia de los pecados humanos y su fragor se debía a los gritos de las almas en pena. Estas creencias fueron las que animaron a fray Blas del Castillo a incluir una cruz en su equipo de campo para subir al cráter del Masaya, y a fray Francisco de Bobadilla a erigir la primera cruz en su cima. La idea del fuego interior de la Tierra se desvaneció muy despacio a pesar de la llegada del Renacimiento. Entre los numerosos tesoros que alberga la Biblioteca Bodleiana de Oxford hay una copia del *Mundus subterraneus*, una obra publicada en 1664 y escrita por el prolífico erudito jesuita alemán Atanasio Kircher.

Huyendo de la guerra en su tierra natal, viajó al sur de Italia, donde presenció el vulcanismo del Etna, el Estrómboli y el Vesubio, lo que lo condujo a reflexionar sobre la naturaleza y el origen de este fenómeno. Hace años, una de las ilustraciones del *Mundus subterraneus* formó parte de una exposición bodleiana de los tesoros relacionados con volcanes ocultos en sus archivos académicos. La sección transversal de nuestro mundo que trazó Kircher fue una de las láminas que más me gustó de aquella muestra. El grabado representa la Tierra como un círculo oscuro rodeado por nada menos que once volcanes cónicos activos —«montes que vomitan fuego», como los llamaría Kircher más tarde— repartidos con bastante uniformidad alrededor de toda la superficie. Los volcanes delimitan con claridad los diferentes dominios del mundo, donde aparecen seis segmentos oceánicos en los que se mecen los barcos y cinco continentes ilustrados con cadenas montañosas. Los cielos sobre el planeta son una confusión de nubes y vientos. Pero lo que más llama la atención es el interior de la Tierra. Kircher se había basado en informes mineros para saber que la temperatura aumenta con la profundidad dentro de la corteza terrestre, y plasma ese calor interior como un gran cogollo flamígero en el mismo centro del planeta. Una red arborescente de conductos se despliega desde este fuego central hasta muchos otros ramilletes de fuego de menor tamaño, nodos de una compleja malla que acaban encontrando como vía de escape los volcanes en la superficie.

Pero con el paso del tiempo se produjo un cambio en la concepción de los volcanes dentro de la filosofía occidental. El propio infierno se discutió, reimaginó o sometió incluso a un análisis empírico. En la obra de 1714 titulada *An Enquiry into the Nature and Place of Hell* ('Indagación sobre la naturaleza y la ubicación del infierno'), Tobias Swinden, párroco de Cuxton, en Kent, razonó que, en comparación con los cielos, cualquier espacio del subsuelo terrenal «ha de ser demasiado pequeño para contener los ángeles caídos y el infinito número de condenados». Para un creyente como Swinden, el fuego del infierno era real, pero él lo trasladó del espacio limitado de la Tierra al Sol. Otros pensadores de la época propusieron teorías diferentes. El sucesor de Isaac Newton como titular de la Cátedra Lucasiana de Matemáticas de la Universidad de Cambridge, William Whiston, sugirió el cometa Halley como posible localización del infierno y sus fuegos eternos. Otros rechazaron de plano una interpretación literal del infierno, ya que el pensamiento ilustrado presionó para separar lo material del universo espiritual, o descartaron la ortodoxia religiosa en su totalidad. Aunque las explicaciones del vulcanismo se apartaron de la condenación eterna en el infierno, su asociación con formas más benignas del fuego tardó más tiempo en extinguirse.

El fuego sigue siendo el núcleo de la taxonomía volcánica incluso en la actualidad. Volcanes con denominaciones como Fogo ('fuego' en portugués), en Cabo Verde, Fuego, en Guatemala y las islas Canarias, o Pitón de la Fournaise ('Pico del Horno' en francés), en la isla Reunión (y el primer volcán que vi en erupción), revelan el alcance del colonialismo europeo. Pero idiomas de todo el mundo interpretan los volcanes como montañas de fuego o humo, lo que se refleja en los nombres de volcanes individuales, como Erta Ale en Etiopía ('montaña humeante' en la lengua local) y Gunung Api en Indonesia (donde *gunung* significa 'monte' y *api* significa 'fuego', 'llama', 'resplandor', 'luz' o 'destello'), así como en vocablos genéricos para *volcán* que significan 'fuego' o 'monte ardiente' en lugares tan lejanos como Islandia *(eldfjall)*, Japón o China (*kazan* y *huǒ shān*) y Samoa *(mauga mu)*. El fuego también

Este grabado ilustra una sección transversal de la Tierra y representa los volcanes del mundo alimentados por fuegos conectados a una fuente central en el interior del planeta. Extraído de la obra *Mundus subterraneus*, de Atanasio Kircher (1664).

está presente en el vocabulario técnico de la vulcanología. Los fragmentos de roca destrozados que encontramos después de un episodio de actividad volcánica se denominan «piroclastos» (de los vocablos griegos para 'fuego' y 'roto en pedazos'). Los productos más finos parecidos a arena que generan las explosiones volcánicas se conocen como «cenizas». Las exhibiciones enérgicas de actividad volcánica en lugares como el Kīlauea de Hawái o el Etna se describen como «fuentes de fuego», justo lo que se ve. Todos ellos son términos evocadores que nos ayudan a relacionar los extraños fenómenos del vulcanismo con un léxico de experiencia común, aunque técnicamente sean erróneos. A medida que cambió la explicación científica de los volcanes y sus productos —y del fuego en sí—, aumentó la necesidad de desentrañar qué ocurre en el subsuelo. Era difícil concebir una reserva suficiente de combustible continuamente ventilada con oxígeno en las profundidades de la Tierra para mantener su calor interno. Y, a pesar de estos nombres, los productos rocosos del vulcanismo poco se parecen a las cenizas y carbonillas de una fundición o un horno, de modo que en los siglos XVII y XVIII empezaron a buscarse otras maneras de explicar el calor volcánico.

A medida que crecieron los conocimientos químicos, se propusieron justificaciones de los volcanes distintas a la existencia de meros fuegos en el interior de la Tierra. Filósofos naturales como el académico francés Nicolás Lémery experimentaron con la «fermentación» del hierro y el azufre como posible fuente de calor para prender los fuegos internos de la Tierra o para abrir conductos de ventilación que permitieran el paso de aire para alimentar las llamas. En 1690 tomó registros de experimentos consistentes en enterrar bajo el suelo una pasta de limaduras humedecidas de azufre y hierro. El abultamiento y el calor resultantes lo convencieron de que aquello «bastaba por completo para explicar de qué manera se producen fermentaciones, sacudidas y conflagraciones en las entrañas de la Tierra como las que se dan en el Vesubio».

El descubrimiento de elementos químicos desconocidos también alentó nuevas teorías sobre la procedencia del vulcanismo. El químico de Cornualles Humphry Davy fue el primero en aislar potasio y sodio como elementos puros. La reactividad que manifiestan estos metales alcalinos en contacto con la humedad es impresionante. Conservo un recuerdo escolar muy nítido de la demostración que nos hizo un docente sobre la reacción del potasio puro con agua. El metal era tan reactivo que había que guardarlo en aceite para aislarlo del oxígeno y la humedad de la atmósfera. En cuanto lo soltó en agua, vimos que el potasio se fundía en gotas y burbujas sobre la superficie del recipiente transparente acompañado de chispas y llamas lilas causadas por la combustión del hidrógeno liberado. Aunque esta demostración se combina hoy en día con otros experimentos para ilustrar tendencias importantes de la reactividad química, a comienzos del siglo XIX Davy quedó lo bastante impresionado con ella como para establecer otros paralelismos, y eso lo llevó a proponer una nueva teoría del vulcanismo. En 1808 discurrió que «si el interior del orbe se hubiera encontrado en todo momento en un estado de combustión, entonces los efectos tendrían que haberse transmitido mucho tiempo atrás a la superficie, la cual se revelaría no ya salpicada por unos cuantos volcanes muy dispersos, sino como una masa fulgurante e incandescente». La explicación alternativa que él planteó fue que las grandes reservas subterráneas de metales reactivos localizadas en algunos sitios determinaban la ubicación del vulcanismo, e ilustró su teoría en espacios como la Royal Institution de Londres mediante la construcción de espectaculares volcanes artificiales de barro repletos de metales como el potasio e inflamados con agua.

Los debates sobre el origen y la profundidad del calor volcánico continuaron vinculados a interrogantes sobre cómo cambiaba exactamente la temperatura de la Tierra a medida que se descendía por el interior de su esfera y si la actividad volcánica del planeta se producía a un ritmo constante o decrecía en el transcurso de la historia. Estas teorías sobre el calor de la Tierra también alimentaron fantasías literarias. Cuando yo era pequeña, teníamos la clásica novela *Viaje al centro de la Tierra* (1864), de Julio Verne, en una cinta de casete que servía para entretenernos durante los viajes largos en coche. Este relato épico en el que los personajes descifran un mensaje rúnico que revela cómo llegar hasta un túnel que conduce al centro de la Tierra a través del volcán Snæfellsjökull, en Islandia, nos sirvió para amenizar muchos kilómetros monótonos de autopista. El cráter por el que debían entrar estaba señalado por la sombra que arrojaba a mediodía una cumbre cercana justo antes de que finalizara el mes de junio. Descender hasta el abrasador interior de la Tierra me parecía problemático incluso de niña, y uno de los personajes, Axel, manifiesta la preocupación de que el calor los supere durante el descenso. Pero Verne articula la historia en torno a la teoría de Davy sobre el origen metálico del calor volcánico. Tal como explica el excéntrico profesor Lidenbrock, «la Tierra se ha calentado por combustión en su superficie, eso es todo. La superficie estaba compuesta por gran cantidad de metales, como potasio y sodio, que tienen la particularidad de arder en cuanto entran en contacto con el aire y el agua». Esta oportuna ambigüedad sobre la naturaleza del calor volcánico permite a los viajeros de Verne un descenso seguro hasta las maravillas de sus cavernas repletas de peces primitivos, dinosaurios y humanoides prehistóricos antes de salir expulsados al exterior arrastrados por una erupción de agua a través del volcán Estrómboli de Italia.

De hecho, Verne no usó las ideas más actualizadas de Davy para enmarcar en ellas su historia, o tal vez se tomara alguna licencia poética. En el siglo XIX circuló otra teoría sobre la procedencia del calor interior de la Tierra, una ajena a reacciones químicas como la combustión. Estas ideas también tenían un origen más lejano, y se remontaban hasta el matemático y filósofo francés René Descartes. En su obra *Los principios de la filosofía*, de 1644, él asume que «esta Tierra que habitamos» fue en el pasado una estrella como el Sol, aunque mucho más pequeña, de modo que la esencia del sol interior de la Tierra se desparrama desde su centro. Aunque para Descartes los volcanes no guardaban relación con esta energía más profunda y seguían siendo montes «conocidos por conflagraciones frecuentes» propulsadas por azufre o alquitrán, esta concepción de una energía primordial conservada en la Tierra desde su formación celeste y, por tanto, de una fuente alternativa de calor para impulsar el vulcanismo ejerció una influencia importante en el pensamiento posterior. En 1828, más de treinta años antes del emocionante relato de Verne, el propio Davy había concluido que las evidencias procedentes de minas y fuentes termales tornaban «probable que el interior del orbe posea una temperatura muy elevada», y reconoció que el planteamiento de que el centro del planeta era caliente y fluido ofrecía una solución más sencilla que sus metales reactivos para explicar el fenómeno de los fuegos volcánicos. A finales del siglo XIX, la geología se había consolidado en el mundo occidental como actividad humana, y en general se admitía que los volcanes no eran resultado de la combustión. Se averiguó que los «humos» volcánicos eran agua en condensación u otros vapores, y no humos resultantes de la combustión, y que las «llamaradas» tenían que ver más bien con material fundido incandescente. Durante la resolución de algunos misterios relacionados con las observaciones de las erupciones volcánicas y sus productos, el problema de la localización del combustible interno y otros reactivos se trasladó al esclarecimiento del origen de la roca fundida que hay en el interior de la Tierra, una cuestión íntimamente ligada a la estructura interna del planeta.

Descartes, al igual que Kircher un par de décadas después, trazó una sección transversal de la Tierra en *Los principios de la filosofía*. La representación de Descartes contrasta con la de Kircher tanto en estilo como en contenido. No tiene ni el dramatismo de los ramilletes de fuegos interiores ni la poesía de los barcos o los vientos ondulantes. Es un esquema desapasionado de capas concéntricas etiquetadas con letras (como muchos diagramas científicos actuales) que denotan las distintas regiones que van desde las capas más externas de «aire, piedras, arcilla, arena y fango» y agua hasta las capas interiores muy gruesas y pesadas que conforman los metales y el material incandescente más interno situado en el centro. La naturaleza de estas zonas más profundas de la Tierra, similar a la de las estrellas, interesa en la exposición de Descartes «muy poco, puesto que nadie ha llegado jamás vivo hasta ellas». La observación real del interior de la Tierra es imprecisa incluso en la actualidad, y gran parte de lo que sabemos sigue basado en deducciones. La aventura de *Viaje al centro de la tierra* no esconde la explicación de cómo funciona nuestro mundo, pero tal vez sí entrañe una alegoría de lo difícil que es saber qué sucede en realidad bajo nuestros pies.

La Tierra es tan profunda que hay 6.400 kilómetros de distancia entre la superficie y el punto central situado en su núcleo. Un compañero de mi departamento en Oxford tuvo durante un tiempo una viñeta colgada en la puerta de su despacho en la que se veía un monigote de pie sobre una sección transversal de la Tierra con una leyenda que decía: «La cosa del núcleo es que siempre está justo debajo de nosotros». Cada vez que tenía que usar la impresora y pasaba por delante del cartel, sentía una punzada de vértigo imaginando el planeta desplegándose bajo mis pies en pisos que se sucedían hasta una distancia tan alejada de mí como lo están en línea recta las ciudades de Mineápolis, hacia el oeste, y Lahore, hacia el este. A veces, cuando pienso en lo que ocurre en el interior de un volcán, intento imaginarme dentro de su cámara magmática, pero siempre acabo rindiéndome. A medida que se desciende hacia el interior de la Tierra, no solo aumenta la temperatura hasta alcanzar varios miles de grados centígrados, sino que la presión también crece con rapidez hasta niveles inimaginables que superan de miles a millones de veces los que hay en la superficie debido al peso del planeta situado por encima. Incluso a las profundidades más bien escasas de las conducciones volcánicas imperan unas presiones y temperaturas demasiado alejadas de las que experimento aquí, en la superficie. Si no podemos ir a esos lugares ni imaginarlos realmente, ¿cómo sabemos que existe esta gran inmensidad bajo nosotros? Por desgracia, no hay ningún mensaje rúnico que descifrar ni ningún túnel por descubrir que nos lleve hasta el interior de la Tierra. Incluso hoy en día, los pozos mineros más profundos solo tienen unos pocos kilómetros de longitud, y las perforaciones más grandes superan por poco los 12 kilómetros. Apenas hemos empezado a arañar la superficie.

Ahora bien, aunque las incursiones de mineros bajo la superficie lleguen a poca hondura, han sido cruciales para conocer la naturaleza interior de nuestro planeta. A mediados del siglo XIX, sus informes sobre el aumento de la temperatura con la profundidad habían dejado de ser anecdóticos. En numerosos lugares del planeta se habían efectuado mediciones que constataban lo acusado que era ese incremento a medida que se descendía por las entrañas de la Tierra. El trazado de ese gradiente térmico condujo a la hipótesis de que a decenas de kilómetros bajo la superficie, las temperaturas superarían el punto de fusión conocido de las rocas y que, por tanto, debía de haber un océano interior de roca fundida debajo de la corteza sólida. Cuando pienso en la visión del agitado magma del Masaya, entiendo que aquella concepción resultara atractiva. La chimenea del Masaya era una claraboya que permitiría contemplar el secreto funcionamiento interno del planeta, y esta explicación del vulcanismo ofrece una simplicidad muy tentadora. Sin embargo, provista de todo el armazón de los conocimientos humanos acumulados hasta la actualidad, yo sabía que era una idea errónea y que la parte líquida del interior más superior de la Tierra que se exhibía en aquellos atardeceres tropicales era algo más excepcional que generalizado.

Para descifrar el interior más profundo de la Tierra debemos guiarnos por las pistas que conseguimos reunir desde la alejada posición que ocupamos aquí, en la superficie. Podemos partir de lo que sabemos sobre el comportamiento de las rocas del suelo y estudiar sus tendencias para predecir cómo cambiarán a medida que aumenten la temperatura y la presión en el subsuelo. Estos pronósticos se pueden comprobar mediante experimentos u observaciones. Desde comienzos del siglo XX, la comunidad científica ha ideado instrumentos, como la celda de yunque de diamante (o DAC, por sus siglas en inglés) o la luz láser, que permiten comprimir fragmentos diminutos de roca con la punta de dos diamantes o calentarlos a temperaturas muy altas para someterlos a una gran presión y temperatura y estudiar qué les sucede en las condiciones que imperan en las profundidades del planeta. En ocasiones, encontramos información en rocas que salen expulsadas a la superficie y actúan como mensajeras de las entrañas de la Tierra. Las rocas exhumadas más profundas que he observado *in situ* se encuentran en las montañas Dabié de China. Recién soltada por un autobús empañado a orillas de un río, me costó apreciar a simple vista lo especiales que eran aquellas rocas. Solo al observarlas al microscopio se revelan los minúsculos diamantes procedentes de las profundidades de la Tierra, trofeos diminutos del viaje de la roca a presiones extraordinarias antes de regresar a la superficie. Sin embargo, las rocas más recónditas que se han recuperado hasta ahora solo han estado a cientos de kilómetros de profundidad, de modo que, a pesar de su singularidad, solo permiten examinar una parte del interior del planeta. Además, aunque portan gran cantidad de información relevante, el mero hecho de que hayan vuelto a la superficie les confiere una historia especial que las torna excepcionales, en lugar de ejemplos típicos y característicos del grueso del planeta sólido que permanece a perpetuidad a grandes distancias bajo nuestros pies. Esto significa que, a pesar de ser objetos muy valiosos, la propia naturaleza de estas muestras exhumadas no permite que nos desvelen la historia completa de lo que acontece en el subsuelo.

Para conocer la enorme mole interior de la Tierra que queda inaccesible a nuestra vista debemos seguir muchas líneas de investigación. Encontramos pistas en mediciones a gran escala de fenómenos como el campo magnético del planeta, los movimientos orbitales de la Tierra, su respuesta ante las fuerzas de marea y las señales sísmicas. En la década de 1680, Newton utilizó la teoría de la gravitación que acababa de desarrollar y la danza que mantenía la Tierra con otros cuerpos celestes como el Sol y la Luna (cartografiada desde la época de los babilonios) para calcular la densidad media de nuestro mundo. Estas estimaciones sirvieron para poner un límite a la densidad requerida para la masa interior de la Tierra inaccesible a la vista y revelaron que tenía que ser mayor que la de las rocas de la corteza que hay en la superficie. Pero esa densidad media no servía por sí sola para determinar si el interior era en su mayoría sólido o fundido, y se necesitaron otros datos para esclarecer por completo estos detalles cruciales. El hecho de que las masas de tierra sólida no experimentaran mareas tan acusadas como los océanos y las características del movimiento de precesión y giro de la Tierra sobre su propio eje mientras orbita alrededor del Sol descartaron la existencia de una capa interna de magma fundido a escasa profundidad y llevaron a la conclusión de que la capa sólida externa del planeta dista mucho de ser superficial. Al parecer, a uno de los grandes maestros de estos cálculos celestes, lord Kelvin, le gustaba presentar sus ideas haciendo girar un huevo duro y uno crudo ante su audiencia. El huevo duro o sólido giraba sobre su eje, mientras que el huevo crudo no lo conseguía debido al desplazamiento del líquido en su interior. De acuerdo con los cálculos que efectuó en 1863, la Tierra era como un huevo duro, más rígida que el cristal al menos hasta 4.000 kilómetros de profundidad.

Otros experimentos demostraron que el aumento de la presión podía mantener las rocas en estado sólido incluso a temperaturas tan elevadas que en otras condiciones las fundirían. Pero la información tal vez más definitiva sobre el interior de este mundo llegó en la segunda mitad del siglo XIX a través del estudio de la propagación de las ondas sísmicas por el planeta. Recuerdo que mientras era estudiante de posgrado asistí a una conferencia sobre terremotos y me impresionó saber que, tras un seísmo intenso, todo el planeta resuena como una gigantesca campana inaudible. Aunque el riesgo de vivir un seísmo intenso sonaba muy remoto en aquella sala de conferencias de Cambridge, por desgracia hay muchas regiones del mundo proclives a sufrir sacudidas peligrosas con regularidad. John Milne, profesor de Minería y Geología en Tokio, y un grupo de científicos británicos colegas suyos se convirtieron contra todo pronóstico en fundadores de la Sociedad Sismológica de Japón después de un gran temblor ocurrido en Yokohama en 1880. Para estudiar la vibración de la Tierra después de un terremoto, este grupo inventó un sencillo sismógrafo de péndulo horizontal. Cuando se produce un terremoto, las vibraciones u ondas se propagan desde su foco por toda la Tierra. Las ondas que atraviesan el interior del planeta desde el lugar del seísmo hasta el observador arrojan información sobre el material que han atravesado si sabemos descifrarlas.

Aunque hoy en día dedicamos una gran potencia computacional a interpretar las sutilezas de los mensajes contenidos en las ondas sísmicas, algunas de las observaciones fundamentales se obtienen con facilidad. Sismógrafos como el de Milne lograban detectar dos clases de ondas propagándose por el planeta. En primer lugar, captaban las sacudidas de las ondas primarias (P), formadas por patrones de compresión y expansión que se desplazan por el tejido del planeta de manera similar a las vibraciones del aire que percibimos como sonidos. Más tarde llegaban las ondas secundarias (S), más lentas y serpenteantes. Estas son como las ondas sobre la superficie de un estanque en calma o la ola que recorre las gradas de un estadio deportivo hasta dar una vuelta completa. Una diferencia fundamental entre estos dos tipos de ondas para el estudio de la Tierra es que las ondas P viajan a través de sólidos y líquidos, mientras que las ondas S solo viajan a través de cuerpos sólidos. Cuando una onda S o la ola en un estadio deportivo se propaga a través de una sustancia o por todo el graderío, no hay ningún átomo individual o persona que se desplace en la dirección de la onda. Los aficionados deportivos que ejecutan la ola en un estadio se limitan a levantarse y sentarse mientras la ola en sí viaja de una persona a otra hasta recorrer todas las gradas. Para que se produzca este tipo de onda tiene que haber algo que devuelva los átomos desplazados o a las personas levantadas a su posición de partida. En las olas de los estadios esto depende de la voluntad y los músculos humanos. A una escala atómica implica que estas ondas S solo pueden viajar a través de un sólido organizado donde los átomos que la energía de la onda apartó de su posición inicial dentro de la retícula organizada de asientos del sólido en cuestión serán empujados de vuelta a su lugar de partida como si se encontraran sobre un cordón elástico. En un líquido o gas desordenados cuyos átomos o moléculas pululan como una muchedumbre caótica no hay ninguna estructura que obligue a las moléculas contiguas a recuperar su posición de partida una vez que la energía ha pasado a través de ellas. El mero hecho de que las ondas S atravesaran el interior de la Tierra reveló a la comunidad científica que es sólido.

En 1906 se emplearon sismómetros para rastrear las rutas que seguían las ondas de terremotos distantes a profundidades aún mayores, y se descubrió que en las trayectorias que pasaban por debajo de una profundidad determinada se perdían las ondas S. Esto evidenció que la Tierra estaba fundida en su interior, pero solo a partir de 3.000 kilómetros de profundidad. Estas pistas sísmicas trazaron un mapa interior de la Tierra definido por capas concéntricas: una corteza de 5 a 70 kilómetros de espesor, un manto que llega hasta unos 3.000 kilómetros de profundidad y, más abajo todavía, un núcleo exterior fundido que, tal como descubrió más tarde la sismóloga danesa Inge Lehmann, alberga una esfera sólida en su interior*. La idea de que los volcanes están en contacto directo con algún océano de magma en el interior de la Tierra quedó desterrada de una vez por todas.

Esto dejó tras de sí un misterio: ¿cómo podía formarse magma líquido a partir de roca sólida en las capas superiores del planeta? La respuesta más obvia llegó de los mismos experimentos que habían evidenciado que las rocas podían ser sólidas a las elevadas temperaturas y altas presiones que soportan en el interior de la Tierra: si el aumento de la presión podía elevar el punto de fusión de la roca comprimiendo entre sí los átomos que las conforman, entonces la liberación de esa presión permitiría que esos átomos calientes y zumbantes

* Lehmann comunicó su descubrimiento en un famoso artículo de 1936 con el sucinto título «P'», donde explicó la recepción inesperada de ciertas ondas P como reflejos de esas ondas en un núcleo interior sólido.

se separaran y las fundieran. La mayoría de las personas pasa buena parte de su vida dentro de un rango bastante reducido de altitudes y, por tanto, de presión. Esto significa que no es habitual que debamos preocuparnos en exceso por los efectos de la presión sobre el comportamiento de las sustancias que nos rodean. Pero a veces salimos de los entornos de presión habituales, casi siempre al subir una montaña.

Durante mis estudios de doctorado pasé dos semanas en la pequeña localidad de Talabre, en el desierto chileno de Atacama, un lugar al que regresaremos en el capítulo siete. A su altitud aproximada de 3.500 metros, la presión atmosférica solo llega al 65 % de la que hay al nivel del mar. Esto se percibe físicamente, y hasta pequeños esfuerzos, como sacar el instrumental del coche, resultan agotadores. Yo ya contaba con ello. Sin embargo, no había previsto sus efectos en nuestras prácticas culinarias. A presiones atmosféricas más bajas, las moléculas de agua vencen con más facilidad las fuerzas que las mantienen unidas en su agitada forma líquida y se pierden con más rapidez como moléculas de gas libre. Esto significa que el punto de ebullición del agua se alcanza unos 12 °C por debajo de la temperatura que se requiere al nivel del mar. A pesar de ser un grupo de científicos, nuestra falta de experiencia en aquellas condiciones físicas particulares implicó que durante toda la estancia comiéramos arroz convertido en una pasta cocinada a fuego lento.

Esto se puede comprobar en un laboratorio al inducir la ebullición del agua a temperatura ambiente simplemente sellándola dentro de un vaso de precipitado y extrayendo el aire con una bomba. De igual manera que una caída de la presión puede hacer que una olla llena de agua hierva de súbito sin cambiar de temperatura, el desplazamiento de un bloque de manto rocoso caliente a menor profundidad en el interior de la Tierra tiene la capacidad de formar magma fundido. Los experimentos y teorías de principios del siglo XX contemplaban los cambios de presión como un mecanismo viable para la formación de magma a partir de roca sólida. Pero en un principio los estudios de geología no lograron encontrarles sentido a las escalas de descompresión necesarias para producir el magmatismo terrestre. ¿Qué podría hacer que grandes extensiones del manto sólido ascendieran por el interior del planeta hasta regiones con presiones más bajas para fundirse después? Resultó que la explicación de este enigma está ligada a cuestiones importantes relacionadas con el flujo y la pérdida de calor en las entrañas del planeta. Este problema se volvió más oportuno aún durante la primera mitad del siglo XX debido al descubrimiento de una poderosa fuente de energía —la radiactividad— que permeaba todo el tejido interno de la Tierra y estaba contenida dentro de los diminutos núcleos de los propios átomos que conforman su inmensa masa rocosa.

En la casa de mis abuelos había un cuadro curioso colgado de la pared. De niña me gustaba detenerme a mirarlo. Mostraba un hombre y una mujer, una pareja; la mujer tenía una mano posada en el hombro de su acompañante. Junto a ellos había extraños frascos y vasos de vidrio, pero lo que más me llamaba la atención era el recipiente con una sustancia en su interior que el hombre sostenía en alto y del que salían rayos crepusculares de luz. En la parte inferior de la imagen había una sola palabra: «Radium». De niña me resultaba misteriosa e intrigante, pero desconocía quiénes eran o qué significaba aquello. Por alguna razón nunca se me ocurrió molestar a nadie para preguntar, algo raro en mí. Me olvidé de ella durante muchos años, pero ya de adulta, con la ventaja de tener todo el conocimiento a unos cuantos clics, volví a encontrarla por casualidad y descubrí que se trataba de una copia descolorida de una ilustración del descubrimiento de aquel elemento tan radiactivo por parte de Marie y Pierre Curie que se había publicado en *Vanity Fair* en diciembre de 1904. Desconozco dónde estará el cuadro de mis abuelos ahora y jamás llegué a preguntarles de dónde la habían sacado.

Representación de Marie y Pierre Curie en la revista *Vanity Fair* publicada en diciembre de 1904.

Los Curie estuvieron a la vanguardia de la investigación y la explicación del fenómeno de la radiactividad. Las nuevas observaciones sacudieron los cimientos de la física de su tiempo y también conllevaron profundas implicaciones para el estudio del planeta. El radio es alrededor de un millón de veces más radiactivo que el uranio, y su desintegración es tan energética que el calor emitido llega a medirse con un termómetro. Los físicos Ernest Rutherford y Frederick Soddy evidenciaron que un fragmento de radio era capaz de derretir un trozo de hielo de su mismo peso en una hora. El análisis de diversas rocas volcánicas procedentes de todo el orbe reveló que en ellas eran comunes elementos radiactivos como el uranio (que se desintegra en radio, entre otros elementos) y el torio. Las estimaciones de su abundancia total en el planeta sugirieron que este proceso de desintegración recién descubierto daba cuenta de una fracción considerable del calor de la Tierra, y los cálculos actuales apuntan a que este calor radiogénico y la energía primigenia que aún queda de la formación del planeta representan, cada uno, en torno a la mitad de la energía que fluye desde el interior del orbe hasta la superficie. El descubrimiento de la radiactividad cuestionó la interpretación vigente por entonces de muchos aspectos diversos del mundo, desde lo más diminuto, es decir, su estructura subatómica, hasta lo más general, así como la fuente de calor de las propias rocas que hay bajo nuestros pies. Esta teoría volvió a trastocar las ideas imperantes sobre el calor del planeta, y ahora la estrella interna en proceso de enfriamiento propuesta por Descartes se vio reforzada por un reactor nuclear de funcionamiento lento con las desintegraciones aleatorias de billones de núcleos atómicos radiactivos que llevan eones liberando energía a través de las rocas.

Sin embargo, todo este calor interior adicional alimentó otro debate sobre el comportamiento del planeta: de qué manera toda esa energía térmica procedente de las grandes profundidades lograba llegar hasta la superficie para perderse por ella. En el interior de un sólido completamente rígido, el calor solo puede viajar por conducción, y las rocas no son buenas conductoras de la energía térmica. Si la conducción fuera el único mecanismo de pérdida de calor en marcha, la Tierra no habría perdido una cantidad significativa del calor procedente de los abismos más hondos de su manto ni tan siquiera a lo largo de toda su existencia. Pero si el manto pudiera circular de alguna manera y mezclarse mediante elevaciones y hundimientos por convección, entonces podría producirse una pérdida de calor a otra escala. Si la conducción implica la transmisión de energía de una molécula a otra contigua a ella, la convección da como resultado un material emergente a mayor temperatura y con más flotabilidad que transporta consigo su energía térmica. A veces contemplo el juego de convección que se produce en mi café del desayuno cuando le añado leche. Acumulaciones marmóreas de leche más fría se enroscan en remolinos, se hunden y vuelven a subir a la superficie para caer de nuevo. Tras unos instantes de reflexión matutina, compruebo que esta tormenta convectiva en miniatura dentro de una taza de café manifiesta paralelismos con la complejidad del interior del planeta que está siempre presente bajo mis pies.

El movimiento del interior de la Tierra a esta escala también explicó otras cosas. En 1912, el meteorólogo alemán Alfred Wegener planteó que las grandes placas que conforman la corteza terrestre se movían con el tiempo basándose, entre otros indicios, en la observación del encaje que se apreciaba entre la línea de costa y las rocas de África y América del Sur como si se tratara de piezas de un rompecabezas. En la década de 1920, científicos como Arthur Holmes sugirieron que la convección del manto podía ofrecer una explicación conjunta tanto para la pérdida de calor del interior del planeta como para la teoría de Wegener. La idea de un manto sólido en convección aún resultaba difícil de digerir para muchos geólogos del momento, pero observaciones como las grandes líneas trazadas por la localización de volcanes y terremotos en ambos continentes y en los fondos marinos, así como las cebraduras simétricas de rocas con diferentes propiedades magnéticas a cada lado de las dorsales oceánicas (tal vez lo más convincente de todo), sirvieron para lograr una teoría unificada de la tectónica de placas a comienzos de la década de 1960.

La mejor teoría actual concibe el manto sólido deslizándose despacio bajo nuestros pies en inmensas circulaciones de ascensos y descensos a un ritmo desigual, en un proceso semejante al del crecimiento de las uñas de las manos. Los continentes ejecutan una danza a lo largo de las eras geológicas que los une y los separa. Si retrocedemos en el tiempo, el mapa del mundo en edades geológicas pasadas se vuelve rápidamente irreconocible para la historia humana. Y si pudiéramos adelantar el reloj, comprobaríamos que nuestra realidad geográfica no es inmutable, que con el paso del tiempo la forma de los océanos, continentes y países tendrá un aspecto muy diferente cuanto más nos apartemos del presente y nos adentremos en el futuro geológico más lejano del planeta.

Uno de los numerosos logros de la «revolución de la tectónica de placas» consistió en enlazar la simple observación de la localización de los volcanes en todo el mundo con los procesos del subsuelo que funden el manto y forman magmas. Desde la Antigüedad se había reparado en que los volcanes suelen encontrarse en islas o, al menos, no lejos de la costa. Uno de los primeros romanos que reflexionó sobre los volcanes, el poeta Lucrecio, atribuye la actividad del Etna directamente al mar. De acuerdo con su interpretación, el aire, el agua, la arena y las piedras fueron arrastrados por las olas hasta cuevas situadas en el interior de las montañas huecas. Aunque la conexión entre los volcanes y el mar no es, por supuesto, ni tan poética ni tan directa, a medida que los mapas abarcaron territorios situados más allá de los dominios del mundo clásico, resultó evidente que la mayoría de los volcanes del mundo sitos en tierra seguía el contorno de los continentes o formaba cadenas de islas que prolongaban las masas de tierra.

Más difíciles de ver, aunque no menos impresionantes, son las grandes cordilleras volcánicas y chimeneas de las profundidades marinas. Estas dorsales oceánicas asoman a veces por encima del agua y forman islas volcánicas como Islandia o las Azores. Pero la mayoría permaneció oculta hasta que los estudios oceanográficos empezaron a inspeccionar los fondos marinos en el siglo XIX. Estas grandes alineaciones de volcanes submarinos y terrestres señalan momentos clave en los ciclos vitales de las placas tectónicas. Revelan en qué puntos nace y en cuáles muere el suelo oceánico. Este lento drama propulsado por el motor del calor interior del planeta se desarrolla en todo el orbe, pero el Pacífico es un lugar especialmente adecuado para observarlo, y esto nos permite regresar a Nicaragua para volver a detenernos en la cima del Masaya a echar una ojeada.

Desde la cumbre del Masaya no llega a verse el océano Pacífico, situado 40 kilómetros hacia el sudoeste en línea recta. Sin embargo, sí se ven los volcanes vecinos en dos direcciones: el grandioso cono del Momotombo al noroeste y la figura más desparramada del Mombacho al sureste. Si pudiéramos dar un paso gigante desde el Masaya hasta el Momotombo, veríamos algo más allá el joven cono de cenizas del Cerro Negro y, un poco más lejos, la majestuosidad humeante y más elevada del Telica. Desde el Mombacho, las vistas hacia el sudeste sobre el lago Cicibolca (o Gran Lago de Nicaragua) están interrumpidas por el cono del volcán Concepción en la isla de Ometepe. Desde el Masaya, estos volcanes se despliegan en ambas direcciones como eslabones de una guirnalda de margaritas volcánicas que atraviesa el estrecho territorio de América Central. Estos montes magmáticos de América Central forman parte de una cadena interrumpida que bordea todo el Pacífico: un «anillo de fuego» que se despliega desde el extremo de la Patagonia por toda América hasta el arco de las islas Aleutianas, atravesando el mar de Bering hacia la península rusa de Kamchatka, Japón, Filipinas, Indonesia, Melanesia y, por último, Nueva Zelanda. Esta gran barrera de volcanes que circunda todo el Pacífico tal vez sea una de las manifestaciones más impresionantes de vulcanismo fácil de divisar por encima de los mares, pero los procesos que la formaron comenzaron muy lejos de los continentes, en las dorsales oceánicas ocultas a nuestra vista.

Muy por debajo de las olas del Pacífico se está formando corteza oceánica nueva. Las gigantescas costuras de la dorsal del Pacífico Oriental y la dorsal pacífico-antártica se curvan desde el golfo de California hacia la Tierra de Victoria en la Antártida. En cambio, la dorsal de Juan de Fuca, más corta, es como una pequeña astilla desprendida de una pequeña extensión de la línea de costa próxima a la frontera entre Estados Unidos y Canadá. A medida que se separan las placas tectónicas del planeta, desparraman en estos lugares la roca caliente situada debajo de ellas, la cual asciende a regiones con presiones más bajas. Por retomar el hilo de las semanas que pasé en las alturas de Atacama comiendo arroz pastoso, es como si ascendiéramos una montaña llevando una olla con agua muy caliente (pero sin que llegue a hervir) hasta que entra en ebullición espontánea. En el caso que nos ocupa, a medida que la presión se desploma, el manto se funde y el magma flotante encuentra vía para ascender hasta que se enfría a escasa profundidad y añade corteza oceánica nueva a las placas que se deslizan a ambos lados o emerge al fondo oceánico, se enfría con rapidez en contacto con el agua del mar y se solidifica en forma de lavas almohadilladas para formar suelo oceánico nuevo o acrecentar montes marinos o islas volcánicas.

Un detalle importante es que estos procesos también introducen agua marina en la corteza nueva a través de grietas a medida que las placas se separan y la calientan hasta temperaturas de cientos de grados centígrados. A través de estructuras parecidas a chimeneas, parte de esta agua saldrá bombeada al exterior en forma de penachos ricos en minerales denominados fumarolas negras o blancas. Pero algunas de estas moléculas de agua quedarán atrapadas en la nueva corteza caliente de la placa a medida que se forme. El gran motor térmico del interior de la Tierra propulsa el desplazamiento de estas placas oceánicas lejos del lugar donde se originaron y llena el hueco que dejan tras de sí con lavas y corteza nuevas, como si se tratara de una cinta transportadora gigante. Conforme esta circula, los residuos situados encima —como estratos formados por caparazones, arena, fango o incluso cenizas volcánicas— se depositan sobre el fondo rocoso del océano y atrapan más agua de mar en su interior a medida que se forman a base de capas sucesivas de densos sedimentos durante el proceso. Este pastel de varios pisos de sedimentos y magmas cristalizados yace bajo el lecho marino situado muy por debajo de las tempestuosas o enroscadas olas de nuestro planeta azul. Pero no es eterno. Muy pocas zonas del suelo marino superan los 200 millones de años de edad. De igual manera que el fondo marino nace en las dorsales oceánicas donde las placas se separan, también muere allá donde estas colisionan. Los volcanes del cinturón de fuego del Pacífico emergen cual monumentos de esta destrucción.

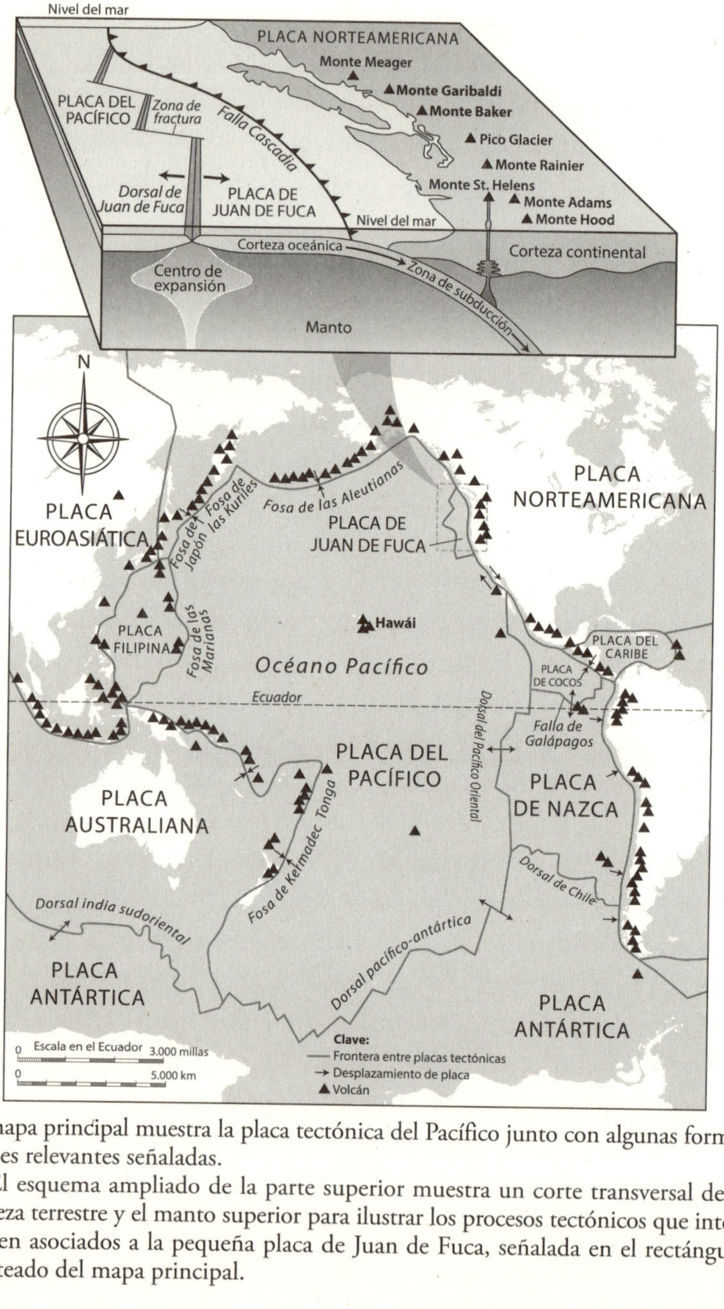

El mapa principal muestra la placa tectónica del Pacífico junto con algunas formaciones relevantes señaladas.

El esquema ampliado de la parte superior muestra un corte transversal de la corteza terrestre y el manto superior para ilustrar los procesos tectónicos que intervienen asociados a la pequeña placa de Juan de Fuca, señalada en el rectángulo punteado del mapa principal.

Allí donde una placa oceánica empuja contra otra placa, en especial si está cubierta por corteza continental más ligera, la gravedad desplaza el suelo oceánico más denso hacia abajo y lo hunde o subduce de nuevo en el interior del planeta. Las grandes fosas del fondo marino que hay por todo el Pacífico marcan los lugares donde está ocurriendo este proceso de subducción. Muchas de ellas se cuentan entre los abismos oceánicos más grandes del mundo, ya que se hunden bajo las olas más de lo que se eleva por encima de ellas el monte Everest. En esas aguas oscuras y sometidas a presiones elevadas hay formas de vida extrañas, como misteriosos carroñeros con aspecto de quisquillas e insólitos pepinos de mar translúcidos. Lo que se hunde en las profundidades de la Tierra no es solo la roca volcánica de la corteza oceánica, sino también agua de mar, parte de ella debido a que se incorporó a la corteza tras el nacimiento de esta a altas temperaturas, y otra parte porque reside en el manto de sedimentos de la placa. A medida que la gran masa se compacta con el hundimiento, el aumento de la temperatura y la presión empiezan a cocinar el antiguo fondo marino. Durante este proceso de cocción se elimina al menos parte del agua que portaba la placa en subducción debido a su filtración hacia el manto situado encima, el cual modifica. El efecto se parece un tanto a verter sal sobre un pavimento helado. Los átomos de sal detienen el proceso de congelación porque bajan el punto de fusión del hielo y convierten en fango la letal capa congelada. De igual manera, la entrada de agua en el manto lo ablanda sin necesidad de que varíe la temperatura, lo que produce magma, parte del cual se abrirá camino hasta la superficie y formará volcanes.

Cuando bajo la vista hacia el magma del interior del cráter del Masaya, contemplo la culminación de un proceso y un viaje. Aunque no se puede observar de manera directa, unos 100 kilómetros por debajo de volcanes como el Masaya hay gotitas de manto fundido que se aprietan entre sí hasta formar burbujas flotantes y ríos de magma que emprenden su recorrido hacia la superficie. No todo ese magma lo conseguirá. Parte de él volverá a solidificarse y contribuirá a formar la corteza de Nicaragua desde abajo. Pero todo él irá cambiando durante el viaje. La porción que consiga reunirse con nosotros en el Masaya tal vez atraiga no solo a especialistas en vulcanología como yo, sino también, como hemos visto, a turistas que acudan para contemplar su gran boca iluminando la noche, los agitados vestigios de los grandes procesos tectónicos que tienen lugar en la inmensidad del Pacífico.

En los instantes de tranquilidad que encuentro durante las mediciones en la zona de aparcamiento repleta de gases, el fulgor procedente del Masaya me anima a pensar en las grandes profundidades de la Tierra que tengo bajo los pies y la escala descomunal del fenómeno del vulcanismo. Es una visión que ha inspirado muchas cosas diferentes a las numerosas personas que se han asomado a la boca del volcán, desde los primeros pueblos indígenas hasta gente del presente como yo misma. Es una visión que ha sido diferente pero la misma a lo largo de los siglos, tanto en el aspecto y el espectáculo que ofrece el volcán como en la manera de interpretarlo. Yo me he subido a hombros de generaciones de pensadores y científicos que me han precedido, que se preguntaron «por qué» al contemplar el planeta fundido y que, de manera colectiva, infirieron las teorías actuales sobre la estructura de la Tierra y la tectónica de placas. A medida que el Sol se pone, puedo seguir su recorrido camino de un océano Pacífico que no se ve desde aquí e imaginar el fondo marino deslizándose imperceptiblemente hacia mí antes de hundirse en las profundidades. Es una batalla para desentrañar la profundidad de la corteza y el manto que hay bajo mis pies y para viajar con la mente hasta el lugar donde se originó la fulgurante lava o los largos y lentos procesos que la trajeron ante mi vista. Es un recordatorio de que, aunque hemos transitado un largo camino para entender los orígenes del vulcanismo, aún quedan muchos misterios por resolver.

Uno de nuestros objetivos durante aquel primer viaje al Masaya consistió en medir cuánto gas salía del volcán. Para ello empleamos un instrumento relativamente nuevo, un espectrómetro barato y ligero del tamaño de una baraja de cartas. Dentro de esa caja mágica hay una red óptica que descompone la luz en sus distintas longitudes de onda, su espectro, igual que un prisma descompone la luz del sol en colores y crea un arco iris. Una electrónica ingeniosa transforma entonces ese espectro en un registro digital de distintas intensidades. Al comparar las sutiles diferencias entre el espectro de luz que atraviesa el penacho de gas del volcán y el de la luz que pasa por el aire limpio, un algoritmo es capaz de contar las moléculas de dióxido de azufre gaseoso que emanan de la Tierra.

No todo había ido sobre ruedas con este modernísimo instrumento. Venía en una de las bolsas que se perdieron durante el viaje y, tras recuperarla al fin en la aduana nicaragüense, vimos que el espectrómetro llegó un poco roto. Improvisamos un apaño temporal con pegamento fuerte para que el telescopio captara luz suficiente para la toma de mediciones. Por mucho que la ciencia pueda parecer alta tecnología vista desde fuera, al menos en la vulcanología las cosas dependen a menudo del pegamento y la cinta adhesiva para poder continuar. Pero en cuanto conseguimos que funcionara, su tamaño reducido y su ligereza nos permitieron fijar el espectrómetro a un casco para atravesar a pie el penacho sin necesidad de usar un coche u otro vehículo, una manera muy práctica de tomar mediciones, aunque pareciéramos cíborgs.

Las mediciones que efectuamos confirmaron hipótesis previas. Del Masaya, como de muchos otros volcanes, sale mucho más gas del que podría atribuirse al volumen de lava que expulsa con el paso del tiempo. Como veremos en capítulos posteriores, los gases volcánicos están disueltos en el magma y emanan de él cuando este alcanza profundidades más someras. Esta discrepancia entre el índice de emisión de gases y la lava que expulsa el Masaya revela que la mayor parte del magma que propulsa su actividad tiene que volver a hundirse en las profundidades en cuanto libera los gases que le aportan flotabilidad. Desde la primera vez que contemplé el fulgor del cráter del Masaya al anochecer, supe que solo estábamos viendo una parte muy reducida de un todo enormemente complejo. No se trataba tan solo de preguntarse de dónde proviene el material fundido, sino también qué consecuencias se derivan de que vuelva a hundirse en las entrañas del planeta, allí donde no alcanza la vista, probablemente a gran profundidad hasta encontrar grietas o zonas menos consistentes por las que desparramarse y enfriarse poco a poco formando la corteza desde abajo y calentando las rocas de su alrededor. Dentro de nuestras pesquisas para conocer el comportamiento de los fenómenos volcánicos, la comprensión de cómo y por qué se funde la Tierra no es más que el primer paso, y, por supuesto, cuando el magma irrumpe en lugar de replegarse hacia abajo, las consecuencias pueden ser mucho más destructivas.

Celebrar mi veinticinco cumpleaños en un volcán fue sin duda algo muy especial. Recuerdo que, como regalo, me permitieron desayunar la última lata de fruta en conserva que quedaba en la alacena, que pasé una jornada de mucho calor y polvo descendiendo por los barrancos de drenaje situados tras el volcán para montar el equipo para la toma de muestras y que unos amigos de Cambridge habían escondido en mi equipaje un regalo que resultó ser un manual de supervivencia que incluía un apartado sobre cómo sobrevivir a una erupción volcánica, algo probablemente más inquietante de lo esperable si se lee con el volcán ante la vista.

El Masaya y el penacho que emana de su cráter activo, Santiago, vistos desde el noroeste en 2017. El escarpado precipicio en la parte derecha de la fotografía es el antiguo borde de la caldera del volcán.

Por fortuna, la mayor parte del Masaya ha sido un volcán bastante benigno en los últimos años. Pero no siempre ha sido así, tal como atestiguan las gruesas capas de ceniza antigua que hay en algunos lugares de los alrededores del monte, y siempre cabe la posibilidad de que las suaves emanaciones de gas a través de sus chimeneas vuelvan a provocar algún día una erupción explosiva, grande y destructiva, una situación que, por supuesto, intentaríamos anticipar los vulcanólogos. El comportamiento que sigue el magma desde su formación en las profundidades depende de una maraña de redes moleculares, cristales y burbujas. La actividad de cada volcán puede presentar características muy distintas: desde lagos de lava relativamente accesibles en lugares como Hawái hasta los mortales aluviones piroclásticos del Vesubio que engulleron Pompeya y muchas otras cosas intermedias. También un mismo volcán puede tener erupciones muy diversas incluso en periodos de tiempo bastante reducidos: desde magma estancado y oculto en la corteza que rezuma o se filtra a la superficie en forma de coladas o domos hasta explosiones repentinas que lanzan penachos a la atmósfera y producen una lluvia de material incandescente a su alrededor. Estas manifestaciones tan dispares de vulcanismo en volcanes distintos o en el mismo se rigen por factores dependientes de las condiciones en que se formó el magma y de las diferentes rutas que encuentra para abrirse camino hasta la superficie. Un análisis más detallado de estos procesos y sus consecuencias nos deparará nuevas aventuras volcánicas. Para los seres humanos, el legado molecular de esos procesos en los océanos, el manto y la corteza terrestres puede marcar la diferencia entre la vida y la muerte, la salvación y el desastre. Pero, al igual que ocurrió con las distintas interpretaciones del interior más profundo del planeta, es mucho lo que hemos descubierto para ayudarnos a entender el comportamiento de los volcanes, aunque nuestras predicciones sobre estos complejos sistemas sigan distando bastante de ser perfectas.

2

VIAJE A LA SUPERFICIE DE LA TIERRA

¿Por qué los volcanes erupcionan de diferentes maneras?

Por muy inquietantes que nos resulten, las salpicaduras de lava y el fulgor del cráter del Masaya no hablan de cataclismos volcánicos ni de catástrofes. Ahí, la Tierra fundida se puede contemplar y admirar, y el riesgo, aunque existe, es bajo. Pero la historia de la humanidad cuenta un relato muy diferente sobre los peligros que entrañan estos portales que comunican el interior del planeta con la superficie. Los volcanes son bien conocidos como agentes de destrucción. Historias impactantes acaecidas en la Antigüedad, como las que descubrí durante mi primera visita, de niña, al golfo de Nápoles, han dejado una huella profunda en nuestra psique colectiva por buenas razones. Desde que me hice vulcanóloga he estudiado los restos de roca que perduran en el paisaje procedentes de diversas erupciones explosivas colosales, y en el próximo capítulo describiré qué procedimientos empleamos para reconstruir esos episodios. Por lo común, el volcán que las causó se encontraba en un estado de relativo reposo cuando visité el lugar, tal vez con alguna emisión de gases, alguna deformación o algún temblor imperceptibles con una sismicidad inapreciable, pero sin ninguna manifestación directa y evidente de su potencial explosivo a menos que nos detengamos a interpretar los mensajes ocultos en las rocas antiguas. Sin embargo, en 2009 visité el volcán Santa María de Guatemala, el lugar que en 1902 sufrió una de las erupciones más potentes de los últimos 200 años. Allí, no solo la tierra conserva aún las marcas de aquella erupción descomunal, sino que, al igual que el Masaya, el Santa María continúa activo hoy. Aunque su comportamiento actual no se parece en nada, por suerte, al que causó la gran tragedia de 1902, las pequeñas explosiones frecuentes en su red de chimeneas más nuevas (denominada Santiaguito), que lanzan penachos de ceniza a varios kilómetros de altura y esculpen una zona de exclusión alrededor del cono activo, contrastan enormemente con las agitadas maquinaciones más contenidas que observamos en el interior de la chimenea del Masaya.

El Masaya y el Santa María se encuentran en la misma zona de subducción, aunque separados por unos 650 kilómetros siguiendo la alineación de volcanes que señala el hundimiento de la placa tectónica de Cocos bajo la placa del Caribe. Los magmas que propulsan estos volcanes comparten, por tanto, un origen similar y, sin embargo, la actividad histórica del Masaya ha estado salpicada por el «fuego» líquido de los lagos y las coladas de lava, mientras que la del Santa María ha sido mucho más explosiva y aterradora. ¿Cómo se explican dos estilos tan distintos de actividad volcánica a pesar de tener unos orígenes tan similares en última instancia? Y, lo que es más importante para las poblaciones que viven en las proximidades, ¿cómo sabemos si unos volcanes tienen un mayor potencial explosivo que otros? Las respuestas a estas preguntas

Pequeña explosión efímera en la chimenea Caliente del Santiaguito ocurrida en 2009. El volcán Santa María aparece en la parte derecha de la imagen, donde aún es visible la cicatriz que dejó la erupción de 1902.

se encuentran en las distintas maneras en que el magma se forma y después se desplaza desde su origen en las profundidades hasta la superficie. Las reflexiones de muchos pensadores a lo largo de los siglos nos han permitido explicar mejor estos procesos. El conocimiento de las propias moléculas inmersas en la roca fundida —sus diversas propiedades químicas— es crucial para predecir cómo tenderá a comportarse un magma cuando llegue a la superficie. La consideración de los acontecimientos de 1902 y las visitas al Santa Marta y el Masaya en la actualidad permiten analizar las consecuencias tan dispares que puede imponer esta ciencia de la variación magmática a escala molecular sobre las personas que conviven con estos volcanes.

El año 1902 fue agitado y destructivo en cuanto a fuerzas tectónicas en el Caribe y América Central. En abril, un terremoto de magnitud 7,5 sacudió Guatemala y las zonas circundantes. La destrucción se centró en los alrededores de la ciudad guatemalteca de Quetzaltenango (o Xela en maya). Las crónicas que nos han llegado son imprecisas, pero murieron cientos de personas y casi todas las iglesias del oeste de Guatemala quedaron muy dañadas o destruidas. Poco después de esta tragedia tectónica hubo otra el 7 de mayo debido a la erupción del volcán La Soufrière, situado en la isla caribeña de San Vicente, que mató al menos a 1.600 residentes en el lugar. Por increíble que parezca, esta catástrofe quedó terriblemente eclipsada al día siguiente por la erupción del monte Pelée en la cercana isla de Martinica. La caída mortífera de una bocanada supercaliente de gas volcánico y cenizas por las laderas del monte mató a casi 30.000 personas en cuestión de minutos y dejó la ciudad de Saint-Pierre reducida a escombros. El tiempo acabaría declarándolo el peor desastre volcánico de todo el siglo XX.

Pero los dramas de aquel año aún no habían finalizado. El 23 y 24 de octubre se produjo una potente erupción en el volcán Santa María de Guatemala que mató a miles de personas. Las cenizas llegaron a lugares tan alejados como San Francisco, situado a casi 4.000 kilómetros de distancia. A pesar de su absoluta indiferencia por el calendario humano, la Tierra había entrado en el nuevo siglo rugiendo con furia.

En 1902 Guatemala aún era considerado por muchos occidentales un país bastante remoto e inaccesible. Solo se podía llegar hasta él en barco de vapor desde San Francisco o Panamá, una ruta tortuosa y cara, sobre todo para quienes acudían desde Europa. Aun así, la erupción fue presenciada por Gustav Eisen, un suecoestadounidense con el largo título de conservador de Arqueología, Etnología y Animales Inferiores de la

Imagen de una de las nubes de ceniza sobre Martinica características de la actividad más moderada que siguió a la terrible erupción del Pelée de 1902. Extraído de A. Lacroix, *La Montagne Pelée et ses eruptions* (1904).

Academia de Ciencias de California. Su crónica contiene gran riqueza de información y reflexiones, aunque, por supuesto, se trata de un forastero que no escribe desde la perspectiva de quienes sufrieron la devastación en sus casas y comunidades. Incluso antes de la erupción, ya había quedado embelesado por los volcanes del país. La visión de la imponente y picuda columna vertebral volcánica de Guatemala, que discurre paralela a la costa a unos 60 kilómetros tierra adentro del Pacífico, ya lo había impresionado desde el vapor en el que llegó al país. Él los rememora como «los rasgos más característicos, así como los más interesantes y hermosos de Guatemala». En efecto, la geografía parece apañárselas para exhibir esas cumbres desde ese mirador oceánico. Los volcanes siguen la vertiente sur de la cordillera del país, de manera que se levantan desde el nivel del mar hasta alcanzar toda su majestuosidad (dos o tres kilómetros de altura) desde las llanuras litorales y las estribaciones montañosas revestidas de plantaciones de café. Estos montes han impresionado a la humanidad desde los tiempos más remotos en que posamos los ojos en ellos. De acuerdo con el antiguo mito de la creación maya conservado en el *Popol Vuh,* Santa María (llamado Xcanul en lengua quiché) fue una de las grandes montañas, junto con otros volcanes guatemaltecos como Fuego y Agua, cuya existencia fue invocada en una sola noche.

Llegar en la actualidad al concurrido aeropuerto de la ciudad de Guatemala resulta, desde luego, menos romántico que arribar siguiendo la costa en barco. Sin embargo, doy fe de las impresionantes vistas de los volcanes que ofrece el viaje en coche desde Guatemala capital por la carretera de la llanura costera. Durante mi visita de 2009, tuve el privilegio de cubrir ese trayecto en coche con Gustavo Chigna, uno de los integrantes del pequeño pero afanado equipo de vulcanólogos locales que se encarga de vigilar los volcanes del país. Era enero y me dio una alegría inmensa librarme del invierno de

Reino Unido y zambullirme en los colores y la luz de los trópicos. Desde la ciudad de Guatemala seguimos una ruta ascendente que atraviesa un escarpe de falla en dirección a Antigua, capital del país en otros tiempos. Conversamos sobre las grandes franjas de rocas volcánicas expuestas en los cortes de la carretera y nos detuvimos en Antigua el tiempo suficiente para volver a comprobar en el mercado local de artesanía lo mal que se me da regatear.

En el trayecto hacia la costa desde Antigua, la carretera discurre por el fondo del valle entre dos conos volcánicos imponentes, Fuego al oeste y Agua al este. Fuego ha estado muy activo en los últimos años, tal como evidenció la tragedia de 2018, cuando las coladas piroclásticas sepultaron varias localidades y mataron a cientos de personas, tal vez miles. En 2009 tenía una actividad más benigna y pareció saludarnos lanzando cenizas con una pequeña explosión cuando se nos mostró por primera vez desde la carretera. Cuando contemplé las terribles escenas casi una década después desde la seguridad de Oxford, sentí algo más que una punzada de culpabilidad por haber sonreído con deleite ante la belleza del monte en aquel entonces. Eisen tenía razón sobre la hermosura de los volcanes, pero es una belleza oscura, siempre con alguna arista, con trampa. Cuando nos asombran tanto como para dejarnos sin aliento, siempre existe el riesgo de que un día no nos permitan recuperarlo.

Cuando comenzó la erupción del Santa María en 1902, Eisen se encontraba en el pequeño municipio de Rabinal. A pesar de distar más de 100 kilómetros del volcán, se despertó en plena noche con lo que le parecieron «potentes cañonazos o detonaciones de bombas». Al principio lo atribuyó a las celebraciones de las Fiestas Minervalias, pero por la mañana estaba convencido de que lo que oía provenía de uno de los volcanes del país y envió un telegrama a la ciudad de Guatemala para averiguar de cuál se trataba. Algo más tarde subió a la colina más alta de las proximidades con la esperanza de ver algo. A medida que ascendía, el ruido de las explosiones se fue intensificando. A la puesta de sol, las detonaciones del subsuelo sacudían la ladera de tal modo que parecía «a punto de estallar», y a ratos tuvo que sujetarse al terreno de roca para que no lo tiraran.

Nunca he estado cerca de una erupción de una intensidad ni siquiera parecida a la que ocurrió en Guatemala en 1902, pero la descripción que hace Eisen de la Tierra estremeciéndose me recuerda las pequeñas explosiones que he vivido yo misma. Aunque no guarda ninguna relación con volcanes, hay un texto de Platón que capta la sensación que provocan en mí: «El sonido es como un golpe procedente del aire que atraviesa el oído, penetra en el cerebro y la sangre y llega hasta el alma…». Ahora sabemos más sobre el proceso: una onda de presión viaja por el aire, resuena en el tímpano y envía impulsos nerviosos al cerebro. Sin embargo, la idea de un «golpe procedente del aire» transmite la manera en que esa fuerte energía retumba a veces dentro del cuerpo hasta el punto de percibirse con gran intensidad. Las explosiones volcánicas desplazan esa sensación a niveles más profundos. El fuerte golpe no solo procede del aire, sino que llega también a través del suelo, desde los abismos del propio planeta. Es como si lo que se oye y se siente resonara dentro de nuestro cuerpo desde todas direcciones. No me sorprende que Eisen necesitara agarrarse a la colina.

En 1902, el gobierno guatemalteco no quiso que trascendieran las noticias sobre la erupción. Eisen recibió una respuesta negativa a su primer telegrama, y más tarde recibió comunicados que sugerían que el culpable era un volcán de México: algo que nadie de su entorno creyó. Tras un viaje complicado y muy obstaculizado por carreteras de montaña destrozadas por el agua, Eisen acabó llegando a la zona del desastre en la periferia del Santa María. Los testimonios de los lugareños describieron días de oscuridad, repetidas explosiones subterráneas, relámpagos y lluvia de arena y barro. Los capitanes de los barcos de vapor que lo presenciaron desde el mar habían empleado sextantes para medir la altura de la gran columna de ceniza y la estimaron en unos 30 kilómetros.

Al parecer, los fenómenos eléctricos que produjo la erupción impresionaron especialmente a Eisen. En un radio de 24 kilómetros alrededor del cráter, los relámpagos habían destruido árboles, y en las fincas de las laderas del volcán chasqueaban chispas eléctricas entre los pies de la gente y el suelo a medida que se abrían paso por las terrazas cubiertas de ceniza. Otras descripciones incluían innumerables arcos de descargas eléctricas rojas y verdes.

Por extraño que pueda parecer, estos fenómenos eléctricos son bastante comunes con explosiones volcánicas violentas. Cuando las rocas se fragmentan y chocan entre sí en medio de la alta energía que produce una explosión volcánica, se produce un desprendimiento o intercambio de electrones entre las superficies recién formadas, lo que aporta carga eléctrica al gas y las cenizas. En la parte más alta de la nube, el agua volcánica puede congelarse y convertirse en hielo, y esa mezcla fangosa puede experimentar convección y adquirir carga eléctrica, como si se tratara de una tormenta con rayos, pero sucia. Estos mecanismos acumulan desequilibrios de carga hasta que se rompe la resistencia del aire al flujo de corriente eléctrica, momento en el que saltan chispas y se producen relámpagos, y a veces rayos, que alcanzan el suelo.

Pasaron dos semanas hasta que las nubes se disiparon lo suficiente para que Eisen alcanzara a ver lo que quedó del Santa María. El cono principal del magnífico volcán, que antes formaba una pirámide casi perfecta, lucía ahora una honda cicatriz elíptica en el lado que miraba hacia el océano, rasgado por chimeneas y grietas que emitían vapores, o fumarolas, para usar su nombre técnico. La montaña tenía un buen mordisco. Cuando Eisen contempló la escena por primera vez, observó una caída constante de cantidades inmensas de roca al interior del nuevo cráter y consideró probable que el cono superior del Santa María también se desplomara. El paisaje circundante estaba cubierto por un manto grueso de «arena» blanca y gris hasta donde alcanzaba la vista. «De la vegetación tropical e impenetrable que otrora cubría cada centímetro del terreno no desbrozado previamente para plantaciones no quedaba nada, salvo troncos y ramas desnudos.» El paisaje se había transformado. Las fincas próximas al volcán quedaron completamente sepultadas. Algunos barrancos y hondonadas se habían rellenado, y en otros lugares se habían formado colinas nuevas con los escombros. Eisen equiparó lo que vio con un páramo nevado. El volcán había teñido de blanco los húmedos y cálidos tonos verdes de aquel paisaje tropical para dejar todo convertido en un erial anémico. La lluvia de cenizas llegó a cientos de kilómetros de distancia y dejó fragmentos de pumita entre las ramas de los árboles y flotando en el océano, mezclados con las olas y ocultando el agua de la vista.

En octubre finaliza la estación lluviosa de Guatemala, así que el agua ya estaba actuando en el nuevo paisaje. Del cielo cayeron miles de millones de gotas de lluvia que cementaron la ceniza en algunos puntos y que, en otros, fusionaron entre sí canalillos de agua finos como plumas. Estos regueros constantes se abrieron paso a través del material quebradizo y formaron con rapidez torrentes que abrieron nuevas zanjas en el cenizoso entorno. Ríos de gran tamaño como el Samalá alteraron por completo su cauce en algunos tramos, y casi todas las tardes las lluvias torrenciales que bajaban de los montes engrosaban su caudal y lo transformaban en un gran aluvión de «fango espeso como gachas» debido al diálogo erosivo de la lluvia con la ceniza y la pumita depositadas sobre el terreno. Estas terroríficas avenidas de lodo, conocidas en vulcanología desde la década de 1920 como «lahares» (vocablo indonesio para designar los flujos de lodo volcánico), sonaban como el estruendo de truenos distantes y, en su vorágine, arrastraban rocas, árboles y ganado muerto.

La pumita, el barro, las piedras, los palos y la ceniza resultaron ser un material de represa eficaz cuando atascaban las vías de drenaje y crearon cientos de lagos de inundación. Cualquiera que haya jugado a cortar el paso a un reguero de agua en la playa con piedras y arena sabrá la fuerza que lleva el torrente cuando un hilillo de agua se abre paso a través del muro de arena, lo que libera de golpe el resto del agua retenida a gran velocidad o «zumbando», como me decía mi abuelo cuando era niña. Estos mismos procesos sucedieron en Guatemala a una escala brutal en 1902, y durante los primeros días de la erupción se llevaron por delante la mayoría de los puentes. Hubo que improvisar soluciones con cajas suspendidas de cables o tendidos colgantes para reemplazarlos en algunos tramos, lo que explica que Eisen relatara que solo eran aptos para «viajeros no demasiado apocados». Más de un siglo después, y tras cruzar esos barrancos por puentes colgantes de metal o de tablones de madera todavía frágiles (aunque probablemente mucho más sólidos), puedo afirmar con certeza que las palabras de Eisen se quedan cortas.

Los efectos en la población y la vida salvaje fueron enormes. La mitad de la cosecha de café de la costa del Pacífico se perdió. El ganado murió debido a la erupción o por el consumo de hojas y pastos rebozados de ceniza o de agua mezclada con fango. Eisen calculó el fallecimiento de 1.500 personas aplastadas por el desplome de techos o atrapadas entre los escombros, aunque otras estimaciones sitúan la cifra de muertos en más de 6.000. Tras el terremoto previo ocurrido ese mismo año, el gobierno disponía de escasos fondos para destinar a ayudas a la recuperación; y, por si no bastara con la tragedia humana, las consecuencias económicas resultaron devastadoras, en especial para la comunidad indígena.

La población local de mamíferos y aves quedó diezmada. Eisen habla del hedor de los animales muertos sepultados bajo la ceniza que acompañaba cada uno de los pasos que daba por la selva tropical. Aunque pasó un mes desde la erupción hasta que regresaron las primeras aves (los mirlos), parece que los insectos se recuperaron con más rapidez. La abundancia de mariposas, escarabajos, moscas y mosquitos era patente a pesar de la alfombra de cenizas. Eisen observó que los zompopos (grandes hormigas aladas guatemaltecas cortadoras de hojas y un manjar local para algunos) ya habían empezado a cavar túneles nuevos. Me encanta la imagen que pinta de ellas acarreando la tierra marrón subyacente que había quedado enterrada a un metro y medio de profundidad para disponerla sobre el desvaído lienzo de la superficie devastada. Imagino la eclosión marrón de sus montoncitos desparramándose cual tinta sobre el blanco papel secante de la pálida ceniza, un rejuvenecimiento cromático, el primer paso de la vida para recuperar aquella desolación decolorada.

En contraste con otras erupciones más lejanas en el tiempo, no necesitamos limitarnos a las imágenes evocadas mediante palabras para conocer los sucesos de 1902. Gracias a las técnicas de la fotografía de campo, en auge por aquel entonces, disponemos también de un registro de imágenes reales, aunque, hasta donde yo sé, solo ofrecen la perspectiva de visitantes ajenos al escenario de la devastación. Tempest Anderson, un cirujano ocular, entusiasta de la fotografía y vulcanólogo británico originario de York, había llegado allí enviado por una comisión de la Royal Society de Londres para investigar las erupciones previas de La Soufrière y el Pelée que se habían producido en el Caribe ese mismo año. Cuando conoció los sucesos de Guatemala, amplió su viaje para documentar también esta erupción, reunir testimonios y estudiar y fotografiar las consecuencias. Sus fotografías en blanco y negro muestran un desfiladero recién formado por el arrastre de las avenidas del río Nimá aguas abajo del volcán Santa María, con su equipo de expedicionarios descansando en las sobresalientes crestas de la superficie de ceniza recién formada y, lo más impresionante de todo, la ladera arrancada al monte: la herida abierta del nuevo cráter todavía humeante, las bandas seccionadas de sus estratos interiores al descubierto y las peladas tierras baldías con innumerables regueros en erosionados terraplenes de ceniza, así como inermes tocones de árboles segados en primer plano.

Fotografía de una cresta en las cenizas frescas del Santa María tomada hacia 1906 por Tempest Anderson y publicada en *The Geographical Journal* en 1908.

Esta cicatriz del cono volcánico otrora simétrico apenas ha cambiado desde entonces. El cono superior del Santa María sigue estando en su cima, en contra de los temores de Eisen. Una vez pasé un viaje en tren a través de la monótona campiña inglesa comparando una y otra vez la fotografía del cráter que tomó Anderson con otra casi idéntica que había tomado yo misma en 2009 mientras perfilaba los últimos detalles de una charla. En ambas imágenes, separadas por un espacio temporal de más de un siglo, logré trazar el perfil invariable de la cumbre y seguir la caída de las mismas crestas oscuras que se asientan en las profundidades del cráter desde las alturas de la montaña. Pero mientras el cataclismo de 1902 aparecía en la imagen como telón de fondo, en la toma de 2009 la acción se había trasladado a otro lugar, y la pirámide diseccionada del Santa María ya no es el actor principal de la escena. Dentro de la cavidad del viejo monte ha ido creciendo desde la década de 1920 un nuevo volcán, el bautizado con el diminutivo Santiaguito.

Poco parecido familiar exhibe el joven Santiaguito con la majestuosidad puntiaguda del viejo Santa María. Santiaguito presenta un aspecto mucho más complejo que la picuda simetría del Santa María que habría dado la bienvenida a Eisen, confundida con el resto de picos, en caso de haber llegado en vapor desde la costa antes de la erupción. Sin embargo, a lo largo del siglo transcurrido, los procesos de edificación volcánica han levantado una hilera de cuatro montículos de roca polvorienta y gris (domos de lava) que forman una cadena de cúmulos interconectados de restos volcánicos. Cada cúpula rugosa ha crecido despacio con el ascenso y la emergencia de columnas de roca que se han ido derramando por los laterales de la acumulación de residuos. Cada uno de ellos tiene un nombre: Caliente es el más cercano a la gran hendidura del Santa María, y le siguen hacia el oeste La Mitad, El Monje y El Brujo.

No todos estos domos están activos al mismo tiempo, y desde la década de 1970 la acción se ha concentrado en Caliente. Cuando inspeccioné el terreno en 2009 desde el observatorio del volcán Santiaguito (OVSAN), comprobé que el cono uniforme que crea la fragmentada plataforma de restos rocosos sueltos —o talud— de Caliente estaba sostenido por montículos compactos de viejas coladas de lava. Una de ellas, de comienzos de la década de 2000, se desplegaba en mi dirección por los flancos del volcán cual nudillos deformados antes de perderse en el frondoso verdor de la selva. Mientras permanecimos allí, no hubo coladas activas, pero cada hora se oía el fragor de varias explosiones procedentes de la cima del Santiaguito. Aunque eran episodios menores para los estándares volcánicos, aquellas explosiones lanzaban penachos de pálidas cenizas grises a varios kilómetros de altura sobre el volcán, así como cascadas de material blanco, caliente y polvoriento por las laderas del montículo Caliente. Esos penachos fulgurantes que la brisa alargaba a veces hasta conferirles forma de voluta llegaban a parecer casi irreales: signos de interrogación blancos dibujados por la Tierra y el viento contra un cielo azul.

Estos domos puntiagudos y fragmentarios de lava anidados a la sombra del Santa María no son especialmente raros en los volcanes del mundo. Tampoco es inusual que el desarrollo de domos de lava se produzca antes o después de grandes episodios explosivos. Tras la furia de la erupción de 1902, el Pelée lanzó una gran columna de lava que llegó a elevarse 300 metros por encima de su cráter, como si se tratara de un monumento a sus víctimas. El volcán La Soufrière de San Vicente continúa intercalando hasta hoy extrusiones rocosas de este tipo con una actividad más explosiva. Así, por ejemplo, en diciembre de 2020 empezó a vomitar un nuevo domo de lava en el cráter de su cumbre. Este domo recién formado alcanzó más de 100 metros de altura en abril de 2021, cuando el volcán inició una fase explosiva que expulsó a la atmósfera penachos de ceniza de hasta unos 16 kilómetros de altura y provocó la evacuación de unas 16.000 personas. Tras la famosa erupción en 1980 del monte Saint Helens en el estado de Washington, Estados Unidos, que lanzó por los aires un lateral de la montaña y esparció cenizas hacia el este hasta lugares tan alejados como las Grandes Llanuras, también se produjo la salida a presión de lóbulos y columnas de magma que crearon domos de lava dentro de la cicatriz en forma de anfiteatro que había dejado la erupción, que a veces recuerda el lomo arqueado de una ballena.

En ocasiones, estos domos de lava fulguran al rojo vivo por la noche, sobre todo cuando la caída de rocas deja expuestas superficies frescas. Pero la figura en forma de cúpula de estas estructuras y la manera en que crecen, a menudo en elaboradas protuberancias en columnas o bloques que se derrumban y desmoronan a medida que se enfrían, evidencian el avance viscoso más que fluido de su movimiento. A pesar de ser un material formado a partir de los mismos ingredientes químicos básicos, puede resultar difícil relacionar el lento desplazamiento de este magma con el cimbreante y agitado lago de lava del Masaya o las fluidas coladas que discurren por lugares como el Etna o Hawái. ¿Cómo se explican estas marcadas diferencias en la consistencia de los distintos tipos de roca líquida? ¿Cómo se explica que fluyan de maneras tan diferentes?

La manera en que fluye el magma no solo determina si formará un lago o una colada de lava muy líquida o un domo de lava más densa, sino también la violencia de las erupciones. Los magmas más viscosos también tienden a atrapar más burbujas de gas en su interior, lo que produce grandes erupciones explosivas como las acaecidas en las Antillas y América

Central en 1902. De hecho, la observación de estallidos explosivos en la columna en crecimiento del Pelée tras la cataclísmica y trágica erupción que devastó Saint-Pierre deparó grandes avances en el conocimiento de los procesos causantes de explosiones volcánicas. El estudio de estos estallidos pulverulentos permitió al geólogo francés Alfred Lacroix, enviado a Martinica por la Academia Francesa de Ciencias, reparar en que había gas disuelto en los magmas y en que las explosiones se producían de un modo muy parecido a cuando se descorcha una botella de champán. En esencia, el destino de un volcán y de los habitantes de su entorno está escrito en la química molecular de sus rocas. Los enlaces químicos determinan cómo fluirá el magma y si las burbujas de gas podrán escapar de él con facilidad o quedarán atrapadas en su interior y provocarán una explosión. Las propiedades materiales de un magma dependen de variaciones bastante pequeñas en su composición que se forjan durante la génesis del magma y las rutas diversas que siguen los diferentes materiales fundidos desde el manto hasta la chimenea de un volcán. Para quienes viven cerca de un volcán con alguna actividad, es crucial desentrañar ese tránsito de las profundidades a la superficie para valorar si es seguro acudir a visitarlo para verlo de cerca, como en el Masaya, o si lo prudente sería lanzar un aviso de evacuación. Dicho en términos más extremos: la diferencia entre un espectáculo volcánico para turistas o un trágico desastre comienza muy por debajo del volcán, y los preludios de ambas situaciones están escritos en el lenguaje atómico de los cristales, fluidos, enlaces químicos y burbujas.

Un volcán es la cúspide de un gran sistema subterráneo de galerías que no se ven. Las lenguas de magma emergen al exterior a través de la corteza terrestre desde el manto. A veces me gusta imaginar estos canales magmáticos como equivalentes subterráneos de los ríos de la superficie terrestre, donde profundas áreas de captación y afluentes convergen en inmensos reservorios y canales que alimentan los volcanes del planeta. Dista mucho de ser una analogía perfecta, pero, igual que un río comienza con la caída de innumerables gotas de lluvia mucho más arriba de su cauce, también la roca expulsada en 1902 durante la erupción del Santa María empezó consistiendo en pequeñas bolsas de material fundido oprimidas entre los granos del manto a unos 100 kilómetros por debajo del volcán. Estas gotitas líquidas son menos densas que las rocas circundantes, de modo que ascienden por flotabilidad. Igual que las gotas de lluvia se funden y convergen entre sí para formar primero un hilillo, después un arroyo y por último un gran río, estas gotas de material fundido confluyen poco a poco a medida que se desplazan y forman canales más grandes que presionan hacia arriba y se abren paso hasta la superficie. Mientras el magma tenga flotabilidad, ascenderá por el interior de la Tierra, primero, empujando hacia arriba en busca del modo más fácil de propagarse a través de las profundidades más calientes y elásticas y, después, rompiendo o fundiendo el material para abrirse paso a través de las capas exteriores, más frías y menos flexibles.

Cuando la corteza terrestre es alargada y fina, como en las dorsales oceánicas, la roca fundida encuentra un camino directo para llegar hasta la superficie. Cuando la corteza es más gruesa, como la que forma los continentes, la ruta de acceso es más larga y a menudo más compleja. Aunque algunas vías están tan transitadas que ofrecen avenidas despejadas para ir desde las profundidades hasta la superficie, otros recorridos dan más rodeos. Cuanto más tortuoso sea el trayecto, más posibilidad hay de que el material fundido en ascenso llegue a vías muertas, quede atascado por pérdida de flotabilidad o no logre abrirse paso para seguir subiendo. Entonces formará una laguna y se propagará por las capas horizontales (láminas intrusivas), y entonces tal vez se enfríe y cristalice ahí para siempre o se limite a hacer un alto en el camino hasta que algo lo empuje hasta la superficie.

Esas primeras gotas jugosas exprimidas del manto de la Tierra se componen de lo que denominamos basaltos. Como roca líquida, el basalto es más bien fluido y discurre con bastante facilidad. A veces, estos líquidos encuentran vía para llegar a la superficie con rapidez y tienen poco tiempo para evolucionar y cambiar. Los oscuros y bulbosos basaltos almohadillados que brotan en los fondos marinos de las dorsales oceánicas no han hecho un viaje largo para atravesar la delgada corteza de las áreas donde el suelo marino diverge. Casi el 70 % de la superficie del planeta está formada por este tipo de basaltos ocultos como fondos marinos bajo las olas. Pero los basaltos también pueden brotar en los continentes. En lugares como el Masaya, el magma basáltico ha encontrado un camino bastante directo para salir a la superficie, lo que limita las posibilidades de que su composición química varíe, a pesar de que la corteza es más gruesa en el istmo de América Central. Cuando un basalto líquido se enfría con rapidez, tiende a cristalizar en forma de roca oscura y de grano fino a veces salpicada de cristales verdes de olivino que contrastan con su color negro. En buena medida, esta roca primitiva surgida de una fusión relativamente reciente del manto es la que, en las condiciones adecuadas, puede enfriarse y formar los espectaculares prismas hexagonales, o columnas basálticas, que encontramos por todo el mundo. Estos paisajes característicos, como las grandes estructuras tubulares de la Calzada del Gigante en Irlanda del Norte o la Gruta de Fingal en la isla de Staffa, en las Hébridas Interiores de Escocia, han impresionado a intelectuales e inspirado mitos, leyendas y composiciones musicales que celebran sus extrañas geometrías y regularidades.

Aunque el magma que salió del Santa María en 1902 comenzara siendo un basalto en las profundidades del manto de la Tierra, en el momento en que emergió al exterior ya había cambiado. El magma que causó tanto daño aquel sombrío día de octubre era más pegajoso que el basalto y portaba una cantidad mayor de agua disuelta, lo que hizo que brotara con una explosión. Cuando visité Guatemala en 2009, no me resultó difícil encontrar el ancestro común de la polvorienta ceniza de color blanco grisáceo de 1902 y los oscuros productos vítreos del lago de lava del Masaya. Esas muestras no eran más que algunas entre todas las que integran el sistema científico que cataloga y explica la diversidad de los productos volcánicos —o, como suelen denominarse, rocas ígneas— que hay diseminados por todo el planeta. Pero al igual que los ríos y los sistemas magmáticos, también el pensamiento científico tiene un área de captación, y la formulación de un sistema genético para estas rocas ígneas requirió la confluencia de diferentes observaciones e ideas. Consensuar qué rocas estaban formadas por magmatismo y cuáles no fue un primer afluente crucial para acrecentar nuestro conocimiento actual del universo ígneo.

Las rocas volcánicas presentan formas muy diversas: la porosa y blanca piedra pómez del Vesubio; las densas y oscuras coladas de lava del Masaya; las cenizas polvorientas del Santiaguito; el brillo moteado de cuarzo blanco, feldespatos rosáceos y negras micas laminadas del granito en lugares como Dartmoor, o las columnas basálticas de la Calzada del Gigante, por citar solo algunas. Es comprensible que a observadores de otros tiempos no les resultara ni obvio ni inmediato diferenciar toda esta variedad ígnea de colores, texturas y formas de otras clases de rocas. Era complicado trazar todo su linaje hasta un antepasado común, hasta el basalto exprimido del manto, sobre todo cuando los viajes de larga distancia aún no eran tan habituales como ahora y cuando no existía la fotografía de campo para ofrecer imágenes adicionales a las dibujadas o contempladas en persona. Antes de que ingenios como el ferrocarril, los vehículos a motor y los aviones facilitaran los desplazamientos, era menos habitual que un mismo individuo viera tanto rocas volcánicas frescas como otras antiguas que en la actualidad se encuentran muy alejadas de los escenarios donde transcurre la acción volcánica. Las cavilaciones dependían mucho más de los paisajes accesibles a la persona que abordaba esa reflexión.

A comienzos del siglo XVIII la filosofía occidental se regía por la creencia generalizada de que el vulcanismo era un fenómeno accidental o reciente en el planeta. El agua se consideraba el agente esencial del cambio geológico. Esta concepción, basada en parte en las ideas bíblicas del diluvio, atribuía el origen de las rocas cristalinas, como los basaltos y los granitos, a su precipitación a partir de un vasto océano. De acuerdo con esta interpretación del mundo, conocida como neptunismo, estas rocas formaron una costra al endurecerse o asentarse lejos del vapuleo de las olas de manera parecida a como lo hacen los cristales en las salinas. Poco a poco estas ideas fueron remitiendo, y las observaciones convencieron cada vez a más pensadores sobre el origen volcánico de todos los basaltos. Las pruebas llegaron del estudio de las rocas de emplazamientos como la región volcánica de Auvernia (en Francia), la Calzada del Gigante y la Gruta de Fingal (en Reino Unido). En los tres casos se reparó en la proximidad, y a veces la suave progresión dentro de un mismo bloque de roca, entre lavas basálticas antiguas, grandes prismas estriados de columnas de basalto y otros productos volcánicos más parecidos a los conocidos en volcanes activos. La intensificación de los viajes y las comunicaciones permitió unir los puntos que conectaban los productos del vulcanismo activo que atronaban en lugares como el golfo de Nápoles y las rocas volcánicas antiguas halladas en otros lugares de Europa lejos de las erupciones activas. Las crónicas de viajes a destinos cada vez más apartados evidenciaron que el poder, la acción y la intervención del magmatismo eran algo generalizado, y no accidental o inusual. En la década de 1830 ya había filósofos naturales como Karl von Leonhard en Alemania y George Poulett Scrope en Inglaterra que se habían basado en el trabajo previo realizado por James Hutton desde Escocia para vincular los basaltos antiguos con los modernos y postular que el calor y el vulcanismo eran fundamentales para esculpir el relieve de este planeta (lo que dio lugar a una escuela de pensamiento conocida por entonces como plutonismo).

Las rocas con cristales gruesos, como el granito, tardaron más tiempo en ingresar en la categoría ígnea. En el siglo XVIII, muchos filósofos de la naturaleza consideraban el granito una roca primitiva cuyos orígenes se remontaban hasta la creación de la Tierra, que por entonces se creía mucho más joven. La observación minuciosa de las rocas del paisaje y los nuevos métodos para estudiarlas en detalle empezaron a cuestionar esta idea. A finales de la década de 1780, James Hutton cartografió con detenimiento algunas de las formaciones rocosas de los impresionantes paisajes de su Escocia natal en lugares como las peñas de Salisbury Crags, en Edimburgo, el valle Glen Tilt, el parque natural de Galloway y la isla de Arran con el fin de determinar si el granito «había circulado por las entrañas de la Tierra» en lugar de datar del tiempo en que se originó el planeta.

La incursión de Hutton en busca de granito en Glen Tilt como huésped del duque de Atholl en 1785 resultó tan fructífera como confortable. A tan solo diez minutos a pie de Forest Lodge, el pabellón de caza del duque, donde fue «atendido con la mayor hospitalidad y elegancia», halló la «prueba más perfecta» de que el granito local se había formado más tarde que el resto de rocas de los alrededores y había quebrado sus capas (o estratos) e «invadido aquel territorio en estado fluido». En esas rocas, esculpidas por el río Tilt, encontró lenguas de granito rosado de grano grueso incrustadas entre las capas de rocas grises allí donde se toparon con ellas, lo que le reveló que flujos de rocas graníticas más jóvenes penetraron (se introdujeron) en las rocas metamórficas y sedimentarias más antiguas. Estas texturas intrusivas presionaron en contra de la concepción de que los granitos eran rocas primigenias precipitadas a partir de una solución acuosa en algún lugar dentro o fuera de la Tierra, pero no bastaron para zanjar el debate en favor de su origen magmático.

Para resolver la polémica fue necesario mirar a las rocas de otra manera. Gran parte de lo que sabemos hoy sobre los volcanes proviene de vincular la escala microscópica con la escala humana (y, en última instancia, la planetaria). En la década de 1850, Henry Sorby emprendió este proceso para expandir la forma de observar las rocas ahondando aún más en sus detalles. William Williamson, colaborador de Sorby y oriundo de Yorkshire, había aprendido de su abuelo joyero y lapidario el arte de tallar, moler y pulir la piedra, y había aplicado esas habilidades al corte fino de objetos como huesos, dientes y madera fósil para su estudio. Cuando conoció a Sorby, le enseñó la técnica para efectuar esos cortes. Dadas sus inquietudes geológicas, Sorby empezó a extraer lascas de rocas para estudiarlas al microscopio. La observación de sus elementos y estructura con este grado de detalle le permitió extraer conclusiones nuevas sobre los orígenes de rocas como el granito. Tras analizar muestras formadas mediante procesos conocidos y compararlas con especímenes naturales desconocidos, declaró que, al microscopio, presentaban «estructuras lo bastante características como para concluir si se habían depositado a partir de una solución en agua o cristalizado a partir de una masa en estado de fusión ígnea», es decir, a partir de un magma. El microscopio reveló semejanzas indetectables a simple vista entre los granitos y otras rocas que se sabían volcánicas. El estudio de estas estructuras de una escala tan pequeña supondría un paso gigante hacia la identificación de los granitos como rocas ígneas.

Tal vez la intuición inste a pensar que la escala adecuada para estudiar las rocas es la de los guijarros, las piedras, los acantilados o el paisaje. De ahí que en 1858 Sorby no estuviera convencido de que los geólogos de su tiempo fueran a adoptar esta nueva perspectiva microscópica para el estudio de las rocas. Aunque parece haberse topado con un escepticismo inicial en cuanto a la conveniencia de examinar montañas con microscopios, Sorby alegó «que no hay ninguna relación necesaria entre el tamaño de un objeto y el valor de un hecho, y, aunque los objetos que he descrito son diminutos, las conclusiones que se derivan de los hechos son inmensas». Su convicción se impuso a la larga, y la nueva tecnología de diseccionar y pulir la roca con esmero, de redefinir las muestras de roca como «especímenes» y de someterlas a un análisis forense a una microescala reducidísima abrió una vía nueva para entender los procesos que modelan nuestro planeta. En la actualidad, los departamentos de geología de todo el mundo están repletos de bandejas planas que contienen litotecas de estas láminas de roca (o secciones delgadas). A veces se revelan espectaculares al observarlas con aumentos (incrustaciones disparatadas de cristales, extrañas geometrías o cuadros con manchas impresionistas), y cada una de ellas cuenta su propia historia sobre la vida y la edad de la roca. A menudo tienen implicaciones a gran escala. A veces la geología consiste en ver el mundo (y en ocasiones incluso algo más) en un grano de arena.

Determinar qué rocas se formaron por vulcanismo y cuáles no fue como una gran confluencia de todas las cabeceras de ideas que conforman el caudal actual de lo que sabemos sobre los procesos volcánicos. El siguiente desafío consistiría en reunir todo eso dentro de un sistema para explicar los orígenes de esta diversidad. Para los europeos del siglo XIX que se dedicaban a la historia natural, esta deliberación comenzó con los intentos de explicar la diferencia entre basaltos oscuros y otras coladas de tonos más claros (denominadas «traquitas» por el sacerdote y mineralogista francés René Haüy). Estas rocas de distintas tonalidades se encuentran entremezcladas en paisajes volcánicos de toda Europa, como Skye, Auvernia, Bohemia e Italia, lo que plantea un misterio muy obvio que debe resolverse. Si esta cornucopia de diferentes tipos de rocas ígneas guardara alguna relación entre sí, tal como sugería esta asociación geográfica, entonces había que esclarecer qué determinaba si un magma cristalizaba en una clase u otra de roca y qué alteraciones podía sufrir para producir un tipo de roca en lugar de otro. En el extraño mundo de las maravillas volcánicas, los magmas no solo fluyen y espumean, también evolucionan.

Ya en la década de 1820, Scrope formuló algunas hipótesis sobre la transformación de la lava durante su ascenso. Aunque en buena medida fueron rechazadas como meras especulaciones, las ideas de Scrope sembraron las semillas de cavilaciones futuras. En la década de 1840, Charles Darwin publicó las minuciosas observaciones, tan propias de él, que efectuó de las coladas basálticas de las islas Galápagos durante su viaje en el HMS Beagle. A partir de estas notas de campo, propuso ideas sobre la evolución química de los magmas debido a la separación de cristales de distintas densidades por los efectos de la gravedad. James Dwight Dana, un estadounidense entregado a la historia natural, participó como geólogo en una expedición destinada a explorar el Pacífico entre 1838 y 1842. Allí observó la relativa fluidez y delicadeza de las erupciones basálticas del Kīlauea y concluyó que la roca líquida que subía gracias a su flotabilidad se había despojado de cristales que se habían formado a presiones y temperaturas más elevadas a medida que ascendían y, por tanto, cambiaban. Un detalle importante es que relacionó estas ideas con la formación de rocas de grano grueso, como los granitos, mediante el enfriamiento lento del filón magmático.

En la década de 1850, pensadores alemanes como el químico Robert Bunsen, que trabajaba en Islandia, y el barón Ferdinand von Richthofen, que estudiaba los territorios volcánicos recién descubiertos en el oeste americano, expandieron estas pujantes teorías al ampliar la diversidad de procesos y de tipos de rocas que encontraron para incluir combinaciones de magmas, la fusión de la corteza y asociaciones con otros agentes de cambio más profundos. Estos principios fueron casando de manera progresiva con los conocimientos sobre la historia térmica de la Tierra, su estructura interna y la procedencia del magma. Al margen de la sofisticación que exhiben estos pioneros, es sorprendente hasta qué punto sus diferentes ideas van asociadas a una experiencia particular del vulcanismo: activo o antiguo, coladas fluidas o episodios explosivos. Los volcanes no solo esculpían sus productos rocosos, sino que también dejaban la impronta de sus características respectivas en los pensadores de la época y las teorías que formulaban para explicarlos. Las corrientes de pensamiento del río de la ciencia estuvieron condicionadas por los territorios volcánicos de los que manaron.

Como ocurre a menudo con el discurrir de las ideas en la historia humana, aún quedaban meandros por surcar para llegar a ver las cosas tal como las entendemos ahora. A lo largo de las décadas siguientes se produjo una confluencia de grandes hallazgos que canalizó los conocimientos procedentes de numerosas fuentes, como, por ejemplo, el análisis generalizado de la química y la textura de las rocas ígneas, estudios experimentales de pequeños crisoles con rocas fundidas por parte de innovadores como Norman Bowen desde el Laboratorio Geofísico en Washington D. C. o cuidadosos trabajos de campo con grandes cuerpos exhumados de magma estratificado, como la intrusión Skaergaard de Groenlandia. En la década de 1950 ya se había consolidado con firmeza la idea de que el refinamiento magmático en la corteza es un proceso dominante que depara la gran diversidad de rocas ígneas diseminadas por todo el planeta. Hoy sirve de guía a la concepción que tenemos sobre la naturaleza misma de los continentes y sobre los procesos que determinan el comportamiento de todos los volcanes de nuestro mundo.

Los magmas se encuentran apilados en grandes pisos debajo de las áreas de vulcanismo activo que hay en el planeta: escaleras descomunales de láminas intrusivas e intrusiones ascendentes que conectan la superficie con el interior de la Tierra. En cada capa, el material fundido tiene el potencial de refinarse, porque a medida que se enfría, la caótica confusión de las moléculas del líquido empieza a reducirse y aparecen porciones de orden, es decir, cristales. Estos cristales arrancan ciertos átomos del líquido para incorporarlos a su estructura y se dejan atrás otros elementos químicos en medio del caos del fluido. Los elementos más ligeros tienen más tendencia, en promedio, a quedar en el líquido, lo que confiere menor densidad y más flotabilidad a este material fundido y facilita su ascenso una vez liberado de los cristales más pesados. El desprendimiento de cristales en el interior de la Tierra cambia la química de un magma. En 1897, George Becker, uno de los primeros geólogos del Servicio Geológico de Estados

Unidos (USGS), equiparó este proceso de refinamiento por cristalización fraccionada con los métodos habituales empleados para la extracción de sal o la producción de bebidas. «Una botella de vino o un barril de sidra expuestos a temperaturas bajas forman depósitos de hielo casi puro en las paredes, mientras que un licor más fuerte puede formarlos desde el centro.» Es importante señalar que en los magmas, el silicio y el oxígeno (conocidos en geología por el nombre conjunto de sílice), así como el agua, se cuentan entre los componentes químicos que tienden a concentrarse en el líquido que queda. La destilación del magma dentro del planeta produce líquidos cada vez más ricos en sílice y agua: el basalto se transforma en andesita, después en dacita y más tarde en riolita (en cada fase los líquidos rocosos suelen confabular para volverse más pegajosos y más cargados de agua, lo que incrementa su potencial explosivo).

Pero gran parte de este magma nunca verá la luz del día. Es difícil saber cuánto se queda dentro de la Tierra. Estudios como los que describí en el primer capítulo, que revelan la discrepancia entre el índice de emisión de gases del Masaya y el magma que expulsa en sus erupciones, así como muchos otros indicios procedentes de las profundidades, arrojan algunas pistas. Parece probable que, como mínimo, se quede atrás, en la hondura y oculta, la misma cantidad de magma (y, de hecho, puede que mucha más) que la que expulsan las erupciones. Envueltos y aislados por la corteza terrestre, estos fundidos que se quedan atrás fuera de la vista se enfrían despacio y crean rocas intrusivas de cristales gruesos como el granito (con una composición química similar a la de la riolita de las erupciones) y el gabro (químicamente similar al basalto). El gran tamaño de los cristales de estas rocas plutónicas (que deben su nombre al dios del inframundo en la mitología griega) atestigua que se enfrían con relativa lentitud. Este desvanecimiento suave de la energía térmica brinda tiempo suficiente a las moléculas del líquido para autoorganizarse y formar los grandes cristales que crean los complejos mosaicos granulados que exhiben y las convierten en rocas impresionantes para usarlas como encimeras o solerías. Por el contrario, las rocas de grano más fino o vítreas suelen relatar una historia de enfriamiento más veloz, sin tiempo para el desarrollo de cristales grandes o ni tan siquiera de cristales significativos, aunque la química de la roca, así como su viaje térmico, también sean relevantes.

Además de ser rocas preciosas, los granitos también crean paisajes impresionantes. La mayoría de las piedras de mi querido Dartmoor, en el extremo sudoeste de Gran Bretaña, fueron en otro tiempo una masa plutónica en proceso de enfriamiento lento. En el bosque que bordea el río Plym bajo los cortados Dewerstone, como en muchos lugares de este gran territorio granítico, los pies crujen al transitar sobre una arena de feldespato rosado y cristales transparentes de cuarzo de casi 300 millones de años de antigüedad. Durante una excursión familiar reuní un puñado de esos granos para enseñárselos a la chavalería y, a través de su brillo moteado a la luz del sol estival, intenté que imaginaran el gran cuerpo de magma batolítico en el que se fueron forjando. Les hablé de las elevadas temperaturas, presiones y alteraciones que habían atravesado esos cristales hasta que acabé sentada para atrapar el sol en mi mano ahuecada mientras balbuceaba mi discurso. Fue difícil saber si aquello los impresionó.

Pero lejos de Dartmoor, en lugares como Guatemala, lo que cobra una importancia muy real, y a veces incluso apremiante, son las consecuencias que provocan estos magmas más evolucionados cuando logran llegar hasta la superficie, porque la concentración de sílice y agua en los magmas a medida que viajan por la corteza altera su comportamiento de formas esenciales, lo que modifica la propia manera en que fluyen estos líquidos. A diferencia del agua líquida, una roca de silicato fundido no se compone de simples unidades moleculares ordenadas. Siguiendo la danza cuántica de sus electrones, el silicio y el oxígeno forman estructuras más grandes, cadenas interconectadas de átomos de silicio unidos por átomos de oxígeno. Estas complejas redes de polímeros retorcidos se enganchan entre sí a medida que se mueven, lo que confiere a las coladas de lava una cohesión y una viscosidad mucho mayores que las de otros fluidos más conocidos basados en el agua (acuosos).

Los basaltos ya son de por sí mucho más viscosos que el agua. En la superficie, su fluidez se parece a la de un engrudo grueso para papel pintado. A medida que los magmas evolucionan y adquieren concentraciones más altas de silicio y oxígeno, las redes moleculares se vuelven cada vez más extensas y abultadas y los líquidos emergentes son más pegajosos y viscosos. Aunque al pensar en este proceso de polimerización a veces me viene a la mente la apelmazada plasta de natillas que me obligaban a comer en el colegio y tanto odiaba, no es un cambio trivial ni que tenga efectos menores en un magma. Los magmas evolucionados ricos en sílice pueden ser miles o millones de veces más pegajosos que un basalto. Y a medida que varía su química se vuelven potencialmente más peligrosos.

En las profundidades de la Tierra, el agua está disuelta en magmas. Con el ascenso de la roca y la disminución de la presión, el magma es incapaz de retener el agua que porta, y esta escapa en forma de burbujas de vapor dentro del líquido pegajoso. Es como cuando se abre una botella de refresco (o de champán, si se prefiere la analogía más decadente de Lacroix) y se produce la efervescencia; las burbujas bailan y forman estelas hasta que escapan de la solución por el gollete recién abierto. Aunque sea difícil apreciarlo cuando observamos una bebida efervescente, estas burbujas crecen a medida que suben. Este efecto se ve con más facilidad si soltamos una bocanada de aire desde el fondo de una piscina: las burbujas se expanden un poco a medida que ascienden dando volteretas hasta deshacerse en la superficie. El agua de la piscina ofrece poca resistencia a su crecimiento o desplazamiento.

Los magmas no son tan sueltos y veloces, pero en un basalto más fluido, que también suele tener menor contenido de agua, hay más posibilidades de que las burbujas de gas se desplacen con facilidad por el interior del volcán o ya en la superficie que en otras rocas emparentadas y más evolucionadas, como las andesitas o las riolitas. Las burbujas que brotan de un pozo de lava hirviente, como el que tuve la suerte de contemplar en el Masaya, mantienen, en efecto, cierto parecido esencial con un océano de espuma. En ocasiones, un magma basáltico asciende con demasiada rapidez para desprenderse de gran parte del gas que porta antes de alcanzar la superficie, lo que depara la gran efervescencia de un surtidor de fuego, pero entonces no suele tener el gran poder explosivo de erupciones como las del Vesubio, el Santa María o el Pelée. Estas erupciones más violentas están provocadas por andesitas, dacitas o riolitas, que son rocas más refinadas, con mayor contenido de agua y mucho más pegajosas. En estos magmas más ricos en sílice, las burbujas apenas pueden moverse y encuentran más dificultad para liberarse. Como consecuencia, hay más riesgo de que los fundidos lleguen a la corteza superior sin que haya podido escapar una cantidad considerable de gas y con la presión interior de cada burbuja intentando zafarse de la constreñida matriz de la roca líquida. En algún momento, el exceso de presión dentro de las burbujas puede alcanzar niveles tan catastróficos como para destrozar el magma desde dentro, lo que produce explosiones descomunales.

Las grandes erupciones volcánicas explosivas, como la del Santa María en 1902, se desencadenan a través de una serie de fallos mecánicos a escala atómica. Un gran cuerpo magmático procedente de la profunda zona de captación del volcán se había acumulado en sus conductos más superficiales de la corteza terrestre y preparó el sistema para el inmenso estallido. Para que el episodio diera comienzo, la resistencia de la corteza tuvo que ceder de algún modo, y el magma abrió una grieta hasta la superficie. Una vez formada la brecha, la presión más elevada de las profundidades empujó el magma hacia arriba y hacia fuera. Cuando una erupción explosiva se pone en marcha, el magma avanza a gran velocidad hacia la superficie. Al igual que las burbujas que ascienden hasta la superficie en una piscina, la caída brusca de la presión durante esta estampida hacia arriba conlleva que las burbujas ricas en vapor del magma tiendan a ocupar un volumen cada vez mayor. Los cambios son colosales. A partir de los últimos cinco kilómetros de ascenso del magma, la presión disminuye más de mil veces. El volumen que ocupan las burbujas aumenta en una proporción similar. Al final, los enlaces químicos que mantienen unida la roca fundida son incapaces de resistir, y la fuerza del líquido caliente y repleto de cristales alrededor de las burbujas más grandes cede y se destruye, lo que fragmenta el magma. Este fallo mecánico catastrófico crea una mezcla de bloques de pumita y ceniza que fluye hacia arriba junto con el gas caliente. Esto libera de golpe la presión del gas que portaba el líquido, de manera que sale con brusquedad, y su expansión súbita desata un estallido de roca caliente y gas por la boca del volcán, lo que también lanza ondas de choque a través del aire y el suelo que se oyen como un golpe en medio de la nada y obligaron a nuestro intrépido Eisen a agarrarse al monte para no caer al suelo.

Las grandes tragedias humanas causadas por los volcanes del Caribe y América Central en 1902 se produjeron en cuestión de minutos o días, pero en el interior del planeta estos sucesos llevaban gestándose cientos o tal vez miles de años (o incluso más tiempo, dependiendo del lugar en el que situemos sus raíces últimas). Los volcanes son como grifos de inmensos sistemas dinámicos de bolsas de fundidos, canales de magma y depósitos viscosos alojados en la corteza terrestre que llegan hasta el manto. Las diferencias entre la espectacular efervescencia del lago de lava del Masaya y la gran explosión del monte Santa María comienzan en los abismos del planeta, y están escritas en los diferentes patrones de las grandes zonas de captación de roca asociadas a la historia de cada volcán. Todo esto se sabe gracias al estudio de las rocas expulsadas al exterior, y cambios sutiles en la química de las lavas ofrecen pistas importantes sobre el funcionamiento interior actual que no vemos y el posible comportamiento futuro de volcanes como el Santiaguito, adjunto actual del Santa María.

En 2009 visitamos el Santiaguito con la intención de recolectar rocas. Sus explosiones regulares lo han convertido en un objetivo habitual de vulcanólogos provistos de equipos de seguimiento de alta tecnología para medir la energía sonora del retumbar de sus explosiones, observar las bocanadas de gases que salen del armazón del domo y captar a cámara lenta los anillos concéntricos que se abren para dejar salir las detonaciones del planeta. Los científicos quieren saber qué secretos ocultan estas señales para predecir mejor el próximo movimiento del volcán. La salida lenta de lava viscosa para que se formen domos como el del Santiaguito solo es posible si el largo ascenso desde el interior de la Tierra deja tiempo para que las burbujas de gas atrapadas escapen sin causar una rotura catastrófica del magma, como ocurrió en 1902. Esto puede suceder, a pesar de la alta viscosidad del magma, porque, durante su lentísimo ascenso y enfriamiento entre cinco y diez kilómetros por debajo de la superficie, el magma se vuelve quebradizo y en él se abren pequeñas microfracturas que liberan de un modo más gradual la presión contenida en las burbujas atrapadas. Estos gases se abren paso a través de las fumarolas que hay alrededor de la arquitectura del domo y provocan las frecuentes y moderadas explosiones descritas con anterioridad, y su liberación constante evita un episodio más largo y violento, como el de 1902.

La química de la lava es un factor determinante en esta historia: un artículo sobre el Santiaguito publicado a comienzos de la década de 2000 constató una disminución del contenido de sílice en la lava desde la década de 1970 y relacionó esta roca más líquida y fluida con una tendencia a que las coladas de lava que se deslizan por las laderas del edificio sean de mayor longitud. Pero estas observaciones también plantearon interrogantes nuevos sobre cómo podrían alterar en el futuro la explosividad del volcán y la frecuencia de su actividad. Parecía necesario acometer un trabajo más sistemático, pero antes había que recolectar algunas rocas de las últimas coladas para analizarlas.

Estudiamos los mapas con gran detalle durante la planificación de la expedición. Un compañero con gran conocimiento del lugar había confeccionado poco antes un mapa geológico perfectamente actualizado y detallado que seguía la historia del volcán y los contornos de las coladas de lava. En el mapa, que mostraba las coladas desde 1922 hasta la más reciente (en aquel momento la del año 2006), estas se desplegaban como pétalos sobre la página, en tonos púrpura las antiguas, en rojo las más nuevas. En una versión incluso había tenido el detalle de sombrear con un conveniente color rojo la zona «ni se te ocurra entrar ahí», el área de influencia más inmediata de los penachos y coladas piroclásticas del volcán Caliente, donde hay que evitar entrar a toda costa. Me estremecí al ver vídeos de YouTube filmados por adictos a la adrenalina subidos a los domos del volcán. Consultamos con otros científicos que habían trabajado allí con anterioridad y concluimos que la obtención de muestras debía ser posible, aunque tal vez un poco difícil.

Conocer un paisaje sobre el papel es muy distinto a conocerlo en la realidad. Esto es así en términos generales, pero aún más en los emplazamientos volcánicos. Puedes leer un sinfín de artículos científicos sobre un lugar y estudiar al detalle cada mapa y fotografía disponibles, pero siempre habrá aspectos esenciales que se te escapen. La primera vez que visité el monte Saint Helens de Estados Unidos, casi cuatro décadas después de su devastadora erupción de 1980, de la que se escribió tanto, me embargó el asombro de encontrarme ante un tótem y el feliz descubrimiento de que era aún más fascinante y magnífico en directo. Las fotos y mapas de los artículos científicos no hacían justicia a las dimensiones del lugar, la gran cicatriz en forma de anfiteatro en la ladera de la montaña y el cementerio de troncos de árboles que aún queda como testigo de la destrucción. Otras veces, la realidad de los parajes volcánicos revela con rapidez que lo que parecía una excursión sencilla a pie sobre el mapa es en realidad una batalla agotadora para abrirse paso a través de vegetación densa, ascender por laderas fragmentadas o transitar por campos de bloques de lava. Al llegar al Santiaguito, enseguida vimos que nos enfrentaríamos a esos tres tipos de terrenos, así que empezamos a pensar que nos habíamos quedado cortos al valorar que la obtención de muestras resultaría «un poco difícil».

Durante aquella visita, el Observatorio del Volcán Santiaguito se encontraba ascendiendo por un camino accidentado que atravesaba una de las plantaciones de café de la zona. A veces realizábamos el ascenso en la parte de atrás de algunos de los camiones que trasladaban a los trabajadores. Los flancos del volcán orientados hacia la costa siguen dominados por estas fincas, las cuales recuerdan las descripciones y fotografías realizadas por Eisen y Anderson más de un siglo antes. Hoy en día Guatemala ya no es un país remoto, y los tentáculos de la globalización han llegado hasta los medios de vida de sus habitantes. En la entrada de algunas fincas hay carteles que anuncian ufanos su participación en la producción del café de Starbucks. Es posible que los granos molidos para preparar el café con leche de muchas mañanas urbanas hayan estado salpicados por cenizas volcánicas de estas laderas.

Ya desde el observatorio, las vistas de la exuberante selva presididas por la espléndida montaña al fondo estaban enmarcadas por enredaderas y ramas parecidas a helechos; aquello me pareció un paraíso. Pero un paisaje es una superposición de acontecimientos e historia, tanto geológicos como humanos. Cuando más tarde leí los informes de la activista guatemalteca Rigoberta Menchú, galardonada con el Premio Nobel de la Paz en 1992 por su labor en justicia social defendiendo los derechos de los pueblos indígenas de América Latina, me detuve en las capas históricas mucho más oscuras que se ocultan en las selvas, las plantaciones de café, las montañas y los inquietantes volcanes del paisaje del país.

En el interior del sencillo bloque gris del edificio del observatorio había una ventana y un escritorio con un par de prismáticos cuya función específica era la observación del volcán y el envío de informes por radio a la ciudad de Guatemala. El observatorio contaba con una pequeña colección propia de rocas, pero eran demasiado valiosas para llevárnoslas a Oxford con el objeto de desmenuzarlas y pulverizarlas. Acudimos allí para conseguir nuestros propios especímenes con la ayuda de personal del observatorio. Nuestro primer destino para la toma de muestras fue una concentración de diferentes coladas de lava de las décadas de 1980 a 2000 incrustada en el valle del río Nimá II. Pertrechados de mochilas repletas de agua, comida, martillos de geología y bolsas de plástico con cierre zip para guardar las muestras, salimos del observatorio en coche para acercarnos al máximo al lugar hasta el que se extendían estas lenguas de roca desde el volcán.

Uno de los observadores, Julio Cornejo, nos acompañó como guía experto. El volcán se cernía sobre nosotros cada vez más grandioso a medida que nuestro vehículo todoterreno traqueteaba por la accidentada pista hasta que se acabó el camino; entonces llegó el momento de bajar y continuar a pie. La selva era densa, y adentrarse en ella fue como zambullirse en un océano terrestre de color verde moteado de sol y sombra. Tampoco parecía prudente perder de vista el volcán que rugía por encima de nosotros. Julio se mostró imperturbable. Echó a andar con el machete en ristre para ir abriendo camino y descendimos hasta un desfiladero de vegetación densa deslizándonos por las partes más empinadas mientras dejábamos huellas de aromas almizclados a nuestro paso. El aire era húmedo, y las enredaderas y helechos me arañaban los brazos y la cara mientras me abría paso a su través. Hojas como manos gigantes bloqueaban la luz del sol y, cuando los rayos lograban colarse entre ellas, atrapaban partículas de polvo del aire velado. De vez en cuando, un estruendo ominoso en la distancia nos recordaba que el volcán no estaba lejos.

Por fin dejamos atrás la selva y nos adentramos en el hondo barranco de drenaje del río Nimá II. Durante la estación lluviosa, estas hendiduras se llenan de agua y piroclastos dispersos del volcán que a veces son arrastrados hasta las localidades situadas río abajo. Todo estaba cubierto de ceniza fina como la harina. Las hojas más anchas lucían patrones moteados allí donde el viento o la lluvia habían barrido o limpiado la ceniza. Escalamos hasta el otro lado del barranco y recuerdo que, a pesar de la sequedad del ambiente, sentí alivio al salir del camino por el que discurrirían posibles inundaciones repentinas. Al fin nos situamos sobre las coladas de bloques de lava en sí. Algunas de ellas se habían formado pocos años antes: eran de color gris claro, de superficies uniformes y bordes afilados. Musgos y pequeños helechos empezaban a colonizarlas por los recovecos más escondidos. De cerca, se veían pequeños cristales en las superficies menos erosionadas. De vez en cuando lográbamos detectar un coágulo irregular de granos aún más finos en partes de la roca más erosionadas: un signo de que en las profundidades había algo complejo y enigmático.

El volcán bufaba y retumbaba por encima de nosotros como un dragón colosal de silicio sentado sobre su botín. Tal vez fuera la sensación de estar en la peligrosa presencia de algo mucho más poderoso que yo lo que me trajo a la mente la ilustración que J. R. R. Tolkien tituló «Conversación con Smaug», en la que el pequeño hobbit invisible, Bilbo Bolsón, habla con el inmenso dragón enroscado sobre su brillante montaña de tesoros. Las coladas de lava plantearon nuevos desafíos que superar. El trabajo de la jornada, consistente en buscar muestras y extraerlas con el martillo, estuvo marcado por las amenazas constantes del volcán. Los penachos se enroscaban en el cielo por encima de nuestras cabezas y, lo que era más alarmante aún, los restos de roca y gas caliente (las coladas piroclásticas) descenderían hacia donde estábamos antes de desaparecer en un barranco situado entre nosotros y la montaña. Cada vez que se producía una bocanada, yo contenía la respiración por temor a que la nube se situara encima del montículo que nos protegía, pero lo cierto es que la zona etiquetada con «ni se te ocurra entrar ahí» se había delimitado de acuerdo con principios fiables y nunca llegamos a exponernos a un peligro real. Entre una explosión y la siguiente a veces se formaban remolinos de polvo blanco sobre la cima del volcán (bocanadas reveladoras de gas que expulsaban polvo del interior de los domos sin causar explosiones). El volcán estaba por todas partes. Sus rocas estaban bajo mis pies y me impregnaban las manos y los codos cuando trepaba por ellas. Tenía cenizas suyas en el pelo, y también me cubrían la cara, el cuello y las extremidades. Los oídos permanecían atentos a cada uno de sus estruendos. Estar en aquel lugar era fascinante e intenso.

Cuando las nubes de la tarde se volvieron amenazantes, nos echamos al hombro nuestro cargamento de rocas (meticulosamente embolsadas y etiquetadas con sus coordenadas GPS y el nombre de la colada de lava de la que provenían) y emprendimos la vuelta al todoterreno. Escalar la escarpada torrentera selvática con el cuerpo cansado, vapuleado y polvoriento y las mochilas llenas de piedras resultó mucho más costoso que descender hasta ella. Los músculos menos usados se resentían cuando me impulsaba de una raíz hasta otra; la mugre de las manos y los codos rozados se cubrió ahora de un polvo marrón encima de las manchas grises de ceniza, tierra que también se sumó a la ceniza que llevaba en los ojos y en el pelo. Julio parecía moverse con facilidad, pero los demás jadeábamos y maldecíamos. Ojalá recordara mejor la fauna que vimos aquel día en la selva, pero lo que sí recuerdo con claridad es el momento en que uno de los miembros del equipo intentó alcanzar una raíz situada más arriba y esta se deslizó y se alejó de sus manos justo a tiempo. Después de aquello, tomamos la precaución de usar los precarios árboles para ayudarnos durante la escalada, y más tarde recurrimos a una conexión inestable a internet para convencernos de que probablemente fuera una serpiente rey y, definitivamente, no la serpiente coral altamente venenosa que al parecer también acecha en estas selvas.

Unas semanas después de nuestro regreso a Reino Unido, las muestras que tomamos aquel día llegaron a Oxford en cajas de cartón especiales de embalaje. Aunque tienen escaso valor comercial, estas cajas repletas de fragmentos de corteza terrestre son el punto de partida de numerosos estudios vulcanológicos. Las preparamos de un modo muy parecido a como lo hizo Sorby en la década de 1850, seleccionando y cortando las muestras en láminas delgadas. Al examinarlas bajo el microscopio petrográfico, descubrimos qué cristales habían llevado las rocas en su interior durante el viaje desde el interior de la Tierra. Muchos de estos minerales arrojaron pistas sobre el funcionamiento interno del volcán. Las texturas esponjosas en el exterior de algunos de los cristales revelaron que volvieron a disolverse en el magma líquido a medida que ascendían. El grosor de los bordes porosos nos permitió estimar la velocidad a la que subió el magma durante la erupción. A partir de otros rasgos de las rocas nos propusimos arrojar luz sobre el destino futuro del Santiaguito, si continuará con sus pequeñas explosiones o si existe algún riesgo de que empiece a preparar otro cataclismo de la magnitud del de 1902. El conjunto de rocas y datos que reunimos en 2009 apuntaba a que sus lavas habían seguido la tendencia de portar menos sílice, de modo que en general se habían vuelto menos pegajosas. De ahí que consideráramos posible que sus próximas coladas sigan deslizándose hasta distancias más largas desde el volcán en dirección a la selva tropical circundante. Pero esto también significa que no hay signos de una amenaza probable para la población del entorno de una erupción grande en un futuro inmediato. Este trabajo indicó que, con el paso de las décadas, el volcán está accediendo poco a poco a través de las capas de sus reservas de magma hasta los fundidos menos destilados, menos evolucionados, situados algo más abajo dentro de su sistema de tuberías. Las rocas arrojaron cierta garantía de una seguridad relativa, al menos, en comparación con lo sucedido en 1902.

Sin embargo, por encima de esta aparente estabilidad relativa, la química y la física de las rocas del Santiaguito se mantienen en un delicado equilibrio entre lo benigno y lo amenazador. En 2014, unos años después de nuestro paso por allí, parte del domo del volcán se desmoronó sobre el río Nimá I, y una serie de coladas piroclásticas amenazaron con alcanzar el observatorio. Julio filmó el episodio y yo lo observé con interés desde mi despacho de la universidad a través de YouTube. Tempest Anderson y su compañero John Flett describieron las hinchadas nubes de las coladas piroclásticas del Pelée tras la catástrofe de 1902 como «protuberancias de polvo y ceniza con forma de coliflor». El símil de la coliflor capta bien la estructura, pero parece una imagen demasiado hogareña para usarla con estas nubes amenazadoras que en el vídeo de Julio se revelan más bien como monstruos de una película de terror. A medida que se acercaban a él, iban derribando grandes árboles con crujidos espantosos. Después de aquel episodio, hubo que trasladar el observatorio más lejos del volcán y a una finca diferente.

Después, en 2015 y 2016, a pesar de que el contenido de silicio y oxígeno de los magmas se redujo aún más, el volcán atravesó dos años de explosiones más violentas lanzando penachos hacia el cielo hasta altitudes superiores a cinco kilómetros y vaciando el domo del Caliente, que antes estaba lleno a rebosar. La discreta microfracturación de los magmas ascendentes, algo crucial para una liberación más apacible de los gases del volcán, había cesado por alguna razón hasta el punto de que las burbujas atrapadas ascendían con tal exceso de presión que acababan pulverizando la roca incandescente con violentas explosiones. Estos estallidos más intensos diseminaron ceniza y a veces fragmentos de mayor tamaño *(lapilli)* casi a diario sobre las comunidades del lugar en un radio de 30 kilómetros.

Hasta el momento en que escribo estas líneas, a partir de 2016 el Santiaguito ha vuelto a serenarse y a recuperar una actividad más tranquila, como la que tenía cuando yo pasé por allí. El cráter de la cima del Caliente ha formado otro domo, y las nuevas coladas de lava lanzadas entre 2014 y 2015 hacia el cañón de la cabecera del río Nimá I ya acusan la erosión de la acción fluvial. Algún pequeño cambio en la física y la química internas del sistema de tuberías del monte ha vuelto a transformar los ánimos del paraje y su influjo en la población local.

Pero un volcán puede arremeter contra los lugareños de maneras que van más allá de la amenaza inmediata que suponen las explosiones, coladas y cenizas, y estos montes convulsos no siempre actúan solos. Las variaciones de la amenaza que representa un volcán para la población local dependen de otros agentes externos del medio natural, aparte de los procedentes del interior de la Tierra. En la actualidad, igual que en 1902, cuando los piroclastos y bloques volcánicos sueltos se someten a la temporada de lluvias torrenciales de Guatemala, conllevan problemas nuevos. Otra de las jornadas que pasamos allí en 2009, aún doloridos de la caminata por la selva, visitamos la región situada aguas abajo de las empinadas laderas del Santiaguito. Aquí, los angostos barrancos del Nimá I y el Nimá II descienden directamente desde los flancos del volcán y confluyen para formar el río Nimá. Cuando un río se ensancha o forma un meandro, pierde parte de los materiales que arrastra y deja sedimentos y rocas tras de sí. Nosotros visitamos esas rocas saltando de una a otra y cruzamos los desvencijados puentes de alambre y tablones para salvar los escarpados cauces de los ríos. Algunos de esos pasos se retorcían de maneras fastidiosas al atravesarlos, y sus tambaleantes gemidos y los generosos huecos entre tablones provocaron en mí algo más que un ligero vértigo al mirar abajo. No estoy segura de que Eisen me considerara una viajera «no demasiado apocada».

La localidad de El Viejo Palmar está enclavada en torno a un apretado meandro en forma de ese del río Nimá. Cuando la visitamos, el río parecía pequeño e inocente, ceñido al centro de su cauce arenoso y con espacio de sobra a ambos lados a pesar del alarmante tamaño de muchas de las piedras diseminadas a lo largo de sus orillas. Pero, aunque el pueblo duerma mecido por el río, este no ha velado en absoluto por su pequeña comunidad.

Cuando llueve con fuerza sobre el volcán, situado aguas arriba, la precipitación se mezcla con la acumulación constante de rocas y polvo volcánicos y forma un lodo espantoso, el «fango espeso como gachas» de Eisen. Estos lahares amenazaban a menudo con tragarse el pequeño asentamiento cuando las aguas fangosas crecían e invadían los estrechos meandros del río, hasta que a finales de la década de 1990 la aldea quedó arrasada por avenidas de lodo del volcán. La mayoría de la población se afincó en El Nuevo Palmar, fundado a pocos kilómetros de distancia. En 2009 algunos restos de El Viejo Palmar asomaban sobre el cauce del río. Del agua sobresalían estructuras de hormigón, metal y ladrillo de lo que antes fueron viviendas. Los vértices triangulares de un tejado a dos aguas sin cubierta que asomaban desafiantes y angulosos sobre los montones de escombros estaban adornados de enredaderas y helechos. Las casas abandonadas donde familias enteras cocinaron, comieron y durmieron en el pasado acabarán cayendo por completo al río algún día.

Como ocurre con muchos otros volcanes, existen mitos locales que hablan sobre la actividad de este monte. Por toda la región del entorno de El Palmar circula una leyenda sobre el señor del volcán, el sobrenatural Juan Noj, que vive en su interior. Como la montaña siempre está en erupción, su morada se quema constantemente, y Juan Noj tiene que enviar desastres y pestilencia o comprar con riquezas a las gentes del lugar para captar almas que lo ayuden a reconstruirla. Una versión de la historia cuenta que una medianoche varios vecinos del antiguo pueblo de El Palmar oyeron el ruido de los cascos del caballo de Juan Noj y salieron a buscarlo por el angosto valle del río Nimá. Juan Noj se les apareció como una figura alta, rubia y con ojos del color del fuego montado sobre un precioso caballo blanco. El animal parecía trotar sobre un manto de humo blanco sin tocar las rocas del barranco del río. Los vecinos sellaron un pacto con él: les daría riqueza y prosperidad, pero al cabo de treinta años regresaría a llevarse sus almas para que lo ayudaran con sus trabajos dentro del volcán. Después, Juan Noj desapareció, los cascos del caballo resonaron alrededor de los hombres y el ulular de los búhos los acompañó mientras regresaban a casa a trompicones bajo la pálida luz de la luna.

El pueblo prosperó de acuerdo con lo prometido, pero nadie olvidó la deuda contraída y, a medida que se fue acercando la fecha del pago, los vecinos pidieron ayuda a un sacerdote católico. El religioso prometió librar al pueblo de la maldición y de la deuda. Pero Juan Noj se vengó enviando primero una densa columna de cenizas a las afueras de la ciudad, seguida por un torrente de barro y rocas. Esta avenida pasó por encima de la iglesia católica y destruyó el pueblo por completo. Aunque el conocimiento que se tiene hoy en la región sobre el volcán se ha apartado de la leyenda de Juan Noj, las ruinas y rocas esparcidas alrededor de El Viejo Palmar y la continua actividad del Santiaguito aún producen la sensación de que interviene un agente prodigioso, aunque el poder último provenga del planeta en sí y no de una inquietante aparición.

Dejando a un lado las fuerzas sobrenaturales, las intersecciones entre la esfera humana y la volcánica son complejas. La actividad del Santa María lo convierte en una amenaza permanente, siempre presente en el trasfondo de la vida de las personas que viven a su alrededor. Para expertos como Gustavo, que se afana por proteger a la población de su país, los volcanes en actividad permanente como el Santa María y el Fuego plantean una serie de retos específicos. Aunque haya un suministro constante de datos y muestras de roca recientes de estos agitados montes, cuando logras acceder a ellos con seguridad, su continua actividad dificulta predecir en qué momento aumentará la amenaza, aunque solo sea un poco, pero lo suficiente para que el volcán embista, tal como hizo el Fuego con consecuencias fatales en 2018. Sin embargo, la formación constante de coladas y explosiones mantiene alerta a la población local, cuyos asentamientos se sitúan lejos, como mínimo, de las zonas más peligrosas. Aún estamos estudiando los rasgos generales de sistemas como el Santiaguito, pero parece probable que para impulsar otro estallido como la erupción de 1902 sería necesario que el edificio permaneciera sellado y silente hasta acumular suficiente magma en su sistema de tuberías poco profundas.

Es posible que durante un periodo así, de mayor letargo, se desvaneciera el recuerdo de la naturaleza volcánica del monte, de modo que Gustavo y sus colegas se encargarían de mantener la vigilancia para detectar los signos de un nuevo despertar e intentar que la población siguiera siendo consciente del peligro. Ellos tienen experiencia en esto, ya que vigilan un mínimo de treinta volcanes potencialmente activos de la vertiente guatemalteca del Pacífico, la mayoría de ellos inactivos a lo largo de la historia escrita. Se sabe que algunos de estos volcanes tuvieron erupciones mucho más grandes que la del Santa María en 1902. El tratamiento de estos volcanes plantea un conjunto distinto de desafíos que el Santiaguito o el Fuego. Obliga a pensar cómo reconstruir los patrones de comportamiento de los volcanes cuando no existen noticias históricas y el sistema permanece en reposo, cómo inferimos los peligros que entrañan cuando lo único disponible son los restos dispersos que quedan en el registro rocoso de un paraje. La respuesta es que, cuando no podemos leer la historia pretérita de un volcán escrita con palabras humanas, al menos podemos leer el relato parcial oculto en las rocas. Es una habilidad que hay que aprender, y es ahí a donde nos llevará nuestra siguiente aventura volcánica.

3

APRENDER A LEER LAS ROCAS

¿Cómo reconstruimos erupciones pasadas y predecimos peligros volcánicos futuros?

Tal como he explicado ya, a veces trabajar con volcanes es como dotarlos de vida y descubrir en ellos un temperamento propio. Tal vez estas personificaciones deriven de algo parecido a los mitos y leyendas que rodean algunos de estos montes, como la de Juan Noj en el Santiaguito, pero no es infrecuente que haya algo de verdad en el folclore humano y encontremos al menos alguna resonancia científica en esas formulaciones. Puesto que los personajes humanos suelen seguir unos patrones de comportamiento determinados, a menudo el pasado es la mejor clave a nuestro alcance para conocer el futuro de un volcán. Las rutas que sigue el magma a través del manto y la corteza pueden parecerse mucho a lo largo de miles de años o más tiempo, y las variantes eruptivas que dependen del desplazamiento y la química de estos fundidos también se repiten a menudo, al menos en alguna medida. Muchos volcanes se estabilizan en un patrón de comportamiento propio, y si logramos desentrañar sus rasgos cruciales, brindan pistas importantes sobre qué ocurrirá en el futuro. En el caso de erupciones como las del Santa María, La Soufrière (en San Vicente) y el Pelée (en Martinica) en 1902, contamos con testimonios escritos y fotográficos de cómo se produjeron estos cataclismos relativamente recientes. Pero ¿qué hacemos cuando la información clave sobre un sistema volcánico se remonta mucho más atrás que el registro histórico humano?

Dentro de la escala del tiempo geológico, la historia humana es breve y, dada la edad de muchos volcanes, a menudo necesitamos echar una ojeada a un pasado más remoto también en el caso de aquellos que han experimentado erupciones grandes hace poco. ¿De qué otro modo podríamos si no esclarecer interrogantes cruciales sobre sus tendencias más generales, como la frecuencia con la que cabe esperar que ocurran los mayores eventos de su repertorio? Asimismo necesitamos conocer mejor la historia a muy largo plazo de las aventuras volcánicas, puesto que este planeta no nos ha revelado todos sus ardides. Sabemos que puede sufrir erupciones mucho más descomunales que las que hemos registrado de manera directa. Estos fenómenos, raros pero extremos, volverán a producirse casi con toda seguridad, por lo que debemos mantenernos en guardia; debemos plantearnos dónde, cuándo y cómo reconocerlos y qué predicciones podemos emitir sobre cómo sucederán. Pero ¿de verdad podemos desentrañar todo eso si lo único que tenemos son los productos rocosos de estas erupciones inmensas que se han preservado a lo largo del tiempo? Para reconstruir estos cataclismos del pasado hay que leer las rocas que han quedado. Esta es una de las competencias indispensables para cualquier vulcanólogo de campo, y yo la aprendí por primera vez en el idílico Egeo, en el grupo de islas conocidas por el nombre conjunto de Santorini. Este archipiélago contiene tan solo un puñado de las miles de islas que conforman Grecia, pero aquí, en estas pintorescas porciones de tierra, se esconden las pruebas de una de las erupciones más grandes ocurridas en el mundo en los últimos 10.000 años. Todo está ahí, escrito en el paisaje, pero hay que saber descifrarlo.

Desde la altura, la isla más grande de Santorini, Thera, parece una luna creciente verde y dorada contra el azul intenso del mar Egeo. Si ampliamos un poco el campo de visión para abarcar también a sus hermanas insulares, descubrimos que Thera forma un anillo fragmentado junto con la mancha ondulante de Therasia y la diminuta y clara esquirla de Aspronisi, y que estos trozos de tierra circundan una profunda laguna. Si nos fijamos mejor, vemos que, lejos de ser una medialuna perfecta, el perfil de Thera se parece más a una sucesión de vieiras o dentelladas (calderas anidadas) donde las olas de ese mar cercado tallan la tierra y ahuecan el vientre de la isla. Pero la laguna no solo se compone de mar mordiente. Dos estructuras más oscuras eclosionan por encima de las olas en su centro: son las islas más jóvenes del archipiélago, Palea Kameni y Nea Kameni, 'isla quemada vieja' e 'isla quemada nueva'. Nea Kameni en particular, que es la más grande, parece irradiar desde su centro con lóbulos sutiles como pétalos que cortan las aguas relucientes.

Aunque no se parece en nada a un volcán cónico arquetípico, Santorini es un lugar muy romántico. La laguna está rodeada de escarpados acantilados con caídas de varios cientos de metros sobre el Egeo. Las paredes afiladas de estos precipicios son llamativas no solo por su pronunciada pendiente, sino también por las ostensibles y variadas capas de roca que muestran a la bahía. Estas bandas de estratos de tonos ocres intensos o apagados, rojo oxidado y gris oscuro se revelan moteadas de verde allí donde la vegetación ha logrado encontrar un asidero. Las ciudades glasean los acantilados con casas blancas. Entre ellas se cuentan Oia, situada en el extremo septentrional de Thera, y la ciudad principal de la isla, llamada Fira y enclavada en el centro de la medialuna con vistas a la laguna. En días soleados, las cúpulas azules de las iglesias de estas islas reproducen el color del cielo. Calles y escalinatas de pavimento oscuro (algunas consistentes en lava esculpida) descienden por los acantilados donde el terreno lo permite. Los hoteles ofrecen habitaciones en cuevas excavadas en las paredes de estos acantilados y piscinas de bordes infinitos con vistas a la caldera. Los folletos describen las puestas de sol más hermosas de Grecia, y los bares turísticos garantizan los mejores vinos del lugar para impregnarnos de ellos a pequeños sorbos.

Las vistas sobre la laguna son de postal. En los días sombríos y grises soy capaz de conjurarlas en mi mente desde cualquier otro lugar. El seductor Egeo resplandece bajo el sol salpicado por la espuma blanca de las olas y las estelas de los barcos. En esta imagen clásica de radiante paraíso insular tal vez parezcan estar fuera de lugar las manchas oscuras de las islas Kameni ('quemadas'), pero durante el verano, el flujo regular de embarcaciones turísticas que van y vienen de estas islas y la invitación a relajarse en las aguas termales de sus aguas poco profundas son tan tentadores para muchos como el resto del conjunto. Sin embargo, acertaría quien lograra hacer una lectura algo más alarmante de la mera presencia de las islas Kameni y sus áridos contornos. En las profundidades de este tranquilo escenario turístico, el planeta es cualquier cosa menos un lugar apacible. La tectónica de esta región es compleja, pero bajo las olas del Mediterráneo situado al sur de Santorini (más allá de Creta) la placa africana que empuja hacia el norte atraviesa un proceso de subducción y ha dado lugar a un arco de volcanes que abarca desde Methana, colgada de un hilo de Grecia continental, hasta la isla de Nisiros, cerca de Turquía. Santorini es uno de los montes más activos de este arco volcánico helénico, y en todas partes de este paisaje impresionante hay signos de agitación pasada y futura. Los espectaculares acantilados, con sus intrincados estratos, son un libro abierto de grandes dimensiones, y cuando se saben leer las rocas, reaparecen ante la vista miles de años de historia de las islas, un periodo muy anterior a la época de la Antigüedad.

Superpuesto a estos sucesos tan remotos encontramos el devenir humano. Santorini ha acogido civilizaciones humanas desde hace más de 4.000 años, tal como atestiguan la arqueología de las islas y algunos textos escritos. La vida moderna del lugar se asienta sobre los restos de aquellos moradores y de la geología del pasado, sobre capas y capas de estratigrafía tanto humana como volcánica. Y en la actualidad humana y geológica de Santorini, el mundo interior del volcán habita bajo quienes viven y visitan estas islas, sean conscientes de ello o no. Aunque a menudo pasan desapercibidos, los instrumentos que transmiten estas maquinaciones subterráneas se encuentran también entre los habitantes de la isla: en las últimas décadas, una red de sensores científicos infiltrados en medio del ajetreo cotidiano humano se afana por detectar cualquier señal de cambio en el estado subterráneo del volcán. Hay sismómetros que vigilan las pequeñas sacudidas que anuncian movimiento del magma o del gas, así como roturas o crujidos de las placas tectónicas en tensión que hay en la región. Receptores GPS permanentes y precisos registran las alteraciones que experimenta el terreno con el paso del tiempo. Esta combinación de escalas temporales —desde los cientos de milenios que abarca el registro geológico hasta el intervalo de la historia humana, la monitorización científica a lo largo de décadas y las señales captadas mediante sensores casi en tiempo real— es una lente poderosa para expandir el alcance de la ciencia de los volcanes. Esta estratificación de la información es uno de los elementos que convierte a Santorini en un lugar tan especial para trabajar. El entrelazamiento de todas estas hebras permite profundizar mucho más en la naturaleza interna del volcán. Permite recrear los paisajes desaparecidos y los eventos del pasado del volcán y, quizás lo más importante, nos ayuda a predecir qué podría suceder a continuación.

A lo largo de su dilatada y rica historia, Santorini ha conocido muchos nombres. El historiador de la Antigüedad griega Heródoto registra como primeros apodos Estróngilos ('La redonda') y Caliste ('La hermosísima'). Thera (o Tera) deriva del héroe espartano que fundó una colonia en la isla en el siglo IX a. C.: Teras. Santorini es un apelativo veneciano más moderno que recibió la isla por santa Irini (santa Irene), martirizada en Tesalónica en el año 304, y hace referencia a una basílica que se había erigido en las islas en su honor. Pero quizás la asociación histórica más conocida de Santorini sea su relación con la cultura minoica de la Edad del Bronce. La civilización minoica, centrada en la isla de Creta, a más de 100 kilómetros al sur, y llamada así por el legendario rey Minos, está ligada a los mitos griegos de Teseo, el laberinto y el Minotauro. Pero también fue la primera civilización de Europa que dejó tras de sí restos de grandes edificios de varias plantas, obras de arte, herramientas y textos escritos. Santorini fue un emplazamiento relevante para el pueblo minoico, y la gran erupción explosiva acaecida hace unos 3.600 años, conocida como la erupción de finales de la Edad del Bronce, pero también designada en ocasiones simplemente como la erupción minoica, asentó dentro del léxico vulcanológico moderno la firme asociación de las islas con esta civilización desaparecida.

En términos geológicos, los restos volcánicos del periodo minoico que llovieron desde el volcán están literalmente por todas partes en el archipiélago. Al contemplar los acantilados de la isla en dirección sur desde la ciudad de Fira se ve un estrato amarillo de roca de unos 30 metros de grosor que cubre la parte superior del acantilado y sostiene las casas y carreteras del lugar. Aunque no está expuesto a la vista en todas partes, si se escarba más allá de la capa superior del suelo se descubre que este manto de color claro se extiende por la mayor parte del archipiélago. En algunos lugares se extrae de los acantilados para usarlo en la construcción. Las canteras en funcionamiento son lugares perfectos para verlo de cerca, siempre y cuando se consiga permiso para llegar hasta ellas con seguridad. Al observarla de cerca, esta gran banda arenosa y uniforme se revela como una masa quebradiza de fragmentos de piedra pómez y ceniza que lanzó el volcán y ahora ha erosionado el viento. Incluso sin profundizar en ninguno de sus ricos detalles, solo el grosor de la capa, sobre todo al colocarnos en su base y ver cuánto se eleva por encima de nosotros, ya ofrece una idea sobre la magnitud del suceso.

Un examen más minucioso revela numerosas pistas sobre la violenta historia que cuenta este afloramiento ocre. Pumitas alargadas y angulosas que salen con facilidad de la pared del acantilado hablan de movimientos frenéticos. En la estratigrafía hay incrustados densos peñascos del tamaño de sandías grandes: son «bombas» volcánicas que lanzó el monte. La propia laguna profunda ya dice mucho sobre la destrucción que causó esta erupción en las islas. La fuerza de la explosión no solo destrozó la tierra donde se produjo, sino que también creó un agujero en el planeta desde su interior, de manera que el monte se desmoronó sobre sí mismo y formó la caldera más nueva de Santorini. Tan potente fue la erupción que llegó a poner en riesgo el emplazamiento de la propia chimenea hasta las profundidades. Solo juntando las pruebas que encontramos en los acantilados, las canteras, la costa y el fondo marino del Santorini actual podemos reconstruir del modo más completo los sucesos de aquella erupción descomunal y recrear la forma y el perfil que tenían estas islas antes de que su mapa fuera reconfigurado con tanta violencia.

El espacio físico de Santorini como volcán no fue lo único que la erupción redefinió por completo: también trastocó un paisaje que sirvió de hogar a los moradores minoicos de las islas. Además de la historia de la erupción física que esconden estas rocas, también tienen inscritos los vestigios de una historia muy humana. En la segunda mitad del siglo XIX, durante la construcción del canal de Suez, se extrajeron grandes cantidades de pumita de esta capa superior de Santorini con el objeto de exportarla allí y construir con ella los muelles de hormigón. La explotación de estas canteras dejó al descubierto estructuras enterradas en Therasia y Thera, y excavaciones arqueológicas practicadas en la década de 1860 condujeron al descubrimiento de un importante asentamiento minoico cerca de la localidad actual de Acrotiri, en el extremo sur de la isla principal. Entre quienes sintieron curiosidad por estos hallazgos se encontraba el geólogo francés Ferdinand Fouqué, cuyo libro de 1879 sobre las islas, *Santorin et ses éruptions* ('Santorini y sus erupciones'), acabaría convirtiéndose en obra de referencia habitual para geólogos y arqueólogos por igual. Las excavaciones continúan y han recuperado de la roca volcánica gran cantidad de objetos minoicos importantes. Resultan especialmente fascinantes los frescos bien conservados que reproducen la cultura minoica, en su mayoría expuestos en museos de Thera y Atenas: flores, aves, navíos, niños practicando lucha..., una sociedad que tenía tiempo tanto para el ocio como para el trabajo. Los grandes y complejos barcos representados en los muros de las excavaciones de Akrotiri evidencian la relevancia del comercio para los minoicos, y parece bastante oportuno que la apertura de una nueva e importante arteria comercial en Suez condujera a estos descubrimientos sobre el pasado minoico.

A pesar de esta conexión entre una erupción y una cultura a través de las ruinas ocultas en el embrollo físico que dejó el caos volcánico y de la designación geológica de este violento episodio como «erupción minoica», aún quedan numerosas dudas sobre la proximidad real del ser humano a la furia del volcán. De momento no se han encontrado cadáveres entre las ruinas de Akrotiri, y apenas algún signo de opulencia, como joyas u objetos de oro o plata. Parece que el lugar se abandonó en gran medida antes de quedar sepultado bajo las rocas y las cenizas. A diferencia de lo que sucedió más tarde en Pompeya, da la impresión de que la población de la Edad del Bronce de Santorini recibió suficientes avisos sobre la virulencia de las intenciones del volcán como para animarla a huir y, además, con tiempo suficiente para empaquetar al menos sus pertenencias más valiosas. Lo más probable es que estas advertencias o «señales precursoras» incluyeran un terremoto lo bastante severo como para romper escaleras de piedra, tirar paredes y derrumbar techos, así como explosiones preliminares del volcán tan intensas como para lanzar una cantidad considerable de cenizas e impregnar con ellas toda la ciudad. La suerte de los moradores de Akrotiri sigue siendo un misterio. Algunos arqueólogos sostienen que pudieron morir en el mar o en campamentos montados en las llanuras a las afueras de la ciudad. Hay indicios vagos sobre la fuga de algunos de ellos a islas vecinas. Fuera cual fuera su destino, las excavaciones arqueológicas en Akrotiri no narran momentos finales tan espantosos como las fosas comunes de Pompeya y Herculano.

Aunque la población de Akrotiri parece haber escapado de la fatalidad más inmediata, el lento declive de la civilización minoica casi simultáneo a aquel episodio ha animado a algunos a especular sobre la posibilidad de que la erupción trastocara el poder en la región, entre cuyos detonantes se contemplan lluvias de cenizas causantes de daños en la agricultura o tsunamis provocados por el volcán que destruyeran barcos y comprometieran la hegemonía naval minoica. Sigue siendo complicado establecer relaciones causales directas para un episodio tan lejano de la historia. Sin embargo, la erupción se ha relacionado con insistencia, aunque con poca solidez, con mitos que hablan de agitación. Entre los relatos excluyentes con los que la han relacionado distintos autores se cuentan la historia de la Atlántida que narra Platón o el éxodo bíblico de los israelitas de Egipto. Son pocos o nulos los indicios para fundamentar estas afirmaciones, pero Santorini yace en una región del mundo con una larga historia, y algunos de los relatos que todavía contamos hoy surgieron no lejos del volcán en los tiempos en que se produjo la erupción. Tal vez no sea de extrañar que sintamos la tentación de emplear pruebas evidentes de un cataclismo volcánico para dar sentido a acontecimientos y mitos que se pierden en la noche de los tiempos.

Con independencia de las consecuencias más amplias que pudiera haber tenido la erupción minoica, sus efectos en las propias islas fueron inmensos. Según Heródoto, no volvieron a estar habitadas hasta cinco generaciones antes de las Guerras de Troya, es decir, alrededor del año 1330 a. C., o 250 años después de la erupción. El territorio no solo quedó sumido en precipitaciones y coladas de material volcánico, sino que cambió toda su morfología debido a las fuerzas combinadas de la explosión, el derrumbe y la inundación. A diferencia de erupciones más recientes, como la del Santa María en 1902 o incluso la del Vesubio en el año 79 d. C., no disponemos de testimonios escritos sobre lo que ocurrió en aquellas semanas fatídicas de la Edad del Bronce, y ni siquiera está claro que hubiera seres humanos en las proximidades para presenciarlo de cerca. De hecho, no disponemos de buenos testimonios sobre ninguna erupción que haya creado una caldera de esta magnitud en ninguna parte del mundo durante todo el tiempo que ha existido la especie humana. Queda mucho por esclarecer sobre cómo se producen.

Por fortuna, las erupciones de estas dimensiones son raras (probablemente solo haya una o dos cada mil años), pero sus consecuencias, sobre todo en un planeta tan atestado e interconectado como el actual, podrían ser graves y considerables. Aunque su excepcionalidad es una suerte para las sociedades humanas, también incrementa la dificultad para desentrañar qué pasará cuando se produzca otro acontecimiento inevitable de este tipo. A pesar de su antigüedad, la erupción minoica representa, en realidad, uno de los ejemplos más recientes de un episodio de esta magnitud, por lo que sigue siendo un foco clave para los estudios volcánicos. Es más, los grandes acantilados ondulantes de la caldera inundada nos regalan un corte temporal, ya que dejan a la vista los estratos que han creado las erupciones más antiguas del volcán, unas capas que de otro modo podrían yacer a gran profundidad y permanecer inaccesibles. Las mismas líneas coloridas que lucen espectaculares al sol del atardecer y embelesan a los turistas también cautivan a los vulcanólogos con la información que ofrecen sobre el largo pasado de las islas.

Durante años, los geólogos han recorrido las islas de Santorini y han descrito, catalogado y analizado con meticulosidad las diferentes bandas de roca que componen su estratigrafía. Este esfuerzo colectivo ha reconstruido no solo la erupción minoica, sino también muchos otros sucesos volcánicos del pasado de Santorini (grandes erupciones explosivas como la de la Edad del Bronce, pero también otras de menor envergadura), lo que ha permitido a los científicos buscar patrones en el comportamiento del volcán. Las claves no se encuentran solo en las rocas. Hay más información en la forma de las islas y del fondo marino. Poco a poco, a lo largo de los siglos, exploradores y científicos han rescatado la anatomía de los cataclismos destructivos ocurridos en el pasado del archipiélago, así como su renovación. Cuando llegue el momento de que el volcán vuelva a entrar en erupción, confiamos en que esta lectura colectiva de las rocas nos haya aportado a nosotros o a nuestros sucesores el conocimiento necesario para saber qué tipo de actividad será la esperable y predecir qué sucederá a continuación. El tiempo dirá.

Santorini es un lugar increíble para aprender vulcanología de campo. Acudí allí por primera vez en 2001 para aprender estas competencias justo antes de comenzar mi doctorado. Desde entonces he vuelto muchas veces, algunas de ellas ahora que han pasado los años y que la alumna de entonces se ha convertido en profesora y soy yo quien dirige viajes de formación para estudiantes de grado. Realicé aquel viaje en un estado muy avanzado del embarazo de mi primer hijo y admito sin reservas que subestimé en extremo la incomodidad de las largas jornadas de calor llevando mi preciada carga y la dificultad de encontrar ropa premamá cómoda para el trabajo de campo. Cada vez que voy veo cosas nuevas, pero jamás olvidaré la intensidad de aquella primera salida. Viajamos allí con un paquete vacacional para reducir costes y para movernos por la isla tomamos autobuses que solían ir llenos y en los que sufrimos el calor del final del verano, a pesar de que ya se percibían las primeras brisas atemperadas del otoño. Nos hospedamos en la zona más llana de la isla, alejada de la caldera, en una localidad llamada Kamari. En este lugar, la tierra se adentra con suavidad en el mar, y la playa es de oscuras arenas volcánicas. Los frescos chapuzones en el Egeo fueron un broche perfecto para cerrar el día después de un trabajo de campo rebozados en polvo. Fuimos justo después de los ataques del 11 de septiembre en Estados Unidos, y el mundo se notaba desgarrado y crispado incluso en este lugar distante e idílico.

Un objetivo clave de nuestra expedición era usar pruebas de campo para averiguar cómo se desarrolló la erupción minoica desde su comienzo hasta su fin, y al principio del viaje me encontré cara a cara con el imponente acantilado de roca de color ocre claro de la Edad del Bronce en una cantera situada justo al sur de Fira y encaramada al borde escarpado de la caldera. Yo había llegado a la vulcanología después de graduarme en química y, aunque estaba entusiasmada con el inicio de la nueva etapa, me abrumó tener que desentrañar el significado de aquel imponente lienzo de roca. La pared de tonos claros abarcaba decenas de metros por encima de mí y, a primera vista, me pareció tanto una masa uniforme imponente como una amalgama de detalles intrincados y abrumadores. ¿Por dónde empezar y cómo interpretar aquello? Al realizar trabajos de campo a menudo apuntamos sofisticados espectrómetros hacia el volcán o tomamos muestras para someterlas a análisis químicos complejos en el laboratorio. Sin embargo, cuando se leen las rocas para descifrar cómo se produjeron las erupciones del pasado, la primera fase suele consistir tan solo en delinear y describir lo que se ve sin emplear nada más sofisticado que los ojos, un cuaderno y un lápiz.

No existe una sola manera de observar y describir una porción de paisaje como el acantilado de la erupción minoica. Desde pequeña me ha encantado jugar a pintar paisajes. Cuando la finalidad es artística, puedes elegir en qué objetos centrarte y cuáles ignorar. Si hubiera acudido allí aquel día para dibujar el depósito minoico, podría haber tomado distancia para

Grupo de estudiantes investigando los depósitos minoicos, 2022.

centrarme en los bloques de color. Podría, por ejemplo, haber reducido el campo de visión a la extensa, ondulada y colorida masa de ocres intercalada entre el azul del cielo y el verde de la achaparrada vegetación. También para una vulcanóloga es importante retroceder un paso y plasmar estas grandes estructuras en su cuaderno de campo. Pero con nuestros registros procuramos ser menos originales, y las notas de campo incluyen una serie de elementos que son menos probables en el bloc de dibujo de un artista: detalles sobre la ubicación precisa, la posición de la brújula en el lugar de la observación, estimaciones de los ángulos que mantiene la roca con la horizontal y algún tipo de barra de escala, por ejemplo. En la actualidad solemos tomar una fotografía de los emplazamientos más importantes para complementar los bocetos. En geología, cualquier detalle puede contener pistas relevantes. No deben ignorarse las sutiles variaciones de textura en la pared del acantilado. El boceto debe plasmar los detalles moteados de la parte inferior del acantilado, las sutiles y uniformes laminaciones de la capa superior y la naturaleza más masiva y gruesa de las partes más altas moteadas por las sombras que arrojan los huecos poco profundos creados por el clima salino del Egeo.

Nunca me he sentido muy orgullosa de mis bocetos de campo, pero hay geólogos que serían muy buenos artistas. De igual manera, muchos pintores de paisajes parecen tener gran intuición con la roca que pintan. Muchos años después, durante una exposición celebrada en Londres, las increíbles pinturas de Georgia O'Keeffe de Nuevo México tuvieron el inesperado efecto de trasladarme a aquellos tiempos de dibujos de campo en Fira. Aunque O'Keeffe observó las piedras y acantilados por razones muy diferentes a las mías cuando yo examiné los depósitos minoicos, encontré gran semejanza en los colores y texturas que evocaba ella con sus claras rocas volcánicas contra el azul del cielo de Nuevo México. Fue bonito reparar en que este acto íntimo de mirar un paisaje en detalle para reproducirlo es algo que comparten artistas y geólogos.

Además de contribuir a la belleza del lugar, cada una de las sutiles capas que componen el acantilado minoico tiene un significado. Una vez observado en su conjunto, llegó el momento de verlo de cerca. A medida que nos acercamos a la pared rocosa con los cascos puestos por si caían escombros, un viento cálido levantó polvo que se me metió en los ojos. De cerca, la textura moteada de la parte inferior se revela como fragmentos superpuestos de roca volcánica tan disgregados que es fácil extraerlos con los dedos. La mayor parte de esta capa está formada por trozos claros de pumita del tamaño de guijarros (clastos), muchos de ellos alargados y angulosos. Pero también hay fragmentos bulbosos más oscuros intercalados entre ellos, así como piedras más pesadas y densas. Seguí la base de esta capa, puesto que cubría y seguía las ondulaciones de la antigua superficie. Esta envoltura (o manto, como lo llamamos nosotros) del terreno antiguo evidencia que estas rocas cayeron desde arriba en lugar de llegar hasta donde están en forma de colada fluida. El hecho de que aún se deshagan en la mano y no permanezcan soldadas entre sí indica que en el momento en que llegaron al suelo estaban bastante frías, y no tan calientes y maleables como para ensamblarse y fusionarse. La gran similitud de tamaños es otro indicio de que atravesaron algún proceso de clasificación. El análisis de todas estas pistas sobre su caída y enfriamiento permite retroceder hasta el momento de la erupción y figurarse que esta capa de clastos fragmentados se precipitó en forma de lluvia de guijarros de pumita desde el cielo de la Edad del Bronce. Informa sobre una inmensa columna eruptiva que emergió de la chimenea como un «pino piñonero», tal como la describió Plinio más de un milenio después, de cuyo tronco y copa cayeron estelas difuminadas de escombros pulverulentos.

Es improbable que lleguemos a saber qué vieron nuestros antepasados humanos durante la erupción minoica. Pero podemos imaginar a la población de Akrotiri volviendo la vista hacia lo que habían sido sus casas mientras las olas batían su navío en la huida. Esta primera fase de la erupción, que provocó la lluvia de piedra pómez en la cantera de Fira, habría dado como resultado el alarmante ascenso de un pilar de escombros arremolinados (una columna pliniana) que taladró el cielo como si la roca no pesara nada y se desparramó en las alturas. Por la distribución de las capas de cenizas halladas en lugares como Kos, Rodas y en testigos de sondeo de los sedimentos del mar Mediterráneo sabemos que la nube viajó hacia el sur y el este empujada por los vientos en las alturas de la atmósfera. Aunque el hecho de que el día se volviera noche dependería de la distancia al volcán, aquellos supervivientes minoicos que huyeran hacia Creta habrían tenido la impresión de que la mancha oscura que se hinchó en el cielo tras la erupción se empeñaba en perseguirlos durante la fuga.

Al igual que en las otras grandes erupciones explosivas que hemos descrito hasta ahora, los orígenes últimos del paroxismo volcánico que sufrió Santorini en la Edad del Bronce radican en las profundidades del planeta. Por la naturaleza de la erupción y las rocas que generó, sabemos que fue un magma rico en silicio y oxígeno y, por lo tanto, pegajoso y viscoso, sometido a mucha presión y listo para estallar. Aunque la erupción minoica fue mucho más potente que la tragedia del Santa María de Guatemala en 1902, hay similitudes fundamentales en los procesos que generaron las fases plinianas de estos dos episodios volcánicos. Tal como mencionamos en el capítulo 2, los detalles de cómo y cuándo se produce una erupción dependen a menudo del estado del sistema cerca de la superficie. El ascenso veloz de magma viscoso repleto de burbujas atrapadas en él y sometidas a un exceso de presión es la antesala de un episodio violento. A medida que el magma sube y las burbujas aumentan, llega un momento en que al líquido viscoso le fallan las fuerzas. De repente, cuando se libera, el gas logra expandirse sin límites en la atmósfera superior y suelta toda la fuerza impulsiva de la explosión. Las rocas salen disparadas a velocidades de cientos de metros por segundo. Por el aire y por el suelo se propagan grandes ondas de choque. La Tierra se sacude y se quiebra.

Con la liberación de toda esta energía cinética de movimiento violento es tentador imaginar que las bandas de pumita y rocas más densas que extraje de la cantera de Fira llegaron hasta allí simplemente lanzadas desde la boca del volcán. Cabe imaginar su trayectoria como la de proyectiles disparados por un arma que se arquean siguiendo una parábola balística desde la chimenea hasta caer y depositarse capa tras capa sobre la parte superior de los acantilados insulares. Pero el estudio de los patrones de caída de materiales a partir de erupciones como la minoica revela que las cosas no pueden ser tan simples. Por muy potentes que sean, estas fuerzas balísticas no son capaces por sí solas de lanzar cenizas y pumitas a tanta altura en la atmósfera ni tan lejos del volcán como suelen llegar. Las capas de ceniza dejadas por el cataclismo minoico se han rastreado hasta el mar Negro, lo que indica que la columna eruptiva tuvo que elevarse hasta 35 kilómetros por encima del volcán y llegar hasta la estratosfera terrestre. Como ya hemos visto, las observaciones directas del episodio de Guatemala en 1902, descritas en las crónicas de Eisen y Anderson, midieron que los escombros del Santa María llegaron hasta los 30 kilómetros de altura, mucho más arriba que una bala disparada desde el suelo con una velocidad de eyección volcánica creíble (o «velocidad de boca», por emplear el término balístico), estimada a partir de mediciones y cálculos. La energía cinética de la explosión se agota al alcanzar cierto tramo de la columna eruptiva, y las rocas caerían demasiado cerca del origen para explicar los depósitos observados. A primera vista, tal vez, hasta podría parecer ¡que estas rocas misteriosas desafían la fuerza de la gravedad!

Sin embargo, aunque las erupciones volcánicas hacen añicos volúmenes inmensos de roca, es seguro que no violan las leyes de la física. Lo único que ocurre es que la fuerza de la explosión en la base del «pino piñonero» pliniano formado por rocas y gases calientes solo constituye una parte de la física que propulsa esta mezcla y la lanza hasta alturas tan elevadas. Fue en tiempos bastante recientes cuando se logró componer una explicación detallada dentro de la vulcanología para los registros tan evocadores que dejó Plinio muchos siglos atrás. Hasta la última parte del siglo XX se descuidó a menudo el estudio de las rocas piroclásticas (como la ceniza y la pumita) producidas por estos violentos procesos de fragmentación para dar prioridad al análisis de rocas volcánicas más densas, como las lavas. En mi usadísimo ejemplar del clásico libro de texto de 1993 titulado *Volcanoes: A Planetary Perspective*, Peter Francis atribuye esta desatención a cierto esnobismo geológico ante estos depósitos de campo tan frágiles. Él lo expresa así: «Es difícil propinar un golpe certero con un martillo a un depósito de cenizas para obtener un espécimen de mano de roca en condiciones». El trabajo rompedor (el juego de palabras es intencionado) de George Walker, del Imperial College de Londres, y Robert Smith, del Servicio Geológico de Estados Unidos (USGS), entre otros, dio inicio en la década de 1970 a la descripción sistemática de los depósitos dejados por erupciones muy explosivas como la minoica para explicar a continuación la física de su formación.

Dicho de manera sencilla, lo que propulsa la columna eruptiva hacia arriba no es tan solo la velocidad o la energía cinética. Experimentos y modelos matemáticos sencillos del comportamiento de los gases y las partículas desarrollados durante la segunda mitad del siglo XX desvelaron la relevancia del calor o la energía térmica inmersa en cada roca clástica de la erupción. Este calor, procedente del interior de la Tierra, puede generar convección y transportar el penacho eruptivo hasta altitudes muy superiores a las alcanzadas debido tan solo a la energía cinética. Pero la roca caliente no adquiere flotabilidad por sí sola en la atmósfera gaseosa de la Tierra; es necesario que la energía térmica dentro de los clastos sólidos se transfiera al aire circundante, lo que reduce su densidad y le aporta el empuje necesario. Para ello, la columna volcánica debe mezclar primero su masa con el aire circundante más frío, el cual se enrosca por sus bordes a medida que esta sale despedida por la chimenea y avanza en su ascenso. Este aire se calienta con los fragmentos de roca incandescente, lo que lo expande y le confiere empuje en el seno del aire situado fuera del penacho. A medida que el penacho continúa subiendo, entra en contacto y se mezcla con más y más aire, que también se calienta, lo que mantiene su flotabilidad y lo impulsa cada vez más arriba.

Antes imaginamos las rocas clásticas como una lluvia de proyectiles lanzados desde la boca del volcán, pero, una vez que comienza el ascenso de la columna pliniana, hay una analogía más adecuada para describir el proceso. A pesar de la violencia con que sale expulsada la columna, es como si la avalancha de escombros eruptivos se transformara en innumerables quemadores de gas en miniatura que propulsan el ascenso de una gran flota de globos aerostáticos diminutos. Este proceso ondulante de ascenso del aire caliente por convección es el que hincha hacia las alturas el grueso tronco de una columna eruptiva pliniana. Por muy destructivas que sean sus consecuencias, la física de una erupción volcánica siempre me inspira una metáfora mixta en la mente: un arsenal de fuerzas balísticas que alimentan una nube sucia de miles de millones de farolillos en el cielo. Eso sí, se trata de una nube capaz de tornar oscuro hasta el día más luminoso y causar una lluvia de devastación.

Pero ¿qué hay de las ramas y la característica copa abultada de la parte superior de estos penachos que describió Plinio?

Aunque las rocas expulsadas por la boca del volcán salen a temperaturas muy altas (de muchos cientos de grados centígrados), su energía calorífica tiene un límite. En cuanto pierden todo su calor, dejan de generar convección, y llega un momento en que la densidad del penacho se iguala con la del aire circundante. La columna se desplaza más allá de este nivel de flotabilidad neutra debido a la inercia, y después cae y se desparrama bajo su propio peso. En las alturas de la atmósfera, el penacho se comporta como una fuente y se abre hacia fuera a medida que cae, como el agua rociada desde la boquilla de una manguera. Al igual que en las fuentes, si corre una brisa fuerte, el viento también influirá en la forma que adopte, ya que arrastrará más cantidad de polvo a lo largo del eje en el que sople. Pero, a diferencia de lo que sucede con las fuentes de agua, el material que conforma el penacho no cae hasta el suelo o, al menos, no de inmediato. Porque a medida que la combinación de gas y rocas se precipita en cascada por las distintas alturas de la atmósfera, el espesor o la densidad de esta última aumenta. Al final, el penacho, aún templado, vuelve a alcanzar un nivel de flotabilidad neutra en el que su densidad iguala la del aire circundante, y es ahí donde se despliega como un dosel arbóreo.

A lo largo de este ascenso convectivo y durante su despliegue a modo de fuente, el penacho dejará caer fragmentos de roca ordenados por tamaños: los más grandes más cerca de la chimenea, y los más pequeños cada vez más lejos de su alcance. Las angulosas pumitas del tamaño de guijarros cayeron sobre lo que hoy es la cantera de Fira desde el tronco y las ramas de la nube de la erupción minoica. Conservo algunos de los fragmentos alargados y vidriosos que recolecté durante mi visita en 2001 en la repisa que tengo sobre la mesa de mi despacho actual. A veces, en medio de las numerosas exigencias de la vida cotidiana, intento encontrar un momento para imaginar su violenta gestación, su furioso ascenso y su caída final seguidos de miles de años de apacible reposo ocultos e intactos en el paisaje hasta que mi yo más joven los arrancó de ese lugar. Queda mucho por leer en estas rocas.

Estromatolito (parte inferior) y pumitas de la colección de la autora (el bolígrafo da la escala).

Pero esta capa fragmentaria de pumitas que suben y bajan sin cesar no es el final del drama escrito en la pared de la cantera. Sobre los escombros que se depositaron entonces hay otras vetas o unidades, tal como denominamos a veces a los estratos diferenciados como estos. Incluso cuando esbocé el acantilado por primera vez, distinguí con facilidad dos unidades superiores bien marcadas por encima de las pumitas. La unidad intermedia, más fina, está formada por láminas lisas de ceniza fina. La capa superior, más gruesa (de unos diez metros de espesor aquí en la cantera, pero de hasta 35 metros en otros lugares de las islas), es más masiva: una confusión de bloques de diferentes tamaños ensamblados en una matriz de ceniza fina y clara con sus característicos agujeros debidos a la erosión. En esta capa superior resplandecen trozos vidriosos de color negro que motean los piroclastos blancos y que cuentan, como veremos más adelante, cómo eran las islas antes de aquella erupción.

La sensación de movimiento que transmiten estas capas superiores difiere mucho de la del nivel inferior de pumitas caídas. En lugar de cubrir el terreno antiguo con una lluvia de rocas desde grandes alturas, estas unidades rellenaron cualquier ondulación que hubiera en el terreno, por lo que nivelaron la topografía anterior. Estos rasgos y el tamaño irregular de los clastos de la capa superior desvelan que llegaron al lugar mediante coladas y no por caída. Algo cambió en la erupción, algo esencial, que implicó que el penacho ya no pudiera salir despedido y elevarse, sino que emergiera y fluyera sobre las islas dejando gruesos mantos de roca a su paso. Desentrañar cómo y por qué se produjo este cambio fue el siguiente desafío en nuestro aprendizaje de campo.

Para entender qué ocurrió durante la erupción debemos reconstruir la geografía de las islas. No es sencillo, pero recorriendo, describiendo y tomando muestras del terreno de Santorini, los geólogos han intentado retroceder en el tiempo para imaginar el lugar tal como fue cuando daba cobijo a los comerciantes minoicos de Akrotiri. Al contemplar los acantilados situados bajo la ciudad de Fira desde un barco mecido por las aguas de la bahía, es posible que el ojo se quede prendado de las casas blancas encaramadas al borde, del camino zigzagueante que señala el tórrido ascenso desde el muelle del puerto viejo por la imponente topografía (a menos que claudiquemos y lo hagamos en burro o en teleférico) o de las numerosas y coloridas franjas de las unidades rocosas de la pared de la caldera. Sería perdonable pasar por alto una mancha clara de roca polvorienta que pende de la pared del acantilado justo por encima de su mitad como si fueran los últimos restos de nieve que quedan en una oquedad después del deshielo. A pesar de ser una mancha sutil, contiene información. Un análisis más minucioso revela que está formada por el mismo tipo de pumita que extraje del depósito de caída de la cantera situado en la parte superior de los acantilados. Este pequeño residuo claro indica que no surgió por el desmoronamiento derivado de la erupción minoica, sino que esta parte del acantilado ya estaba ahí cuando se produjo la primera fase pliniana del cataclismo de la Edad del Bronce y, por tanto, que estos riscos recibieron parte de la pumita que llovió desde el penacho. Esto identifica esta superficie escarpada como la pared de una caldera que se derrumbó mucho antes. Estos acantilados, que sirven como telón de fondo del ir y venir de los barcos turísticos y pesqueros actuales, también formaron parte del paisaje en el que transcurría la vida minoica. Son una visión compartida, un punto de unión temporal entre el presente y el pasado, a pesar del inmenso trastorno que causó la erupción.

Pero aunque este sector del acantilado no sufrió un cambio significativo con la erupción minoica, muchas otras cosas de las islas sí lo hicieron. Encontramos más indicios de ello en las rocas que lanzó la erupción. En aquel año de 2001 dedicamos otra jornada a visitar los yacimientos minoicos cerca de la ciudad de Oia, situada en la parte norte. Al igual que Fira, Oia está encaramada a los acantilados situados en el borde de la caldera. Debajo de la ciudad se encuentran el puerto y la playa, y fue en ese entorno marino idílico donde hicimos un alto en el camino para comer los calamares más frescos que he probado nunca, fritos por los pescadores en un hornillo portátil nada más bajarse de la barca. Aunque era tentador demorarse más en la bahía, nos pusimos en marcha y volvimos a remontar la calurosa colina hasta un lugar menos saludable que albergaba una antigua cantera ahora utilizada como vertedero. Aquí, la mayor parte de los restos de la erupción minoica se había excavado para extraer materiales de construcción, pero entre la piedra pómez útil, los mineros también habían encontrado abundantes rocas más densas que no pudieron utilizar y que dejaron en la cantera perfectamente accesibles para nuestros estudios, aunque en tiempos más recientes el lugar se destinó a acoger un hotel. Rebuscando entre los electrodomésticos y sofás desechados y entre los escombros volcánicos, el director del trabajo de campo arrancó un trozo de uno de estos bloques y me lo dio. Cuando lo tuve en la mano, comprobé que pesaba mucho en comparación con la ligereza de la piedra pómez. En lugar de mostrarse como una intrincada red de burbujas solidificadas en el momento en que salieron al exterior, esta roca exhibía gran complejidad en las capas grises, blancas y rosadas entrelazadas en eclosiones angulosas como pétalos diminutos. Era un fragmento de roca sedimentaria cuyo origen no tenía nada que ver con la manifestación ígnea del volcán, pero su presencia nos aporta otra pista importante sobre la forma que tenía el volcán hace tantos milenios.

El pequeño trozo de roca retorcida que tuve en la palma de la mano era una lasca de estromatolito. Era un tipo de roca del que no había oído hablar jamás, y me sentí un tanto estafada al haber dedicado tanto esfuerzo a adquirir algunos conocimientos sobre el universo ígneo y encontrarme con una diversidad de rocas aún mayor en esta fase temprana de mis estudios. En contraste con el desenfrenado instante que solidificó la forma de los bloques de pumita lanzados por la erupción, las capas del fragmento de estromatolito se gestaron, en cambio, poco a poco a lo largo de mucho tiempo. Las coloridas y complejas capas que me desveló la lente de la lupa de mano fueron depositadas ahí por colonias de organismos microscópicos, probablemente cianobacterias. Aunque los estromatolitos abundan en algunas partes del registro fósil, apenas se dan en el planeta actual porque sus diminutos hacedores microbianos son pasto de animales evolucionados en tiempos más recientes. Allí donde los encontramos, en lugares como Shark Bay en Australia Occidental, son característicos de entornos de aguas someras y salobres. En Santorini, sin embargo, la pequeña lasca que aún conservo entre mi colección de rocas junto a trozos de piedra pómez no es ninguna rareza entre los escombros de la Edad del Bronce. Los recuentos efectuados en la región arrojan más de mil bloques de estromatolitos apiñados entre los claros piroclastos minoicos. Su mera presencia indica que los habitantes humanos de Akrotiri no surcaban la profunda bahía actual, sino una laguna muy salada y poco profunda alojada en el interior de una vieja caldera volcánica enclavada en el sector septentrional de la isla. Las rocas del lugar, incluidos los estromatolitos columnares de esta antigua ensenada, se hicieron pedazos durante el caos que generó la violenta erupción y salieron despedidos junto con todos los demás cascotes.

Esta información sobre la geografía de las islas antes de la erupción facilita la lectura de lo que queda en las capas ocres superiores situadas sobre el depósito bien estructurado de la lluvia de pumita que encontramos en la cantera de Fira y permite reconstruir la anatomía de la erupción. La gradación de tamaños de la lluvia de piedra pómez sitúa la chimenea de la erupción en las proximidades o el interior de la laguna somera. La unidad intermedia de delicadas láminas de finas cenizas granuladas informa sobre potentes explosiones en las que el gas caliente diluyó por completo la roca pulverizada. Esto puede ocurrir cuando en la chimenea penetra agua de fuera y hierve de súbito. En aquellas horas frenéticas de la Edad del Bronce, es probable que las aguas salobres de la laguna se abrieran paso hasta ella en medio de la confusión. Cada incursión de este tipo habría estallado como una bomba y habría lanzado en todas direcciones desde el tronco del penacho descargas de polvo rico en vapor, las cuales correrían por el terreno hasta crear los depósitos de finas capas de ceniza que aún vemos hoy sobre la lluvia de pumita.

Al cabo de un tiempo, la fuerza explosiva del agua que invadió la chimenea fue tan intensa que logró lanzar despedidos grandes trozos del penacho. Es probable que la energía calorífica tomada de los piroclastos incandescentes para que el agua entrara en ebullición redujera también la energía disponible para levantar el penacho hacia las alturas. La mera masa de roca que intentaba abrirse paso a través de la chimenea cada vez más ancha a una velocidad creciente también mermó las fuerzas de convección necesarias para darle flotabilidad, puesto que había que contrarrestar el tirón de la gravedad terrestre hacia el suelo. La acción conjunta de estos procesos detuvo el ascenso convectivo de la columna. Al perder flotabilidad, el penacho se desplomó bajo su propio peso, fluyó con una fuerza brutal por las islas antiguas y las cubrió por completo con la capa gruesa y compacta de la parte superior del acantilado que se cernía sobre mí en la cantera. Con el conocimiento acumulado durante siglos, sentarse a dibujar en el acantilado de la cantera trae a la mente los días de furibundos procesos eruptivos que han dejado su testimonio en el paisaje para que duren milenios.

Los depósitos revelan que aquella fue una erupción tanto de agua como de roca incandescente, y aunque no es tan fácil percibirlo al visitar Santorini, el lecho marino y el territorio del archipiélago portan marcas de su acción. En algún momento de la erupción, la antigua laguna hirvió hasta secarse por completo, y es probable que los restos volcánicos la rellenaran e impidieran que quedara inundada por agua de mar. La boca del volcán siguió expulsando más y más magma hasta vaciar tanto sus entrañas que el terreno situado encima cedió y se desplomó, lo que fue aportando más magma a medida que se desmoronaba. Este hundimiento descomunal agrandó la antigua caldera por el norte y la volvió más alargada por el sur, lo que dio lugar a la llamativa y profunda bahía que domina el paisaje actual. Aunque cueste imaginarlo al contemplar las olas lamiendo el litoral de las islas hoy en día, todo indica que aquella caldera pantagruélica, de unos diez kilómetros de largo en su parte más ancha, no albergó agua en un principio después del cataclismo. Durante un espacio breve de tiempo pudo ser un gran abismo revestido por los piroclastos minoicos arenosos, y es posible que aún estuviera en erupción. En algún momento, probablemente no mucho después del hundimiento del fondo de la caldera, la pared de roca que contenía el embate de las olas cedió y permitió que el mar invadiera el cráter. En el fondo marino aún quedan signos del lugar donde se produjo esta primera inundación violenta, ya que los mapas batimétricos muestran que bajo las olas del Egeo se esconde una enorme estructura festoneada con forma de anfiteatro justo fuera de la entrada septentrional a la bahía. En la actualidad, hordas de turistas fotografían las vistas que ofrece Oia en dirección a Therasia desde el mismo lugar donde una vez una cascada descomunal de agua marina fluyó durante un par de días hasta llenar la bahía a través de esta brecha norte. Aunque la asociación entre la erupción y la historia de la Atlántida sea con toda probabilidad falsa, aquella inundación espectacular parece más que digna de esa leyenda.

En nuestro imaginado navío minoico repleto de refugiados huyendo de Akrotiri, estas fases subsiguientes de la erupción también habrían sembrado el pánico en ellos al volver la vista hacia su antigua morada. Las incursiones de agua de mar en la chimenea tuvieron que provocar estallidos estruendosos y el lanzamiento de anillos de escombros desde la base de la nube eruptiva. Después, cuando la columna eruptiva perdió flotabilidad, verían desplomarse el enorme barrizal sucio del penacho que se alzaba en el cielo para engullir las propias islas. Quizá fuera la última vez que vieron la isla donde tuvieron su hogar. ¿Los perseguirían maremotos provocados por la caída de escombros volcánicos sobre el mar? ¿Temblaría la Tierra al desmoronarse la caldera? Es improbable que lleguemos a saberlo algún día. La impotencia no les dejaría más opción que dar la espalda a la destrucción y lamentarse. Cuesta imaginar una devastación tan violenta al contemplar la idílica bahía actual, pero intento visualizarlo mientras saboreo una copa y observo cómo el sol del atardecer tiñe de rojo la impresionante capa dorada que cubre los acantilados actuales.

A los humanos nos gustan los patrones, y los acantilados de Santorini están repletos de ellos a todos los niveles: el moteado de leopardo de los escarpes erosionados por el viento, los abanicos y las cicatrices descendentes de los corrimientos de tierra, el corte ascendente de los diques volcánicos que atraviesan ufanos los estratos más blandos y las franjas rayadas del tamaño de la pared del acantilado, así como capas dentro de más capas. Cuanto más nos detengamos en el detalle, más complejidad habrá, pero si observamos desde la distancia, también se aprecia cierto orden. Los depósitos minoicos conforman la capa más fácil de localizar en el lugar destacado que ocupan en la parte superior de la secuencia del acantilado y, como hemos visto, el paisaje de la isla esconde por doquier los signos del poder destructivo de la erupción. Pero esa no fue la única vez que las islas quedaron hechas pedazos a lo largo de su dilatada historia.

Aunque la cresta dorada minoica destaca en los acantilados, sus rasgos no son exclusivos de las paredes de la caldera de Santorini. Al dirigir la mirada hacia el norte desde el puerto actual de Athiniós de Santorini en dirección a la ciudad de Fira, como a un tercio de la altura del promontorio más cercano (el cabo Alonaki), llama la atención otra banda arenosa y dorada que mira hacia las olas y que el viento ha erosionado con ondulaciones como si se tratara de una copia más hundida y aplastada de la franja minoica.

Esta capa, conocida por la denominación menos romántica de Pumita Inferior 2 (para diferenciarla de la Pumita Superior, que fue uno de los primeros nombres que recibió la capa minoica), evidencia una erupción anterior de una magnitud y una naturaleza parecidas a las de la erupción acaecida en la Edad del Bronce, solo que más de 150.000 años anterior a ella. Dibujé esta sección de acantilado durante mi primer viaje a Santorini, y más tarde me encantó encontrar la misma zona perfilada y publicada en el libro que escribió Fouqué en 1879 sobre estas islas. Los científicos llevan cientos de años leyendo en estas rocas la historia de este pedacito del planeta que parece condenado a ensamblarse y romperse en pedazos cada varios milenios.

Los geólogos se han esmerado en trazar mapas, tomar registros y reunir muestras de los acantilados y otras rocas de Santorini para unir las piezas de los cientos de miles de años que conforman su historia volcánica. Gracias a esos trabajos han trazado dos ciclos de actividad explosiva en las islas, cada uno de ellos con una duración aproximada de 180.000 años. Ambos ciclos consistieron en una secuencia de al menos cinco grandes erupciones explosivas espaciadas entre sí entre 20.000 y 40.000 años. Las dimensiones de las erupciones y el contenido de sílice del magma y, por tanto, su viscosidad aumentan con claridad conforme ascendemos por los estratos dejados por cada uno de estos dos ciclos, lo que significa que las erupciones se volvieron más devastadoras a medida que avanzó la secuencia. Muchas de estas erupciones derrumbaron calderas, igual que la minoica. Signos como la fina pumita minoica que pende de la pared de la antigua caldera debajo de Fira indican que se produjeron al menos cuatro de estos derrumbes descomunales y dejaron el contorno de las islas definido por marcas que parecen grandes bocados. El derrumbamiento más antiguo identificado hasta ahora ocurrió tras la potente erupción de la Pumita Inferior 2, que señala la culminación del denominado primer ciclo eruptivo de Santorini. Lejos de tratarse de un cataclismo excepcional o único, la erupción minoica fue más bien el episodio más reciente de un patrón de comportamiento altamente autodestructivo de Santorini que se remonta mucho más atrás de la época de la Antigüedad.

Sin embargo, en medio de estos registros de destrucción pasada, también vemos algo más. Entre cada uno de estos episodios tan explosivos, la isla se fue reconstruyendo, y una vez más hay numerosos signos de ese renacimiento escritos en el paisaje si sabemos leerlos. Ahí, en ese promontorio del cabo Alonaki que Fouqué esbozó tantos años atrás, encontramos

Acantilados de la caldera de Santorini en el cabo Alonaki orientados hacia el norte, con la ciudad de Fira al fondo. En la pared del acantilado se ven capas de lava más oscura y de pumita más clara que incluyen los depósitos formados durante la erupción minoica (arriba) y durante la erupción de la Pumita Inferior 2 (la siguiente banda clara situada más abajo).

bloques oscuros de gruesas coladas de lava intercalados entre dos capas de piroclastos explosivos de color ocre rojizo. Incluso durante la destrucción minoica, los abundantes fragmentos negros y vítreos que yo había observado en la capa superior de depósitos masivos de coladas piroclásticas en la cantera de Fira indican el desarrollo de un edificio volcánico considerable entre los estromatolitos de la laguna salobre y somera destrozados por la erupción. Tal vez la imagen más espectacular de la reconstrucción volcánica se encuentre en el extremo septentrional que aloja la ciudad de Fira, en el imponente promontorio del cabo de Skaros. Aquí, cientos de metros por encima de las relucientes aguas del Egeo, asoman sobre la superficie del mar grandes acumulaciones de coladas de lava oscura solidificada. El cuello volcánico que corona el promontorio emula las chimeneas de los cruceros que frecuentan la bahía, y casi da la impresión de que todo el promontorio es un barco que surca las olas. En realidad se trata de los restos de un gran edificio volcánico que definió el contorno de las islas hace 50.000 años o más.

Ni siquiera es necesario leer los acantilados antiguos para ver signos del renacimiento volcánico. Los oscuros brotes de las achaparradas islas Kameni en medio de la bahía se formaron, capa tras capa, desde el fondo del inmenso cráter inundado que dejó tras de sí la erupción minoica. Al igual que sus predecesoras, cuyos restos integran ahora el cabo de Skaros o las lavas de Alonaki, estas islas crecen poco a poco rellenando el hueco que quedó. Aumentan durante erupciones de lava mucho más pequeñas que las que dejaron los piroclastos de tonos claros de los acantilados. Con el tiempo, la acumulación de masa reiniciará el sistema y lo dejará a punto para la siguiente explosión descomunal. El estudio de las islas Kameni permite descifrar numerosos mensajes de esperanza acerca de la actividad más moderada que caracteriza el comportamiento del volcán en los últimos tiempos. Pero entre sus oscuras lavas de dacita y sus retumbos de agitación se esconden siniestras advertencias de que Santorini aún no ha terminado de formarse y algún día, seguramente dentro de muchos miles o decenas de miles de años, retomará sus viejas costumbres megadestructivas.

Desplazar la mirada de los imponentes acantilados a las oscuras y estériles islas fragmentarias de la laguna de Santorini nos transporta con rapidez al presente geológico. Si reducimos el campo de visión y dejamos fuera de él las paredes de la caldera para limitarnos a ver el accidentado contorno de las Kameni, trasladaremos el horizonte temporal desde los cientos de miles de años de antigüedad que tiene la abrumadora sucesión de acantilados hasta apenas 2.000 años atrás: viajamos del tiempo geológico a la historia humana. Las rocas más jóvenes datan de 1950, cuando se produjo una de las erupciones más breves conocidas en las islas. Puesto que en ellas se

Imagen de las islas Kameni con Therasia al fondo tomada desde la ciudad de Fira, 2022.

han situado las erupciones más recientes, tal vez no sea de extrañar que las islas Kameni fueran durante muchos años el principal foco de atención de quienes estudian la actividad volcánica de Santorini. La erupción de Nea Kameni entre 1866 y 1870 fue la que atrajo la atención de Fouqué, quien visitó el lugar en varias ocasiones después de ser enviado por primera vez a Santorini por la Academia Francesa de Ciencias el primer año de aquel episodio volcánico. La monografía de Fouqué de 1879 comienza con los numerosos relatos que existen sobre la primera emergencia de Palea Kameni por encima de las olas varios milenios atrás. El pensador griego Estrabón y el filósofo romano Séneca dejaron constancia de elocuentes detalles, probablemente tomados de los textos de Posidonio, filósofo griego anterior a ellos. Aunque ambos escribieron más de un siglo después de la erupción, todo apunta a que esta sucedió en torno al año 197 a. C. Estrabón sitúa con más precisión la ubicación de la nueva tierra, pero la crónica de Séneca quizá sea más evocadora, ya que relata que el mar formó espuma y expulsó humo desde las profundidades antes de que el «fuego» se tornara visible y «de tanto en tanto se expandía como destellos de relámpagos [...] Entonces empezaron a volar piedras con violencia [...]. Al final, se vio sobresalir del punto más alto un pico de aspecto calcinado». Este pico «calcinado» siguió creciendo y constituyó el núcleo de la figura jorobada que presenta hoy Palea Kameni, un lugar rara vez visitado por turistas y que no parece alojar nada más que un rebaño de cabras y un ermitaño solitario.

Aunque queda alguna incertidumbre sobre acontecimientos en tiempos más remotos, las crónicas históricas sobre estas erupciones se extienden desde aquellos comienzos hasta el momento presente. Muchas de estas noticias incluyen hermosos dibujos de las nuevas coladas y domos y permiten rastrear las piezas del episódico rompecabezas volcánico que ha compuesto el paisaje insular actual. Las últimas erupciones que formaron Palea Kameni comenzaron en el año 726, y después, tras varios siglos de quietud, el foco de la actividad se desplazó en la década de 1570 al noreste, y con ello empezó a configurarse la otra isla, más nueva, ahora llamada Nea Kameni. Fouqué aporta información sobre estas erupciones tomada de numerosas fuentes, a menudo religiosas. Atanasio Kircher, el mismo sacerdote cuya impresionante sección transversal de la Tierra con su fuego interior elogié en el capítulo 1, dejó constancia del nacimiento de la primera parte de la nueva isla tal como se lo relató a él mismo unos años después del episodio el padre Richard, misionero jesuita. Este primer compañero de Palea Kameni fue el pequeño cono en forma de domo conocido como Mikra Kameni, ahora absorbido por la confusión de coladas entrelazadas de Nea Kameni. Sin embargo, su «profunda cavidad en forma de embudo circular», que en el pasado fue una isla en miniatura *per se* en medio de la bahía, todavía se ve desde cierto ángulo curiosamente más pequeña de lo que cabría esperar a partir de los testimonios de que «los fuegos volcánicos duraron un año entero».

Pero la historia que más me gusta del fabuloso compendio de Fouqué tal vez sea la descripción de la erupción acaecida entre 1707 y 1711 que encontró en los archivos de la misión jesuita de Santorini. Se le atribuye a un tal padre Gorée y habla sobre una masa que parecía flotar en el agua cerca de Mikra Kameni, que en principio se tomó por un naufragio, pero pronto se reconoció como una nueva orilla «formada por rocas negras con tierra blanca en su centro [sic]». Esta resultó consistir en bloques de piedra pómez porosa del «color y la textura de un trozo de pan». Quienes desembarcaron en ella pudieron recolectar ostras frescas y erizos de mar entre las rocas hasta que, de repente, «sintieron que el suelo se movía y el arrecife empezaba a escorarse». El mar pareció hervir, se volvió amarillo y desprendió «sofocantes olores sulfurosos», y en la superficie aparecieron flotando peces muertos. «La isla creció ante sus ojos; en unos instantes se elevó siete metros y aumentó a lo ancho hasta duplicar su diámetro anterior». A lo largo de los años subsiguientes, a base de pequeñas explosiones y ríos de roca, la erupción creó alrededor de un kilómetro cuadrado de tierra nueva con una colada de lava característica que aún se extiende hasta el mar por el extremo noroccidental de Nea Kameni como un dedo acusador.

Apenas hay una sombra en las islas Kameni, y en verano las temperaturas se disparan. Los barcos turísticos zarpan de la isla principal, y hay un sendero muy transitado que bordea los cráteres volcánicos de la baja cima y permite dar un corto paseo a los excursionistas antes de disfrutar de un relajante chapuzón en los manantiales termales que oxidan el agua de una ensenada poco profunda que se ha formado entre dos coladas de lava en la resguardada orilla oriental de Palea Kameni. Moverse por el terreno de Nea Kameni sin usar los escasos senderos que hay en la isla implica trepar por afilados bloques de lava del tamaño de cajones similares a los del Santiaguito. Al igual que en el Santiaguito, se trata de coladas en bloques de lavas viscosas, pegajosas, con un contenido más elevado en sílice, por lo que fluyen de una manera mucho más tortuosa que los basaltos del Etna o el Masaya. En algunos lugares se ven escombros que indican la caída de rocas desde el empinado borde de avance de la lava (el frente de flujo) bajo los grandes bloques de la colada principal. Esto evidencia un desplazamiento más parecido al de una oruga arrastrándose sobre la tierra que al de un flujo más líquido. En este entorno hostil crecen algunas manchas de hierba y algunos lupinos.

A pesar del calor y el sol abrasador, Nea Kameni es un destino excelente para estudiar y enseñar procesos volcánicos. Incluso desde la ruta turística se puede aprender mucho sobre las coladas, los domos y las fumarolas de la isla, y he pasado muchas horas tórridas pero felices recorriendo su oscura topografía. Como es natural, no todo el mundo encuentra tan fascinantes estas islas yermas como los vulcanólogos. De aquel primer viaje en 2001 recuerdo el desconcierto de la representante de la compañía de nuestro paquete vacacional durante la recepción de bienvenida en el hotel cuando le preguntamos qué había que hacer para pasar un día entero en Nea Kameni («¡Pero si no es más que un montón de rocas!»). Era evidente que no se había topado con muchos geólogos hasta entonces.

Aunque los primeros dibujantes de las islas realizaron un trabajo impresionante, una panorámica aérea supone una gran ventaja a la hora de captar una estructura compuesta compleja como Nea Kameni. Por fortuna, llevamos más de setenta y cinco años efectuando vigilancia aérea de las islas, de modo que podemos ensamblar las fotografías en blanco y negro tomadas por aviones de reconocimiento británicos desde principios de la década de 1940 y marcar los cambios sutiles que encontramos en las formas y sombras de las coladas. Pero son las imágenes en color las que permiten distinguir los pétalos de los diferentes episodios volcánicos con sus sutiles diferencias de matices y textura, y en 2004 y 2012, un avión de investigación británico sobrevoló las islas Kameni de cabo a rabo para tomar un mosaico de imágenes de este tipo. Los mismos vuelos sirvieron para estudiar las islas con un grado de detalle aún mayor, es decir, escaneando el territorio con pulsos de luz láser (LiDAR) para trazar sus alturas, en un proceso similar al que se aplica en la batimetría con sonar desde un barco para determinar la forma del lecho marino.

A partir de esos datos confeccionamos un mapa digital de elevación (o DEM, del inglés *Digital Elevation Model)* con la forma del terreno que sobresale de las aguas. Las cinco mediciones de altura por metro cuadrado del mapa arrojan una topografía muy detallada. Pero estos datos revelan algo más valioso que una complejidad mayor en la mera morfología del terreno. Con el ordenador se puede ampliar la imagen y sobrevolar el terreno para observarlo desde otros ángulos. Permite ver secciones transversales de las coladas y medir la altura de los bordes o los *levées* que las contienen. Podemos seguirlas en sentido longitudinal para trazar sus pliegues y ondulaciones y juntar todo eso para conocer la manera en que fluyeron hace muchas décadas o siglos.

Por increíbles que sean estas islas volcánicas, lo que alcanzamos a ver no es más que la punta del iceberg, y es mucho lo que se esconde bajo las olas. Tras los sobrevuelos de 2012, trabajamos con compañeros griegos para fundir nuestro mapa

LiDAR del terreno de las islas con su mapa del fondo marino obtenido mediante sonar. Con anterioridad se habían trazado modelos de contorno de Santorini y sus profundidades, a veces con preciosas láminas de madera muy elaboradas, pero la magia de los pulsos de sonido y de luz permitió drenar las aguas de la bahía dentro de la computadora y desvelar toda la majestuosidad de las islas Kameni con un grado de detalle desconocido hasta entonces.

La bahía tiene unos 400 metros de profundidad en la cuenca norte, y desde ahí emerge Nea Kameni hasta alcanzar poco más de 100 metros por encima de las olas. El edificio completo cubre un volumen algo mayor de tres kilómetros cúbicos. Esto significa quc dcsdc la erupción minoica ha tenido que crecer a empujones a un ritmo aproximado de algo menos de un millón de metros cúbicos de lava por año (o en torno a 300 o 400 piscinas olímpicas). En Santorini podemos comprobar este índice de crecimiento cotejando los métodos de alta tecnología que aplicamos nosotros con los relatos históricos que nos han llegado desde la Antigüedad. Según Estrabón y Séneca, transcurrieron unos 1.200 años desde la catastrófica erupción de la Edad del Bronce hasta la aparición de la primera isla «quemada». Si simplificamos la forma del edificio y lo imaginamos como un cono, entonces parece creíble que al ritmo medio recién mencionado se acumulara un volumen de 400 metros de altura (es decir, lo suficiente para sobresalir por encima de las olas) y de unos pocos kilómetros de radio en el fondo del mar a lo largo del periodo temporal descrito en las crónicas históricas. Nuestras deducciones a partir de estudios de alta tecnología de la forma actual de la Tierra concuerdan con la historia de las islas Kameni extraída de testimonios humanos antiguos.

Esta fusión de la morfología del terreno por encima y por debajo de las olas también reveló otros secretos sobre el pasado y el futuro del volcán. Cuando tenemos la imagen completa (tanto submarina como subaérea), se entienden al instante las dimensiones sorprendentemente reducidas de la erupción de 1570, de un año de duración, en vista del gran abanico de material que emergió en las profundidades de la caldera. La magia de nuestro mapa tridimensional DEM también nos permitió desmontar las islas, al menos en un universo digital, para ocultar las coladas en orden inverso a su aparición y que el ordenador arrojara la mejor estimación posible de la superficie que había antes de cada una de ellas. Una vez eliminados los trozos de cada colada, se pueden aplicar los algoritmos del ordenador para sumar toda la masa de sus protuberancias y curvas y calcular el volumen de cada una de ellas.

La rica historia escrita del lugar y su catálogo de erupciones, incluida la recopilada por Fouqué, unida a los volúmenes calculados por medios digitales con nuestro DEM, permiten buscar relaciones entre los diferentes episodios y, también, entre sus cronologías. De este modo, descubrimos que si creamos una gráfica que relacione los años transcurridos desde la última erupción (el periodo preeruptivo) con el volumen o la duración de la erupción siguiente, obtenemos una línea casi recta. Esto brinda una herramienta para predecir el devenir probable de un episodio futuro. Lo ideal sería disponer de más datos, pero podemos seguir la línea de esta gráfica para leer el volumen y el periodo de actividad previstos para los setenta y tantos años transcurridos desde la última pequeña erupción de 1950. Nuestro pronóstico a partir de los datos es que, en caso de que comenzara pronto una erupción (y enseguida comentaré qué señales de advertencia podrían llegarnos de ello), duraría entre dos y tres años y lanzaría a la superficie del planeta en torno a 0,1 kilómetros cúbicos de lava que con gran probabilidad crearían una nueva capa o lóbulo en Nea Kameni.

Estas predicciones resultan de la combinación de observaciones presenciales recopiladas por Fouqué y otros cronistas con la alta tecnología de los rayos láser, los pulsos sónicos y el análisis computacional; lo relatado contextualiza lo calculado. A partir de la solemne fotografía de un Fouqué con barba que aparece en el frontispicio de la traducción de 1998 de su obra al inglés, cuesta imaginar lo que aún nos quedaba por descubrir escarbando en su tratado para predecir el futuro de Santorini casi ciento cincuenta años después. Tras leer su biografía en Francia, que abarca la revolución de 1848, la guerra franco-prusiana y la Comuna de París, me cuesta creer que hubiera algo capaz de sorprenderlo. Me pregunto si lo decepcionarían o lo impresionarían los avances logrados para esclarecer muchos de los enigmas relacionados con Santorini. En cualquier caso, me gusta pensar que estaría encantado de que siga habiendo tantos vulcanólogos que comparten su pasión por este pequeño anillo de islas que custodia un rincón del Egeo y permanece atrapado en un ciclo aparentemente perpetuo de construcción y destrucción desde mucho antes del comienzo de la historia humana.

Igual que la contemplación desde Thera de las islas Kameni al otro lado de la bahía solo muestra hoy la cúspide de un edificio volcánico mucho más grande que asciende desde el suelo de la caldera y permanece oculto a la vista, también lo que sabemos ahora sobre el sistema volcánico de Santorini se fundamenta en siglos de observación y estudio. Este historial del archipiélago queda eclipsado a menudo por nuestro conocimiento implícito subyacente en lugar de valorarse por sí mismo. La forma en que vemos el paisaje de la isla quienes hoy estudiamos su actividad contiene todo lo que conocemos sobre su historia (tanto humana como geológica) y revela también cómo concebimos el futuro de Santorini.

Como ya hemos comentado aquí, dado el escaso espacio de tiempo transcurrido desde la última erupción, en 1950, estamos casi seguros de que el volcán no deparará en breve un episodio de la magnitud de la erupción minoica, porque creemos que lleva mucho más tiempo acumular ese volumen de magma en la parte superior de la corteza terrestre. Pero con «breve» me refiero a varios miles de años, que es un periodo mucho más corto si lo medimos dentro de la escala del tiempo geológico en lugar de usar la vara para medir una vida humana. La cartografía de las chimeneas eruptivas recientes efectuada con nuestros datos LiDAR y batimétricos sugiere que la próxima erupción se producirá probablemente en las islas Kameni o cerca de ellas, en algún punto de una misteriosa línea de aparente debilidad estructural que a veces se conoce como «línea Kameni» y que atraviesa la caldera y sigue la curva de estas dos islas yermas desde el sudoeste hacia el noreste.

Pero al margen de las lecciones de vida que nos hayan llegado del pasado, la percepción que tenemos hoy de las islas ha cambiado en las últimas décadas de maneras importantes y transformadoras. La obtención de información sobre el volcán ha pasado de ser algo gradual a través del estudio de las rocas o el paisaje a convertirse en algo inmediato y activo. En la actualidad hay una red de sensores que permea la vida moderna y el ajetreo turístico de las islas, aunque pase desapercibida para la mayoría. A través de estas antenas, un equipo científico local detecta los movimientos y vibraciones de las islas de un modo imposible en otras épocas de su larga ocupación humana documentada o incluso durante la última erupción de 1950. La vigilancia del volcán en tiempo casi real no solo dará más avisos sobre su siguiente despertar, sino que también aporta más información sobre el funcionamiento interno de este gigante dormido.

En el otoño de 2010, uno de nuestros estudiantes de posgrado en Oxford empezó a revisar los datos de radar por satélite procedentes de Santorini. Pretendía usar los datos del radar para cartografiar un área pequeña de subsidencia en la mitad sur de Nea Kameni. Pero entonces, a comienzos de 2011, el carácter del volcán empezó a dar un giro llamativo y alarmante. El patrón de sacudidas en la zona empezó a cambiar. Todavía eran demasiado leves para sentirse, pero la red de sismómetros no paró de sonar cuando el interior de la caldera experimentó una serie de pequeños seísmos cuyos epicentros fueron acumulando puntos en el mapa a lo largo de las semanas, como un lento enjambre de abejas, hasta trazar casi a la perfección la línea Kameni.

La morfología del archipiélago también empezó a sufrir una alteración sutil. Los datos de los receptores GPS de las islas manifestaron un cambio brusco que pasó de mostrar posiciones bastante estables a formar un patrón característico de un ligero hinchamiento centrado en medio de la cuenca norte de la laguna. Los científicos encargados de la vigilancia, al igual que yo, observaron la llegada de los datos a medida que el extremo septentrional de las islas Kameni y el cabo Skaros, que penetra en la laguna desde el norte de Fira, se levantaban sobre el mar de manera suave e imperceptible al ritmo de unos pocos milímetros al mes. Era como si un poderoso ser subterráneo hubiera empezado a inflar un globo en enero de 2011, a cuatro kilómetros y medio de profundidad dentro de la corteza terrestre. Las autoridades nombraron un comité científico especial para monitorizar el volcán de Santorini. Algunos de los temblores fueron lo bastante intensos como para notarse en la región y causar cierta alarma. Todos los siglos de estudios previos sirvieron para informar a las autoridades locales sobre qué tipo de erupción cabía esperar y qué peligros entrañaría para los residentes en las proximidades del volcán.

Por suerte, después de unos dieciocho meses de ligeras sacudidas y abultamientos, todo volvió a la calma, y los temores a una erupción inminente empezaron a remitir. En cuanto cesó la preocupación por una crisis inminente y la concentración indispensable para saber cuándo ocurriría la erupción o si llegaría a producirse, estuvimos en condiciones de reflexionar más sobre lo que transmitían los datos de aquel episodio acerca del funcionamiento general de un gran sistema volcánico como el de Santorini. De hecho, el breve hinchamiento fue una revelación fascinante de cómo actúa el sistema de tuberías del volcán para extraer magma de las profundidades y acumularlo en la cámara magmática situada en la parte más superficial de la corteza terrestre. A partir del abultamiento medido en las islas logramos calcular que, en la primavera de 2012, el volumen final del metafórico globo subterráneo que se había hinchado y había causado la inestabilidad era de entre 0,01 y 0,02 kilómetros cúbicos (entre 4.000 y 8.000 piscinas olímpicas). Suponiendo que gran parte de ese volumen fuera magma y no gas, observamos que ascendería a alrededor del 10 o el 20 % del volumen previsto para la siguiente erupción tomando como base el historial de episodios pasados ya descritos aquí. Esto nos comunicó algo nuevo: en lugar de recargar el depósito más superficial del volcán con un goteo continuo de magma desde las profundidades, las partes más hondas de la red de tuberías de Santorini parecen bombear hacia arriba cantidades mucho más grandes en cada ocasión, de tal modo que cada una de ellas constituye una fracción considerable de una erupción futura. Aunque algunos de los seísmos fueron lo bastante intensos como para sentirse sin el empleo de instrumental, el bombeo de material desde las profundidades del planeta fue en buena medida apacible, y es posible que a lo largo de la historia del archipiélago se hayan producido episodios similares que pasaran inadvertidos antes del empleo de las técnicas modernas de monitorización. Los avances tecnológicos están brindando nuevas vías para observar los procesos volcánicos a profundidades cada vez mayores, pero, en lugares como Santorini, estos métodos novedosos son mucho más eficaces cuando se combinan con observaciones que a menudo no requieren nada más sofisticado que un bolígrafo o un lápiz.

Aunque, por suerte, la inestabilidad de 2011 se quedó en nada, nos recordó que el volcán dista mucho de estar inactivo y que la duda no es si entrará en erupción en el futuro, sino cuándo lo hará. Después de dedicar un tiempo considerable a imaginar el pasado de Santorini, la actividad de entonces me dio la oportunidad de figurarme su futuro. Lo más probable es que la próxima erupción (que, por lo ocurrido en el pasado, cabe esperar en algún momento del siglo venidero) siga los mismos derroteros que la de Nea Kameni. Seguramente comenzará con un abultamiento notorio de las islas Kameni y alguna sacudida perceptible en todo el archipiélago. Puede que las aguas de la laguna borboteen o lleguen a hervir y adquieran una tonalidad blanca, anaranjada o rojiza al calentarse con el magma recién expulsado. Quien se encuentre en las proximidades notará el acre hedor a huevos podridos del gas sulfuro de hidrógeno. Días, semanas o incluso meses después de esos prolegómenos dará comienzo en serio la erupción propiamente dicha con la apertura de una chimenea, probablemente en algún lugar de Nea Kameni o cercano a ella. Entonces empezará a crecer y formarse un domo de lava a partir del nuevo conducto que tal vez produzca coladas de lava en bloques y añada capas nuevas a la arquitectura de la isla. Esta expulsión de lava irá intercalada con pequeñas explosiones que lanzarán a cientos de metros de altura en la atmósfera pequeñas nubes ocasionales de polvo con forma de coliflor o cuerda retorcida, probablemente semejantes a las que presencié en el Santiaguito. Desde cierta distancia, las rocas incandescentes en torno a la chimenea fulgurarán como ascuas y resultarán especialmente espectaculares de noche. De cerca, el sonido del volcán en crecimiento será complejo, a veces muy fuerte y otras veces sutil y quizás estremecedor. En 1866, Fouqué describió «el ruido incesante de la formación de grietas a medida que la roca se contraía al enfriarse [...] acompañado de un tintineo parecido al de la porcelana rota». Sin embargo, las explosiones retumbarán en todo el archipiélago, según narra Fouqué, «como golpes de truenos mezclados con silbidos estridentes». Las explosiones más grandes podrán arrojar lluvias de cenizas esporádicas sobre el mar y el suelo más próximos capaces de ensombrecer las islas u ocultar en ellas por completo el radiante sol del Egeo, que tan a menudo tiñe de oro sus cielos estivales. En caso de producirse emisiones lo bastante fuertes, la nube de gas acre procedente de las chimeneas y las fumarolas será arrastrada por el viento y rociará de manera intermitente diferentes partes de la isla, lo que dificultará la vida en ella, sobre todo a quienes padezcan asma u otras afecciones similares. Es posible que la vegetación y la agricultura se resientan de los efectos y que las sacudidas desencadenen grandes deslizamientos de tierra, en especial en la parte baja de las escarpadas paredes de la caldera. También es probable que, al menos de manera esporádica, se interrumpa el envío de suministros y el transporte de personas hacia y desde las islas tanto por aire como en barco. Durante los entre dos y cuatro años que seguramente durará la erupción, toda la atmósfera del archipiélago mudará de un apacible paraíso a una de un poder inquietante e impredecible. Los lugareños apenas podrán elegir entre vivir con los inconvenientes, el malestar y los peligros intermitentes o marcharse. Es difícil predecir si el turismo dejará de ir o si acudirá en masa a contemplar el espectáculo. Y cuando haya terminado, es probable que tengamos que volver a trazar el mapa de la bahía una vez más.

El estudio de las rocas de Santorini nos ayuda a conocer los peligros actuales que hay aquí y en otros sistemas como este. La reconstrucción de las erupciones más grandes ocurridas en Santorini y de sus patrones también forma parte de una base de datos mundial de la actividad eruptiva más intensa que se ha recopilado a partir de estudios análogos en todo el mundo y que abarca varios milenios. A medida que retrocedemos en los abismos del tiempo, el registro se vuelve cada vez más incompleto, puesto que las fuerzas de la meteorización, la vegetación y la tectónica dificultan la lectura de los restos volcánicos que han llegado hasta nuestros días. A partir de estas recopilaciones de las dimensiones y el momento en que se produjo cada tipo de erupción (a menudo determinado midiendo la actividad o las concentraciones de elementos radiactivos en las rocas asociadas a la erupción) podemos deducir tendencias sobre la recurrencia típica de episodios de distintas dimensiones y conocer las consecuencias potenciales de cataclismos volcánicos de dimensiones mucho mayores que las registradas a lo largo de nuestra historia escrita.

Pero los volcanes no solo afectan a la superficie y el entorno del planeta arrojando rocas al exterior. Durante mi primera visita a la achaparrada cima del Nea Kameni, recuerdo que percibí la tenue neblina de gases que emanaban de las fumarolas diseminadas en torno a un antiguo cráter. Algunas de ellas se encuentran en la ruta turística donde restos de polvo trazan las líneas topográficas que dejó transitables la actividad volcánica anterior, y me detuve a sentir su calor húmedo y a aspirar su suave aroma a moho. Yo no lo sabía por entonces, pero hay otros gases que también emanan imperceptibles desde el suelo alrededor de estas fumarolas. Lo que sí conocía era que estas emanaciones contienen información importante sobre lo que sucede bajo la superficie, una información que es complementaria a la que ocultan las rocas de erupciones pasadas y que se encuentra codificada en las señales sísmicas o de deformación de la Tierra. También sabía que a medida que se mezclan y viajan con la brisa, estos gases y los que expulsan los episodios y la actividad volcánica masivos tienen la capacidad de dejar una huella mucho más amplia en el planeta que las nubes de ceniza lanzadas incluso por erupciones grandes como la minoica. A pesar de la sutileza con que los gases se filtraban aquel día a través del suelo caliente y sucio en el Egeo, también sabía que mis indagaciones seguirían su rastro a través de mi investigación doctoral con el estudio de los efectos inmediatos que estas emanaciones producen en la atmósfera. Al final resultó que desde entonces he estado siguiendo de una manera u otra el recorrido de los gases volcánicos, y en ningún momento llegué a imaginar lo lejos que me llevarían.

SEGUNDA PARTE

LOS GASES VOLCÁNICOS Y SUS EFECTOS GLOBALES

4

LA RESPIRACIÓN DE LA TIERRA

¿Qué mensajes procedentes de las profundidades portan los gases volcánicos?

La peculiar maraña de roca y gas que propulsa la actividad volcánica del Masaya, el Santa María o Santorini ha sido el centro de las teorías del vulcanismo desde sus primerísimos comienzos. De hecho, tal como vimos en el primer capítulo, las conjeturas para explicar la potencia volcánica en la cultura clásica occidental solían basarse más en la fuerza del gas que en la de la roca. Aristóteles interpretó las erupciones volcánicas como el resultado final de movimientos descomunales de poderosos vientos subterráneos que salían al exterior de súbito. Según Estrabón y Séneca, a través de inmensas cavidades subterráneas soplaban vientos que avivaban las llamas de los fuegos del subsuelo del planeta. El poeta romano Ovidio comparó el Etna con una bestia viviente «dotada de numerosos conductos de aire que exhalan llamas». También me ha gustado desde siempre la descripción neumática de los volcanes que escribió Kircher en 1669: «Conductos de ventilación o de respiración de la Naturaleza por donde da salida a los superfluos humos asfixiantes y vapores humeantes que vuelan hacia las alturas». La observación de las explosiones volcánicas ilustra ampliamente las atinadas conclusiones de estos primeros autores sobre la relevancia de los gases en los fenómenos volcánicos, ya sea en el agitado portal de lava del Masaya, en las explosiones de lava con implacables salpicaduras del Estrómboli, en las pulsantes fuentes de fuego del Etna o en muchos otros lugares. Ahora sabemos que el origen de los volcanes radica en flujos de roca debidos a la fusión parcial del manto terrestre, pero sin el gas que portan esos magmas, la naturaleza del vulcanismo en este planeta sería muy diferente y mucho más contenida. El dinamismo que se establece entre la roca y el gas y que propulsa el vulcanismo se torna evidente en cuanto pensamos en las aterradoras columnas plinianas de las erupciones del Santa María o de Santorini, que salen despedidas por la expansión de las burbujas inmersas en los magmas cuando la matriz líquida cede y estalla en pedazos. Desentrañar la procedencia y la naturaleza de las sustancias químicas volátiles que escapan de los magmas en forma de gas, vapulean las rocas hasta dejarlas como la espuma y provocan explosiones inmensas revela tanto lo que sucede en las entrañas de los volcanes y del suelo como las razones por las que los volcanes tienen efectos a una escala planetaria, tal como veremos en capítulos posteriores.

Al sostener un trozo de piedra pómez en la mano al pie de los depósitos de la Edad del Bronce en Santorini me pareció sentir el gas circulando por el interior de la roca. Los experimentos han demostrado que los huecos (vesículas) de la piedra pómez están interconectados casi en su totalidad. En teoría sería posible recorrer este laberinto minoico en miniatura y viajar por el interior de la roca siguiendo los pasos de la intrincada danza que practicaron las burbujas de gas y los polímeros magmáticos de acuerdo con la coreografía de los diferentes tipos de erupciones que encontramos en nuestras aventuras volcánicas. Las observaciones rudimentarias no dejan lugar a dudas, y las intuiciones antiguas en relación con el principio básico que rige aquí aún coinciden con las conclusiones actuales. Pero el conocimiento que tenemos del gas volcánico ha cambiado mucho en aspectos importantes. La ciencia de los volcanes nos ha alejado de la idea de que hay grandes conductos que recorren todo el planeta o de la existencia de fuegos internos que vierten hollín y humo al exterior. Ahora sabemos que el magma porta consigo el gas desde las profundidades del planeta, atrapado dentro de su estructura. A presiones elevadas, estas moléculas de gas permanecen disueltas en su solución de roca. Pero, a medida que la Tierra fundida asciende y la presión se reduce, estas moléculas disueltas salen expulsadas y dan lugar a burbujas que se expanden y que contribuyen a que el magma sea menos denso. Esta pérdida de densidad incrementa la flotabilidad y ayuda a impulsar el material hacia la superficie, lo que reduce aún más la presión y genera más vapor proveniente del líquido rocoso para hinchar sus vesículas. Y a medida que dejamos atrás la idea de que los vapores volcánicos son vientos que soplan por cavernas profundas o bestias que exhalan fuego, han surgido otros interrogantes importantes: de dónde salen estos gases, cómo llegan a disolverse en la roca fundida del planeta y qué callados mensajes nos murmuran sobre los orígenes y procesos más remotos del planeta o sobre la red de tuberías superficiales de un volcán y el magma turbulento.

A lo largo de mi carrera he medido emisiones de gases en numerosos sistemas volcánicos de todo el mundo y de muchas formas distintas. Ya he relatado aquí cómo empleamos un pequeño espectrómetro para medir los vapores de regusto metálico que expulsa el volcán Masaya: aprovechamos las alteraciones sutiles que inducen los electrones del dióxido de azufre en la luz que atraviesa el penacho para alzar la vista y contar sus moléculas como si fueran estrellas en el cielo. He mencionado también la relevancia del agua para provocar estallidos volcánicos, tanto la disuelta en el magma como la que a veces se infiltra en una erupción desde fuentes externas, como el agua de mar que inundó la laguna central y desencadenó las delicadas oleadas de ceniza que han quedado grabadas en los depósitos minoicos de Santorini. Pero los conductos y los respiraderos volcánicos del planeta expulsan muchos otros gases. Una vez más, el conocimiento de la composición de estos combinados gaseosos se fundamenta en siglos de indagaciones científicas. La captación de estos rasgos tan efímeros del temperamento de un volcán aporta pistas esenciales sobre lo que acontece en los inaccesibles recovecos de las profundidades planetarias.

Uno de los lugares más chocantes en los que he realizado trabajos de campo para medir emanaciones procedentes de la Tierra no parece especialmente volcánico ni remoto, y por eso me sorprendió tanto. Al oeste de la actual ciudad de Nápoles, no muy lejos del mirador de Miseno desde el que Plinio el Joven presenció la erupción del Vesubio en el año 79 d. C., se encuentra el municipio de Pozzuoli. Esta localidad costera tiene una larga historia que se remonta a las épocas griega y romana. En nuestros días, a primera vista se asemeja mucho a cualquier otra zona residencial moderna del litoral italiano. Cuenta con un pequeño muelle y un puerto deportivo, con las casas, tiendas, bares, estaciones de metro y tráfico habituales. Puesto que está más apartada de la doble joroba del Vesubio que la propia ciudad de Nápoles, es posible que transmita a los visitantes una sensación de mayor seguridad ante la furia volcánica. Sin embargo, entre las pizzerías y los bloques de apartamentos de Pozzuoli se percibe algo inusual. En el subsuelo de este lugar se agitan grandes fuerzas, y las señales procedentes de este golfo que se adentra en la línea de la costa italiana han forjado durante mucho tiempo las ideas sobre nuestro mundo y la manera en que cambia.

Aquí el terreno no descansa nunca. Las excavaciones realizadas en la década de 1750 cerca del muelle actual sacaron a la luz tres grandes columnas de mármol de las ruinas de un mercado romano. Una franja de perforaciones dejadas por moluscos marinos en estas estructuras de la Antigüedad evidenció que el lugar había estado sumergido bajo el mar y que después había vuelto a emerger del agua. El hecho de que las columnas permanecieran en pie a lo largo de los siglos revelaba que el cambio había sido gradual, no brusco. La búsqueda de una explicación generó un acalorado debate: ¿de verdad era posible que el terreno se hundiera y volviera a levantarse con tanta suavidad como para permitir que las columnas siguieran en pie? El geólogo escocés Charles Lyell ilustró con una reproducción de esas columnas el frontispicio de su reputada obra de 1830 *Principios de geología*. La tesis principal de este libro era que a lo largo de grandes periodos temporales actúan fuerzas geológicas lentas y constantes, y esas columnas ejemplificaban sus ideas a la perfección. La biblioteca de Darwin durante el viaje que realizó en el HMS Beagle contaba con un ejemplar de los *Principios de geología*, de modo que sus reflexiones y observaciones se vieron influidas por las ideas de Lyell sobre cambios graduales a largo plazo donde el presente es clave para el pasado. Aunque nuestra interpretación del mundo ha avanzado mucho desde el siglo XIX, en ella sigue siendo fundamental esta concepción de que pueden producirse grandes cambios mediante la actuación de procesos pequeños a lo largo de periodos muy dilatados de tiempo, a lo largo de los eones del tiempo geológico y de nuestra existencia dentro de él.

Columnas excavadas en el área de Pozzuoli (Campos Flégreos), golfo de Nápoles; en un principio se pensó que pertenecían al Templo de Serapis, pero ahora se cree que son restos del edificio de un mercado romano. Nótense las bandas oscuras de hendiduras a cierta altura de las columnas que evidencian que el nivel actual del suelo estuvo sumergido y que desde entonces ha vuelto a emerger. Ilustración extraída de *Elogio di Francesco de' Marchi*, de Francesco Tognetti (1819).

Al observar más de cerca el área alrededor de Pozzuoli, encontramos otros signos de un pasado geológico más turbulento en el que los cambios no siempre fueron graduales. Conos y cráteres se confunden con el paisaje urbano. En algunos lugares encontramos fuentes termales y fumarolas, como el fango borboteante y las grietas humeantes del cráter llano de la Solfatara, indicadores claros de que algo poderoso acecha en las profundidades de la ciudad. De hecho, Pozzuoli está enclavada en el centro de un inmenso sistema volcánico conocido como Campos Flégreos (Campi Flegrei), el lugar donde Virgilio sitúa la entrada al inframundo en la *Eneida*. El propio golfo es el resto parcialmente inundado de múltiples derrumbamientos de una inmensa caldera, el más reciente de los cuales se produjo durante una erupción conocida como la Toba Amarilla Napolitana, que acaeció hace unos 15.000 años. Aquel fenómeno descomunal diseminó más de 50 kilómetros cúbicos de roca por más de 1.000 kilómetros cuadrados, de modo que fue unas diez veces mayor que la erupción del Vesubio que borró Pompeya del mapa. Este paraje presenta numerosos paralelismos con otros sistemas de formación de calderas, como el de Santorini. Al igual que la erupción minoica de la Edad del Bronce, el episodio que formó la Toba Amarilla Napolitana no fue excepcional en los Campos Flégreos, y hay signos de otras erupciones aún mayores en tiempos más remotos. Al igual que los cráteres, coladas y domos históricos de las islas Kameni de Santorini, los Campos Flégreos siguen muy activos, pero en la actualidad parecen atravesar, por suerte, una fase más benigna de erupciones menores.

Hoy en día, la región es una de las áreas volcánicas más vigiladas del mundo. Equipos científicos observan el apacible hinchamiento y encogimiento de la Tierra acompañados de pequeños terremotos, el mismo proceso tranquilo que sumergió y después elevó las columnas romanas de Lyell. En algunos instantes del pasado, el abultamiento del terreno culminó con una erupción: la más reciente, ocurrida en 1538, formó el cono de 120 metros de altura del Monte Nuovo en tan solo una semana. En el siglo XVI, el levantamiento se calculó a partir de la notable elevación del terreno varios metros por encima de la superficie del mar. Ahora contamos con métodos de medición más precisos. En la década de 1980 se produjo un levantamiento de casi dos metros acompañado por un enjambre de terremotos a escasa profundidad que provocó la evacuación de 30.000 personas debido al posible riesgo de una erupción inminente. La agitación cesó sin más incidentes, pero este gigante inquieto sigue manteniéndonos en vilo.

La primera vez que viajé a Pozzuoli fue en el verano de 2002. Nuestra misión consistía en tomar muestras de gas, y debo admitir que, a pesar de la amenazante proximidad del Vesubio 25 kilómetros hacia el este, la primera impresión que me causó el lugar no fue nada prometedora para efectuar mediciones de gases volcánicos. A pesar de la escasa altura del Masaya, al menos me había recibido el mes de diciembre anterior con una cumbre repleta de exhalaciones visibles. Fue extraño el contraste de mover nuestros equipos para la toma de muestras entre el ajetreo cotidiano de esta ciudad italiana de apariencia tan normal. Aparcamos el pequeño coche alquilado en una calle frente a un edificio rosa de tres plantas muy ornamentado que, aunque era bonito, no me dijo nada sobre vulcanismo. Aun así, en la pared gris de la base había un letrero amarillo con la leyenda «VULCANO SOLFATARA ENTRATA» acompañado de una útil flecha de color rojo que apuntaba hacia el arco situado bajo el paño izquierdo de la fachada tríptica con balcones. Guardé un silencio escéptico, pero saqué la mochila del coche y atravesé junto a los demás el portón del arco camino del vulcanismo anunciado.

Mi incredulidad no tardó en revelarse equivocada. Aunque el camino trazado nos llevó a través de unos árboles achaparrados salpicados por las tiendas de campaña y caravanas de unas instalaciones de acampada turística de apariencia normal, noté cómo un extraño olor a huevo podrido invadía mis fosas nasales. Me resultó tan punzante que pensé que jamás consideraría aquel lugar mi primera opción para desplegar una tienda. Poco después, dejamos atrás aquellos matorrales y nos adentrarnos en un paisaje lunar de tonos claros, oculto y bastante inesperado en medio de esta bulliciosa ciudad. El cráter irregular y poco hondo de la Solfatara solo mide unos cientos de metros de diámetro; es una cicatriz pálida de roca volcánica polvorienta que contrasta con el verde de los jardines y los matorrales circundantes porque los fluidos que se filtran desde el subsuelo impiden que crezca vegetación. En algunos lugares hay pozas de lodo borboteante, así como suaves emanaciones de nubes gaseosas. En otros, las presiones y temperaturas elevadas producen silbidos en las emanaciones de fumarolas como la Bocca Grande. La química de estos fluidos es compleja y alberga extraordinarios microorganismos extremófilos que se alimentan del azufre aunque las temperaturas y la acidez sean tan altas. Las rocas alrededor de la boca de las fumarolas son muy coloridas: chimeneas de intensos tonos anaranjados que se degradan hacia un amarillo más pálido, aureolas polvosas debidas a que un enfriamiento brusco de la temperatura altera la delicada química de precipitación del residuo de polvo mineral que dejan los vapores; toda una paleta de colores creada por la combinación del azufre con elementos como el potasio, el aluminio, el hierro y el arsénico. En las construcciones abovedadas de los balnearios en ruinas que adornan la pared oriental del cráter crecen cristales afilados de compuestos de azufre como copos de nieve de diminutas estructuras quebradizas incrustadas en la mampostería. Pero a pesar de esta belleza inesperada y exquisita, aquí acecha un peligro: en 2017 murieron tres personas al caer por un hueco hirviente del fondo del cráter, y los enjambres de terremotos asociados a la inestabilidad de los Campos Flégreos suelen concentrarse en las inmediaciones o justo debajo de este cráter.

En 2002 acudimos allí para encontrarnos con uno de los científicos de la agencia de monitorización local y colaborar en el proyecto que los ocupaba por entonces para medir gases. Tras instalar mi equipo, lo vi hincar en la furiosa entrada naranja de la Bocca Grande un tubo de metal al que acopló una serie de grifos, tubos de vidrio, pipetas y matraces y utilizar con destreza la propia presión de la fumarola para extraer el gas a través de estos recipientes diversos para su análisis posterior en el laboratorio. Fue fascinante ver el complejo montaje con el suave bisbiseo de la fumarola de fondo en medio de la extraña disonancia del paisaje. Si hubiera estudiado con más detalle la historia de mi nueva disciplina antes de aquel viaje temprano, habría sabido que los procedimientos empleados aquel brumoso día de julio respondían a una larga tradición para medir gases en todo el golfo de Nápoles y sus alrededores. Una vez más, gracias a la larga historia del pensamiento humano registrado en esta zona del Mediterráneo, atesoramos más información sobre observaciones e ideas relacionadas con los gases volcánicos aquí que, probablemente, en cualquier otra parte del mundo.

Las primeras técnicas utilizadas para medir gases eran mucho más fisiológicas que los métodos químicos y espectroscópicos actuales, de tal modo que la caracterización de los vapores suele basarse en los efectos que producen en animales o personas. En el año 77 d. C., Plinio el Viejo, el mismo pensador que pereció durante la erupción del Vesubio del año 79, habló de «pasajes de Caronte*, agujeros que liberan vapores mortales», en el área de Pozzuoli y matan «a cualquier animal, excepto al hombre». No está claro en qué lugar exacto se encontraban las grietas que expulsaban vapores a las que aludía Plinio, pero el interés pareció centrarse más tarde, de acuerdo con las palabras del escritor italiano Benedetto di Falco en 1535, en los alrededores de una «cueva pequeña y milagrosa». La gruta despedía «un fuerte olor a azufre o a otra propiedad desconocida del suelo, de tal modo que cualquier animal que entrara en la caverna moría al instante». En el siglo XVII, la cueva pasó a conocerse como la Grotta del Cane (Gruta del Can) debido a una especie de número o truco que se practicaba en el lugar (para conseguir propinas) y que consistía en dejar un perro pequeño dentro de la cueva hasta que quedaba inconsciente y parecía muerto para revivirlo después arrojándolo al lago de Agnano, situado en las proximidades. Atanasio Kircher, cuya visión de los hornos internos de la Tierra plasmada en su *Mundus subterraneus* describimos en el capítulo 1 y cuyo relato sobre el nacimiento de Mikra Kameni a partir de la laguna de Santorini expusimos en el capítulo 3, visitó la cueva por primera vez en 1638 y observó el procedimiento habitual para sedar y reanimar al perro. Los efectos de la cueva lo dejaron intrigado. Para averiguar algo más, él mismo introdujo la cabeza en la gruta y al instante notó que lo invadía el gas tóxico, así que se retiró con rapidez antes de sucumbir a sus efectos.

Como es natural, la cueva impresionó a Kircher, que regresó décadas después, en 1664, con una delegación de más de cincuenta testigos ilustres que incluía médicos, condes, prín-

* El barquero del Hades que, según las creencias de entonces, portaba las almas de las personas recién fallecidas de una orilla a la otra del río Estigia, que servía de separación entre el mundo de los vivos y el de los muertos.

cipes y obispos. El insigne grupo procedió a efectuar y registrar observaciones sistemáticas de la gruta. Repitieron el experimento del perro y señalaron que, en cuanto el animal revivió, «se levantó, miró a su alrededor y echó a correr para evitar que volvieran a repetir el número». Desatendiendo el consejo de los demás, un doctor en leyes entró en la cueva con una antorcha encendida y declaró que la llama se extinguió al descender hasta cierto nivel y se encendió de nuevo cuando volvió a subir. A través de esta mezcla ecléctica de experiencias e indagaciones, concluyeron que los invisibles gases asfixiantes eran más pesados que el aire pero más ligeros que el agua. El marqués de Arenis pretendía obtener una muestra de los vapores, pero sus sirvientes olvidaron portar un recipiente adecuado para ello («como sucede en todas partes», según Kircher). Ojalá yo pudiera echarle la culpa a otros cuando olvido piezas cruciales del equipo de campo.

En las décadas siguientes se avanzó en el conocimiento de la química de los gases y las técnicas de análisis, y entre finales del siglo XVIII y comienzos del XIX la naturaleza misteriosa de la cueva se plegó a la ciencia. En torno a 1798, el abad Lazzaro Spallanzani, profesor real de Historia Natural en la Universidad de Pavía, colaboró con Scipione Breislak, un religioso que ejercía como profesor en la Academia Militar de Nápoles, y concluyeron que los vapores tóxicos estaban formados en un 10 % de «aire vital o gas oxígeno» (oxígeno), un 40 % de «aire fijo o ácido carbónico» (dióxido de carbono) y un 50 % de «aire flogisticado o gas azótico» (nitrógeno). Como el dióxido de carbono que emerge de las grietas del sistema volcánico de los Campos Flégreos es más denso que el aire, tiende a depositarse en el suelo de la cueva como una marea invisible que sube desde abajo. Esta capa de gas asfixiante extingue las llamas y a cualquier animal que se exponga a ella durante demasiado tiempo.

Aunque las técnicas para analizar gases se habían vuelto más humanas y ya no consistían en envenenar criaturas indefensas, parece que el número del perro se siguió practicando para impresionar a los turistas. Mark Twain manifestó un entusiasmo especial, y bastante macabro, con la práctica de este experimento químico concreto. En su crónica de viajes de 1869, titulada *Guía para viajeros inocentes*, declaró su deseo de proceder él mismo a asfixiar por completo a un perro dentro de la cueva. Pero, en sus propias palabras, cuando llegó a la gruta se le «presentó una dificultad importante. No teníamos perro». En cualquier caso, es posible que exagerara en esta crónica sobre su deseo de matar al perro. Por suerte para la población canina local, poco antes de la Segunda Guerra Mundial las autoridades prohibieron este maltrato. Menos afortunada fue la suerte que corrió la cueva después de aquello, ya que permaneció abandonada y deteriorada hasta tiempos recientes, cuando, según dicen, volvió a ser visitable gracias al trabajo de voluntarios locales. No obstante, parece ser que ahora no se admiten perros.

La actividad volcánica en el entorno del golfo de Nápoles siguió captando la atención de esta disciplina en ciernes denominada geoquímica de gases. A finales de 1834, Charles Daubeny, profesor de Química y Botánica en la Universidad de Oxford, visitó el Vesubio después de una erupción especialmente grande de lava que sepultó 180 casas y más de 200 hectáreas de terreno, obligó a desalojar a 800 personas y se llevó por delante una pared del Casino del Príncipe de Ottaiano. Daubeny expuso sus experiencias el año siguiente ante la Royal Society de Londres. La erupción se había apaciguado cuando él llegó, pero transmitió el testimonio de un geólogo local llamado Teodoro Monticelli. En los informes de Monticelli, el volcán arroja piedras y escoria; expulsa bocanadas de «humo»;

el suelo tiembla; se levantan, se quiebran y se hunden montículos cónicos; hay ríos de lava que serpentean ladera abajo, a veces canalizados por «una torrentera o un cauce de agua» o una senda, siguiendo la caída más empinada de la topografía, y nubes de polvo negro se ciernen sobre la lava que fluye salpicada por «frecuentes coruscaciones de relámpagos».

El «estado de reposo comparativo» del volcán sin «signos de agitación interna» permitió a Daubeny investigar la actividad del monte y reunir «sustancias sólidas y aeriformes». Aunque algunas partes más hondas del nuevo cráter estaban «tan cargadas de los vapores tóxicos emitidos por una infinidad de espiráculos diminutos y apenas visibles que se consideró inseguro aventurarse a efectuar el descenso», Daubeny y su guía pudieron acceder sin peligro a las partes superficiales para recolectar copos de vapores sublimados y condensar los vapores que aún emanaban de sus fisuras. Daubeny acotó los estratos de ceniza y *lapilli* que rodeaban el cráter y reparó en su recubrimiento con «sal común teñida de rojo y amarillo por el peróxido de hierro», que les confería su aspecto «hermoso y radiante». Para recolectar el gas había confeccionado su propio aparato de campo, consistente en un tubo metálico que podía hundirse un poco en el suelo y conectarse a la cúpula de un gran alambique (alquímico) para capturar el vapor que hubiera que analizar. Los gases del cráter contenían grandes cantidades de vapor, ácido muriático (ácido clorhídrico) y dióxido de carbono. Mediciones similares efectuadas en las coladas de lava detectaron vapor, ácido clorhídrico y cloruro de amonio.

Por suerte para los napolitanos de hoy, el Vesubio no ha estado activo a lo largo de los años de mi existencia, y aún no he tenido ocasión de seguir los pasos de Daubeny desde las «agujas de ensueño» de Oxford para efectuar mediciones de gases en este monte extraordinario. Pero él también visitó la

Solfatara y, como yo, tomó muestras de las sibilantes fumarolas y de las pozas de lodo borboteante. De hecho, el instrumento alquímico que empleó no parece muy distinto del montaje de metal y cristal que yo misma vi usar en 2002. Durante su presentación ante la Royal Society, estableció una comparación sistemática entre las emanaciones del «volcán semiextinto» de los Campos Flégreos, la actividad del Vesubio en aquel tiempo y lo que se sabía por entonces sobre otros productos volcánicos antiguos. Algunas de sus explicaciones se apartan mucho de la realidad, pero al releer su artículo de 1835 en el presente me sorprenden las observaciones cruciales que introdujo en él y que siguen siendo relevantes para entender la desgasificación volcánica en la actualidad: la prevalencia de la emisión de ácido clorhídrico desde coladas de lava en proceso de enfriamiento lento; las intensas emisiones de sulfuro de hidrógeno (el olor a huevos podridos que señalé antes) de la Solfatara y su ausencia en las emisiones del Vesubio; la detección de compuestos de azufre tan solo en los productos expulsados durante las primeras etapas de la actividad del Vesubio; la comparación de sus mediciones de emanaciones reales de gases volcánicos con el agua y el ácido clorhídrico que se sabe que portan las rocas de erupciones antiguas como las de la región de Auvernia, y la infiltración de flujos de gas volcánico a través del agua y el aire de la atmósfera que «se abren paso hasta el centro de las operaciones volcánicas».

Ferdinand Fouqué también conocía la importancia de medir los gases volcánicos. Él tomó registros químicos de estos efluvios en el Vesubio y las islas Eolias para su tesis doctoral y midió estas emanaciones en las islas Kameni en 1866. Su libro sobre Santorini aporta recetas químicas para detectar los diferentes gases volcánicos que buscaba. Describe cómo tomar muestras de gases procedentes de fumarolas en tierra y de los que borbotean en las aguas costeras usando tubos, embudos, válvulas y frascos de cristal. Tras leer sus esmeradas descripciones, hice una pausa para preguntarme qué habría pensado Fouqué sobre nuestra improvisada recolección del gas que borboteaba en las aguas someras de Nea Kameni con una piscina infantil puesta del revés que compramos en una juguetería de Fira durante la agitación que sufrió el archipiélago en 2011.

Pero estas muestras extraídas de grietas en la Tierra, de coladas de lava en disminución y de aguas borboteantes arrojaron muchas preguntas sobre la naturaleza del gas volcánico. Aunque a comienzos del siglo XX parecían claros muchos de los componentes de los gases volcánicos (dióxido de carbono, los gases sulfurosos del dióxido de azufre y el sulfuro de hidrógeno y algunos cloruros, como el picante y sofocante cloruro de hidrógeno), aún se discutía si el agua era relevante para el vulcanismo. Tal vez sorprenda esta duda si tenemos en cuenta los ondulantes penachos de vapor blanco que expulsan los volcanes y la frecuente explicación de que las erupciones volcánicas son explosiones masivas de vapor. Tal como dijimos en el capítulo 2, mientras observaba las rápidas nubes que estallaban durante la actividad más moderada que siguió a la terrible erupción del Pelée en 1902, Alfred Lacroix propuso la analogía de que el vapor de agua disuelto en el magma que propulsa las erupciones es como la efusión de champán que sale de una botella agitada. Da la casualidad de que Lacroix era, además, yerno de Fouqué. El rumor de que este último no aceptó que Lacroix desposara a su hija hasta que concluyera su tesis doctoral tal vez sirva para hacerse una idea de la dedicación con la que se entregó a la ciencia el cabeza de familia.

Pero, a pesar de estas persuasivas observaciones a favor de la relevancia del vapor de agua para los penachos de gas volcánico, siguió habiendo reputadas voces en contra. El químico

Cráter de la Solfatara con la ciudad de Pozzuoli y el Monte Nuovo (surgido de la erupción de 1538) al fondo.

suizo Albert Brun estudió volcanes de todo el mundo y, en su libro de 1911 titulado *Recherches sur l'Exhalaison Volcanique* ('Estudios sobre la exhalación volcánica'), descartó sin ninguna duda la presencia de agua. En su opinión, el gran penacho blanco (él, por supuesto, utiliza el término francés *panache)* que caracteriza la actividad volcánica se componía claramente de partículas sólidas de sales. Brun no dudaba en absoluto que la teoría acuosa debía desaparecer de la ciencia. Las mediciones de gases emanados directamente de la lava fresca fueron determinantes para abordar esta controversia, y la historia de las primeras lecturas de este tipo nos lleva muy lejos de la sombra del Vesubio o incluso de la terrible furia que se desató en Martinica en 1902, hasta una porción de tierras volcánicas, apartada, de hecho, de cualquier otro lugar: Hawái. A pesar de la distancia que separa Hawái de Italia, existe, como veremos, un legado vulcanológico directo que va desde el golfo de Nápoles, pasando por el Caribe, hasta el borde del Kīlauea, uno de los volcanes más activos de este archipiélago del océano Pacífico. Una línea hereditaria que también seguimos nosotros ahora y que implica un viaje revelador para saber qué gases expulsan los volcanes, de dónde proceden y qué dicen sobre la naturaleza interna y la historia antigua de este planeta.

Las islas Hawái son especiales por muchas razones. Cuando las visité en 2008 no tuvimos tanto tiempo de esparcimiento para explorarlas como habría deseado, pero lo que sí recuerdo del tiempo libre del que disfrutamos parece girar sobre todo alrededor de las tortugas. Pasamos una tarde increíble en la playa de Punalu'u fascinados con la población de tortugas verdes marinas. Las observamos desde una distancia prudencial mientras se adentraban en la playa festoneada de palmeras y se enterraban en la arena negra echándosela por encima con las aletas delanteras. Allí donde las olas bañaban la costa, sus caparazones abovedados se confundían con las oscuras rocas volcánicas mientras retozaban en la orilla. El último día que pasé allí hasta conseguí bucear siguiendo a una tortuga que nadaba sin esfuerzo entre los vivos colores del coral; habíamos invertido los papeles, ya que ahora era yo quien se sentía tan torpe en el agua como parecían serlo las tortugas en tierra. Por desgracia, a pesar de la aplicación previa de abundante crema solar, pagué aquel placer con quemaduras importantes en la parte posterior de las piernas y los brazos tras la exposición al sol tropical, lo que me causó grandes molestias durante los largos vuelos de regreso a Londres. Aun así, no tengo ninguna duda de que valió la pena.

Hawái es un lugar muy especial en términos volcánicos. Esta larga ristra de islas se encuentra espléndidamente apartada en medio del Pacífico. Las masas continentales más próximas están a miles de kilómetros de distancia. Si pudiéramos mirar bajo las olas, no veríamos ninguna fosa profunda ni ninguna ruptura en forma de cresta indicativa de que en ese lugar hay dos placas tectónicas en colisión y subducción o separándose. Más bien, los grandes volcanes de Hawái se levantan majestuosos desde el fondo del mar enclavados justo en el centro de la placa tectónica más grande del planeta: la del Pacífico. Las impresionantes montañas en forma de escudo de las islas no son más que el extremo final de algo mucho más impresionante aún, puesto que revelan la capacidad del magma para construir y para destruir. El Mauna Loa (o 'Montaña Larga') de la Isla Grande (Big Island) de Hawái es uno de los volcanes más voluminosos de la Tierra, ya que se alza más de cuatro kilómetros por encima del nivel del mar, y sus laderas submarinas de suave pendiente se hunden otros cinco kilómetros hasta llegar al fondo marino. La masa del Mauna Loa es tal que su peso ha flexionado la placa del Pacífico y la ha combado como una hamaca bajo la isla.

El Mauna Loa es uno de los cinco volcanes que conforman la Isla Grande y, dejando al margen el Kīlauea, su vecino del sureste y de un tamaño mucho menor, es el más activo de la isla. Al seguir la línea de las islas del archipiélago hacia el noroeste desde la isla de Hawái (o Isla Grande), los volcanes se vuelven cada vez más bajos y más antiguos, con periodos de inactividad cada vez más largos desde sus últimas erupciones. El terreno de los atolones Midway y Kure, que distan más de 2.000 kilómetros de Isla Grande, se levanta solo unos pocos metros por encima de las olas: son anillos de arenas blancas y corales que asoman sobre las aguas del Pacífico y ofrecen cobijo y estratégicas pistas de aterrizaje a las aves. Esta cadena de islas (un lugar perfecto para hacer un alto en el camino durante el trayecto entre América y Asia) se formó con el tercer tipo principal de vulcanismo que existe en este planeta: el vulcanismo de puntos calientes. A diferencia de los grandes arcos y crestas de volcanes que delinean los emplazamientos donde las placas tectónicas se separan y se encuentran, lo que ocurre bajo Hawái es que está emplazado sobre un penacho de manto caliente que asciende desde las profundidades y se funde parcialmente a medida que cae la presión, lo que forma magma. Algunos de estos magmas encuentran la manera de traspasar el manto abriéndose camino a través de la delgada corteza oceánica del Pacífico y emergen en su mayoría en forma de basaltos fluidos de baja viscosidad.

Este punto caliente del manto permanece quieto mientras la placa rígida se mueve sobre él. Los volcanes crecen poco a poco hasta despuntar por encima de las olas a lo largo de milenios, engrosados por los magmas del punto caliente mientras están encima de él. Pero el tiempo pasa, y la placa del Pacífico se desliza despacio hacia el noreste, desplaza consigo los volcanes que antes estuvieron activos y los aleja del punto caliente del manto subyacente. Al dejar de alimentarse con el magma del punto caliente, la actividad cesa, y lo que queda es una sucesión de volcanes extintos que se despliega desde Isla Grande hasta Kure y más allá y que traza el desplazamiento que ha seguido la placa. Esta explicación de la formación de la cadena de volcanes hawaianos fue propuesta por el geofísico canadiense J. Tuzo Wilson en la década de 1960 para respaldar la revolución unificadora que supuso la idea de la tectónica de placas dentro de las ciencias de la Tierra. Hawái no es el único lugar así; estos puntos calientes del manto están diseminados por todo el planeta. Algunos, como los que se encuentran bajo Hawái y las islas Galápagos, frente a las costas de Sudamérica, radican en el centro de placas oceánicas. Otros, como el de Islandia, en el Atlántico Norte, coinciden con los límites de placas tectónicas que separan la tierra del mar allí donde el planeta se está escindiendo. Y también hay puntos calientes debajo de los continentes, como el que alimenta Yellowstone, o implicados en la separación de continentes, como el situado debajo de África oriental (del que hablaremos más en el capítulo 6).

En el punto caliente del Pacífico, una vez que cesa el suministro de magma a una isla y se enfría la roca subyacente, los procesos de erosión por la acción del viento, la lluvia y las olas, así como el desmoronamiento y el hundimiento gradual, arrastran la tierra de vuelta al océano. Poco a poco las islas decrecen hasta que su atributo principal consiste en los anillos que han formado a su alrededor los arrecifes de coral, es decir, atolones que sobresalen por encima de las olas. Con el tiempo, las rocas disminuyen aún más hasta quedar reducidas a la prominencia de un monte submarino sobre el suelo oceánico. Lo que vemos ahora no es más que otra instantánea dentro del tiempo geológico. Las rocas de la sucesión de islas, atolones y montes submarinos se pueden datar midiendo el gas argón que ha quedado atrapado en ellas tras la lenta desintegración radiactiva del potasio, uno de los elementos que las conforman. De acuerdo con estas mediciones, las viejas rocas que integran el atolón de Midway, situado a algo más de 2.400 kilómetros del Kīlauea, emergieron del interior de la Tierra hace unos 28 millones de años. Este sencillo velocímetro permite calcular que la lenta deriva de la placa del Pacífico la desplaza unos 8,5 centímetros por año hacia el noroeste del punto caliente del manto sobre el que se encuentra, hacia su desaparición final en las zonas de subducción de las Kuriles, Japón y las Marianas. Algún día, el Mauna Loa y el Kīlauea dejarán de estar sobre el punto caliente y también enmudecerán. Por increíble que parezca en la actualidad, llegará el día en que vuelvan a hundirse bajo las olas. Dentro de otros 28 millones de años, aunque dependerá de la longevidad del movimiento actual de la placa del Pacífico y de ese punto caliente, cabría imaginar la Gran Isla como un atolón igual al de Midway. Hacia el sudeste habrán emergido montes nuevos desde el fondo marino que despuntarán por encima de las olas. Este proceso ya ha comenzado con el volcán más reciente de la cadena hawaiana, el Kama'ehuakanaloa (antiguo monte submarino Lō'ihi), que aún no ha asomado por encima del mar frente a la costa sudeste de la Gran Isla. Una vez más, el magma del planeta constituye un elemento vital que contribuye a alimentar los constantes ciclos de flujo y reflujo, destrucción y renovación de nuestro mundo.

Pero la relevancia volcánica de Hawái no se limita tan solo a ser un ejemplo de cadena volcánica de punto caliente. La actividad volcánica casi constante y bastante segura del Mauna Loa y el Kīlauea a lo largo de la historia registrada, así como la importante labor del Observatorio Volcánico de Hawái (HVO), han convertido esta remota parte del mundo en un laboratorio de campo esencial para la vulcanología, lo que incluye un estudio sostenido y sistemático de las emisiones de gases volcánicos.

La fundación del HVO en 1912 se atribuye en buena medida a la visión y la pasión de Thomas Jaggar. Jaggar quedó hechizado por los volcanes por una buena razón. A la edad de 31 años, mientras ejercía como monitor de geología en la Universidad de Harvard, formó parte de un pequeño grupo de científicos enviado por Estados Unidos a investigar la erupción del Pelée de 1902. Allí coincidió con Tempest Anderson y Alfred Lacroix y compartió con ellos el horror y el asombro ante el poder de las fuerzas volcánicas en marcha y el desafío de asesorar bien a las autoridades encargadas de valorar el peligro que entrañaban para la población local. Dicen que fue el primero en observar la extraña «columna vertebral» monolítica del Pelée en forma de tapón de lava viscosa y pegajosa que se abrió camino tras la erupción para presidir su propia devastación.

Como es natural, la experiencia dejó una huella profunda en Jaggar, quien escribió sobre el horror de la omnipresencia de la muerte, de encontrar el cadáver de un bebé en una cuna y el de un panadero cocinado dentro de su propio horno, en el que se había refugiado de la erupción. Lo atormentaba el olor, que regresaba en sueños, «una mezcla de fundición y vapor y fósforos de azufre y cosas quemadas, de tanto en tanto un olor a carne asada y podrida que es horrible». Entrevistó a algunos de los pocos supervivientes, y años más tarde consideró que aquellos contactos humanos fueron lo más impactante para él. Poco a poco se dio cuenta «de que la aniquilación de miles de personas por parte de una maquinaria subterránea completamente desconocida para los geólogos, y por tanto inexplicable, merecía el trabajo de toda una vida». En 1906 Jaggar viajó al Vesubio con la esperanza de presenciar la erupción que le había llamado la atención desde un titular de periódico. Allí conoció a su compatriota Frank Perret y a Raffaele Matteucci, director del Observatorio Real del Vesubio, a quienes encontró rebozados en un «pintoresco recubrimiento» de polvo y ceniza. Perret, que era ingeniero de formación, reunió de joven las semillas de su pasión por los volcanes debido a la fascinación que le causaron un grabado con la destrucción de Pompeya que veía en la tienda de su familia en Brooklyn y los intensos colores de una puesta de sol que presenció en 1883, supuestamente provocados, como veremos en el capítulo 5, por la erupción del Krakatoa en Indonesia. Tras un problema de salud, se mudó cerca del Vesubio y se convirtió en asistente honorario del Observatorio Real, donde realizó tareas de vigilancia del volcán que incluyeron, como ya hemos comentado aquí, apoyar los dientes en la estructura de hierro de su cama para detectar tremores volcánicos.

También Matteucci se dedicó en cuerpo y alma al Vesubio. Parece ser que en cierta ocasión dijo sobre la montaña: «Ella y yo habitamos juntos en una soledad misteriosa y terrible». En 1900, el romance estuvo a punto de acabar fatal porque una explosión moderada lanzó sobre él rocas calientes mientras se encontraba en el cráter de la cima y tuvo que estar hospitalizado. Al parecer había echado a correr, pero en cierto momento se giró para ver la acción. Esta historia me recuerda mi primer ascenso al volcán Estrómboli, en 2002. Justo antes de que llegáramos al punto de la ruta más próximo a las chimeneas activas, mi compañero, que tenía más experiencia, se volvió hacia mí para comentarme que, si una explosión más violenta lanzaba piedras hacia nosotros, tenía dos opciones: o darle la espalda y correr como una posesa o darle la cara para intentar esquivar las rocas más grandes. «¿Cuál elegirías tú?», le pregunté. «Normalmente, yo soy de los que corren como un poseso», respondió. Hasta ahora he tenido la suerte de no verme ante ese dilema, y espero no hacerlo nunca.

Aunque Jaggar se perdió la verdadera erupción de 1906, aquella visita al Vesubio, el observatorio y las diversas innovaciones de Perret en cuanto a instrumental de seguimiento lo dejaron muy impresionado. Su obsesión se intensificó aún más en 1907, cuando viajó a Alaska y observó cambios espectaculares en la isla volcánica de Bogoslof. Parte del territorio se había levantado casi ocho metros en menos de un año. Eso lo convenció de que para responder las preguntas fundamentales sobre cómo actúan estas fuerzas grandiosas y para salvar a la población de catástrofes como la de Martinica se necesitaba una red global de observatorios geonómicos que permitieran estudiar la actividad interna de la Tierra de igual manera que los observatorios astronómicos existen para explicar los cielos. Aunque sus aspiraciones eran globales, en 1909 encontró su musa volcánica particular. Durante un viaje a Japón en compañía de su esposa, Helen, tomó un pequeño desvío para contemplar el famoso lago de lava del Kīlauea en la isla de Hawái. Esta piscina de roca fundida ha existido de manera intermitente en la cima del volcán desde, como mínimo, las primeras descripciones que dejaron de ella algunos misioneros en 1823 y, sin duda, desde tiempos mucho más lejanos que los referidos incluso en las leyendas hawaianas: «Desde el caos hasta el presente» (de acuerdo con declaraciones de nativos hawaianos recopiladas por William Ellis, uno de los primeros misioneros del lugar).

En 1909, la ruta desde Hilo hasta la cumbre del Kīlauea implicaba un día de viaje en ferrocarril con locomotora de vapor y diligencia a través de campos de caña de azúcar, bosques revestidos de musgo y engalanados con lianas colgantes, árboles *ʻōhiʻa* autóctonos y helechos gigantes y, por último, un recorrido a campo abierto en las proximidades de la cima del volcán. Los Jaggar fueron recibidos por grietas humeantes cuando llegaron al cráter Halemaʻumaʻu. Durante los tres días que pasaron en la cumbre, Jaggar acudió a pie a visitar el lago de lava y Helen lo acompañó en la última ocasión. A lo largo del accidentado camino de lava solidificada y puntiaguda que cubría el suelo de la caldera del Kīlauea, los visitantes podían detenerse para chamuscar postales en grietas a temperaturas elevadas a modo de recuerdo. El lago en sí se encontraba en el interior del cráter Halemaʻumaʻu y, si la actividad más reciente fuera una referencia, es probable que tuviera forma ovalada y unos 100 metros de diámetro. La turbulenta energía del lago impresionó a Helen: «No hay ni un segundo de quietud en el ir y venir de la lava; la costra satinada de color gris oscuro solo se forma para quebrarse al instante con las grietas parecidas a relámpagos que surgen en la superficie y dejan al descubierto la lava fundida del color de las llamas más vivas».

Parece que también la cautivó el colorido de los gases del volcán: «Alrededor de todo el lago de lava se levantaban capas de vapor teñidas por el color de la lava de los más bellos tonos rosas, desde el delicado rosa pastel hasta el rosa oscuro». Para su marido, aquel primer encuentro con el lago de lava Halema'uma'u fue una vivencia impresionante. En el Kīlauea había encontrado un volcán que parecía tener una actividad perpetua, que exhibía magma en la superficie y que permitía acercarse con relativa seguridad en cualquier momento del año. En Honolulu mantuvo un encuentro con miembros de la comunidad empresarial hawaiana dispuestos a promover y financiar una estación de vigilancia permanente. Durante sus viajes subsiguientes por Japón conoció a Fusakichi Omori, inventor de un dispositivo científico novedoso para medir terremotos y la inclinación del suelo. Más tarde, Jaggar escribiría sobre este viaje al Pacífico que para él fue «como si todo convergiera en mi interior».

Y así comenzó el trabajo científico de Jaggar en los volcanes de Hawái. Al principio no pudo estar de manera constante junto al Kīlauea, pero contó con la ayuda de viejos amigos. En 1911 Perret viajó hasta allí para quedarse y participó en un complejo experimento para medir la temperatura de la lava del lago que salió en primera plana en el diario local *The Pacific Commercial Advertiser* («Medida la temperatura de la lava en 1.010 grados centígrados»). La hazaña convirtió a Perret en algo parecido a una celebridad. Durante varios meses se instaló en una cabaña de madera para vivir al borde del cráter y observar el lago de lava de forma permanente. Los visitantes debían acudir a buscarlo allí: un «hombrecillo extraño que parecía subsistir en un aire colmado de olores sulfurosos», según uno de ellos. Después de todas las horas que he pasado sentada sobre penachos volcánicos, incluido el del Halema'uma'u, puedo decir con pleno convencimiento que mi entrega a la vulcanología no llega al extremo de montar una casa en ese entorno. A Jaggar aún le quedaban muchos problemas por resolver, pero al fin, en 1912, se mudó a Hawái, y el Kīlauea se convirtió en su laboratorio. Poco después concluyó su matrimonio con Helen, y ella regresó con sus hijos al continente americano.

Las primeras mediciones de gas en el Kīlauea se efectuaron en 1912 y corrieron a cargo de Arthur Day y Ernest Shepherd, del Laboratorio Geofísico del Instituto Carnegie de Washington. Su estudio sirvió como respuesta directa a Brun y su desestimación del agua como gas volcánico clave. El objetivo consistió en tomar muestras del gas recién salido de la lava líquida para que no se contaminara con el aire de la atmósfera, una labor que parecía más factible en el Kīlauea que en cualquier otro volcán conocido del planeta.

Efectuaron el «descenso un tanto dificultoso al interior del cráter sin contratiempos» con escalas de cuerda. Los gases debían de ser asfixiantes y llevaban puestos protectores nasales de goma recubiertos con una esponja empapada en agua para absorberlos. Con cierta dificultad, introdujeron un tubo de hierro en la costra abovedada que se había formado sobre una columna de lava líquida con salpicaduras que había atravesado el suelo fragmentado del cráter y bombearon los gases para introducirlos en una serie de tubos de vidrio. «Con el primer bombeo» empezó a condensarse en los tubos «agua turbia con azufre libre». Los frascos de vidrio de laboratorio no son adecuados para la toma de muestras volcánicas, y solo ocho de los veinte tubos regresaron intactos sin ninguna fisura. Yo misma he vivido frustraciones similares tomando muestras de gas volcánico, así que entiendo sus padecimientos. No obstante, la campaña fue un éxito, y lograron recolectar «una cantidad de agua suficiente para determinar su prevalencia entre los ingredientes volátiles exhalados por el volcán más allá de las críticas más escépticas». Meses más tarde efectuaron otras mediciones durante descensos realizados de noche para facilitar la detección de las emisiones volcánicas a través de la «tenue llama azul de los gases», probablemente azufre e hidrógeno en combustión, «que se ve con claridad emergiendo de la grieta del domo». Aunque esta repetición nocturna de las mediciones fue menos exitosa, implicó una heroicidad mayor, puesto que dos días después de la primera incursión en el cráter parte del suelo se había derrumbado y la estación de muestreo se había hundido en el humeante abismo.

Una vez afincado en Hawái, Jaggar también efectuó mediciones de gases empleando métodos similares en otros lugares, como el lago de lava que había en la cima en 1917, lo que ha aportado datos cruciales para algunos de los trabajos más recientes que comentaré más adelante. Estas mediciones pioneras amplían nuestra cartografía de la química de las exhalaciones del Kīlauea hasta un intervalo temporal mucho más largo que el disponible para la mayoría de los volcanes del mundo. Aunque las mezclas de gases medidas han necesitado correcciones posteriores por estar contaminadas por la atmósfera terrestre, que es rica en oxígeno, en la actualidad aún seguimos usando esos registros como referencia. Ahora contamos con muchos otros métodos para tomar muestras de estos vapores a temperaturas elevadas y, por suerte, muchos de ellos no implican el empleo de instrumental frágil de vidrio. Los gases ácidos, como el dióxido de azufre y el ácido clorhídrico, se pueden recolectar con el bombeo de humos volcánicos a frascos provistos de disoluciones alcalinas o a papeles de filtro empapados en esas mismas disoluciones. Muchos de nosotros aprendimos en el colegio estas lecciones de química (un ácido más una base dan como resultado sal y agua), y a menudo vuelvo de mis trabajos de campo con numerosas bolsas de zip etiquetadas que portan en su interior esos discos de tejido listos para ser analizados. Cuando regresé de Nicaragua en 2001, me fui directa a casa para pasar las Navidades en familia y tuve que buscar un sitio en el congelador de mis padres donde guardar las muestras que traía del viaje con el fin de mantenerlas frescas hasta el momento de su análisis. Con ello robé un espacio muy valioso a las sobras que quedaron del pavo navideño, pero mi madre disfrutó contando que teníamos gases volcánicos guardados en el congelador. Las visitas que pidieron verlos no pudieron evitar reconocer que les resultaban bastante decepcionantes. Creo que, como mínimo, esperaban algo más colorido que discos blancos de papel de filtro.

Para estudiar los gases volcánicos en la actualidad no necesitamos adentrarnos en absoluto en un penacho volcánico. Desde la segunda mitad del siglo XX contamos con el invento de los espectrómetros de campo, como el que utilicé en el Masaya en 2001. Estos detectan la perturbación que causan las emisiones volcánicas en la luz ultravioleta, visible o infrarroja al atravesarla, y eso permite inferir la diversidad de moléculas que portan. A veces, tal como se hizo en el lago de lava del Halema'uma'u en la década de 1960, podemos emplear la radiación infrarroja o calorífica del propio planeta fundido para observar estas composiciones gaseosas en el mismo lugar donde emanan del magma. A partir de la década de 1970, los satélites que se diseñaron para cartografiar las concentraciones de ozono estratosférico empezaron a emplearse para observar desde la órbita de la Tierra inyecciones de dióxido de azufre volcánico a grandes altitudes, aunque la medición rutinaria mediante satélite de otros tipos de gases volcánicos sigue siendo más esquiva. En tiempos aún más recientes se ha recurrido a veces al empleo de drones equipados para monitorizar gases que permiten llegar a emisiones que antes eran inaccesibles por encontrarse en laderas volcánicas empinadas o inestables o en lugares con una actividad peligrosa.

Esta sucesión veloz de iniciativas diversas ha dado lugar a numerosos descubrimientos. Ahora conocemos el menú básico de los ingredientes subterráneos que conforman el penacho volcánico de una cima o una fumarola silbante. Esperamos una buena fracción de vapor de agua y de dióxido de carbono, que son los gases que suelen predominar en la mezcla. Tal como he descrito aquí, a menudo se percibe el desagradable olor de los compuestos azufrosos: el toque ácido del dióxido de azufre, que huele un tanto a fósforos quemados, y el hedor a huevos podridos del sulfuro de hidrógeno gaseoso. Al igual que en el área de acampada de la Solfatara, el olor resulta especialmente penetrante en zonas volcánicas. En la isla italiana de Vulcano llega a notarse en el agua de la ducha. En Vulcano solo hay que cubrir un tramo corto a pie para ascender desde la playa hasta el cráter del volcán, y he visto turistas en chanclas y pareo darse la vuelta con desagrado nada más notar el primer tufo mientras yo trabajaba protegida por la máscara antigás. Hace unos años, tras explicar con especial vehemencia los diversos olores de las emisiones volcánicas sulfurosas durante una entrevista radiofónica, un periodista me preguntó si me consideraba buena conocedora de los aromas de estos gases. Nunca lo había pensado de esa manera, pero me gustó imaginarme afinando el olfato para captar los matices de los aromas volcánicos con gran ceremonia antes de emitir mi valoración meditada. También sería fabuloso poder entrenar la nariz para obtener información cuantitativa y ahorrarme cargar con el equipo de muestreo por esas montañas humeantes. Por desgracia, es casi seguro que esa capacidad no está al alcance de las posibilidades humanas, aparte de ser altamente incompatible con la salud y la seguridad.

Además del agua, del dióxido de carbono y de los gases sulfurosos, el cóctel químico de los penachos volcánicos incluye otros ingredientes menos abundantes. Consideremos, por ejemplo, los ácidos gases halógenos: cloruro, fluoruro, bromuro y yoduro de hidrógeno, que cada vez registramos más a menudo a pesar de darse en cantidades bajas. El fluoruro de hidrógeno es especialmente agresivo, y en cierta ocasión dejó marcadas líneas finas en las gafas de un compañero durante un día más intenso de lo habitual en la cumbre del Etna. Estos gases se enganchan al pelo y las fibras de la ropa. A veces me he sentido tan impregnada de acidez después de una jornada dedicada a la toma de muestras que me he ido directa a la ducha completamente vestida para intentar quitármela de encima. Estas moléculas corrosivas pueden llegar a comerse poco a poco la ropa de algodón. Muchas de mis camisetas han salido de la lavadora con alarmantes agujeros después de estar expuestas a esos gases. Un compañero me contó que tras pasar un día sentado entre grietas humeantes tomando muestras, se le desintegró la culera del pantalón durante el trayecto de vuelta a casa.

Hay muchas otras sustancias químicas que se abren paso a través de la Tierra para salir por los penachos volcánicos. A veces pienso que, de una forma u otra, los volcanes diseminan casi toda la tabla periódica por la superficie del planeta y la atmósfera. Aunque no todos esos elementos están concentrados en el gas volcánico, hay muchos mensajes ocultos en estas emanaciones. La recopilación de datos sobre los gases de los volcanes de todo el mundo permite detectar patrones. Algunos de estos mensajes revelan agentes que alteran los vapores a niveles bastante superficiales bajo las chimeneas volcánicas. Gases como el nitrógeno y el argón permiten detectar contaminación de aire o de acumulaciones poco profundas de agua de lluvia, nieve o hielo. Podemos captar el exceso de carbono que liberan volcanes como los del Mediterráneo a medida que los magmas ascendentes se calientan y descomponen la base de piedra caliza sobre la que descansan.

Pero gran parte del gas proviene de regiones mucho más profundas, porque se encuentra aprisionado en los magmas desde su formación dentro del manto de la Tierra. De modo que a veces los gases portan mensajes procedentes de áreas más hondas aún. En el caso de los volcanes de puntos calientes como el de Hawái, cuyos penachos de material incandescente se inflan como globos desde las profundidades del manto (tal vez incluso desde la frontera que separa el manto del núcleo planetario), el equilibrio de isótopos (átomos de un mismo elemento pero con masas distintas) en el gas helio que sale al exterior evidencia que hay depósitos de gases primordiales que han permanecido ahí encerrados y conservados durante eones. Estas señales que afloran desde depósitos antiguos de la composición primigenia de la Tierra nos recuerdan que los procesos que tuvieron lugar en todo el Sistema Solar hace muchos miles de millones de años determinaron las condiciones de nuestro planeta actual, lo que incluye el equilibrio de los gases volátiles que borbotean desde los magmas y fluyen o emanan a través de fumarolas en volcanes como el Kīlauea, los Campos Flégreos y el Etna para que yo y otras personas tomemos muestras de ellos y expliquemos las maravillas volcánicas.

Quedan muchos misterios por resolver para esclarecer cómo adquirió nuestro mundo la composición observada. Especialistas en geoquímica intentan averiguar todo lo posible comparando la química general de este planeta, y la de sus partes constitutivas, con la de otros cuerpos celestes como la Luna, el Sol, cometas y meteoritos. Al igual que el resto de planetas del Sistema Solar, la Tierra se formó a partir de un disco de gas y polvo en rotación alrededor del joven Sol. La composición inicial de la proto-Tierra dependió en parte de su ubicación en la región más tórrida de esta plataforma giratoria de escombros, bastante próxima a la estrella en crecimiento. La elevada temperatura del entorno protogaláctico de la Tierra limitó la abundancia de sustancias volátiles como el agua (con puntos de fusión y de ebullición muy bajos) que creemos que estaban disponibles para nuestro mundo en gestación, pero que necesitan condensarse en forma líquida o solidificarse para que el planeta las retenga. A partir de lo que sabemos sobre las afinidades químicas, es decir, sobre los elementos a los que estas sustancias volátiles se unen con facilidad, también es probable que otros procesos primigenios (como la separación del núcleo, rico en metales, de las partes rocosas del planeta) capturaran proporciones notables de algunas sustancias volátiles. No hay manera de conocer la composición del núcleo terrestre de forma directa y, por tanto, es difícil saberlo con seguridad, pero consideramos probable que estas capas planetarias más profundas tengan retenidas cantidades significativas de los ingredientes predominantes en las emanaciones volcánicas, como carbono y azufre. Las grandes colisiones con otros objetos de tamaño planetario, como el enorme impacto propuesto para la formación de la Luna, podrían haber provocado una pérdida o ganancia de sustancias volátiles dependiendo de las circunstancias exactas en que se produjeran. De hecho, muchos de los modelos actuales concluyen que una fracción considerable de las sustancias volátiles de la Tierra no era endémica en absoluto de este mundo en su etapa protoplanetaria. Algunos estudios sugieren que la mayoría de las moléculas de vapor que emanan, borbotean y salen despedidas en las explosiones volcánicas actuales llegaron aquí poco a poco desde el Sistema Solar exterior más frío mediante el choque de meteoritos o cometas con este planeta hasta 200 millones de años después de su formación. Aún queda mucho por averiguar.

El agua es una de las sustancias más características de nuestro planeta azul. Alrededor del 70 % de la superficie de la Tierra está cubierto de océanos, y el agua es esencial para toda la vida que alberga, incluidos nosotros. A veces resulta revelador pensar que la planificación de nuestro mundo de agua tal vez no estuviera escrita de manera irrevocable en la versión más primigenia del planeta y que aún no conocemos todos los procesos que dispensaron su profusa abundancia actual. Además, la aparición de un entorno adecuado para que prospere vida como la nuestra no depende tan solo de la cantidad de agua que recibiera la Tierra. También es de vital importancia cómo se ha distribuido por las diferentes partes del planeta desde entonces, y los volcanes son cruciales para mediar en algunas de las lentas transferencias de agua entre el interior de este mundo y su superficie. El cálculo de los ciclos del agua sobre la Tierra y a su través implica saber, entre otras cosas, cuánta cantidad de ella hay en los diferentes depósitos. Para calcular cuánta hay en depósitos superficiales como los océanos, la atmósfera, los suelos y los casquetes polares basta con mirar a nuestro alrededor. Del estudio de la circulación del agua entre estos compartimentos se encargan especialistas en hidrología, meteorología y oceanografía, y cualquier desequilibrio en esos desplazamientos puede tener consecuencias graves a escala humana en forma de inundaciones, sequías o tormentas violentas. Pero la Tierra también cuenta con otro ciclo hidrológico a gran profundidad y a un plazo más largo que sostiene la hidrología de la superficie y también guarda relación con el funcionamiento interno del planeta.

Es difícil saber cuánta agua se oculta en el inaccesible manto de la Tierra. Sabemos que hay alguna retenida en sus profundidades minerales y que las variaciones en su concentración podrían repercutir en la viscosidad del manto, pero sigue siendo un misterio a qué fracción (o a qué múltiplo) de la que hay en la superficie equivale. Al margen de cuál sea el porcentaje de océano contenido en las profundidades de la roca que tenemos bajo los pies, lo que sí sabemos es que parte de él sale al exterior de forma continua a través de los volcanes del mundo. En las dorsales centrooceánicas y los volcanes de puntos calientes, donde el magmatismo se debe al ascenso del manto caliente hasta áreas de menor presión y a su fundición, se infiere que la mayor parte del agua disuelta en esos magmas proviene de los abismos más hondos del planeta. Si tenemos en cuenta los eones que lleva existiendo la Tierra, cabría preguntarse por qué esta desgasificación constante no ha filtrado a la superficie, como mínimo, toda el agua del manto más superior, lo que habría tenido las consecuencias potenciales de inundar el suelo, calentar el planeta a través de un efecto invernadero generado por el vapor en la atmósfera y desecar su interior. El hecho de que no haya sido así insta a pensar que los grandes ciclos de las sustancias volátiles de nuestro mundo mantienen algún tipo de equilibrio. Esto supone una suerte para nosotros, porque, en caso contrario, sería menos probable que estuviéramos aquí intentando explicar estos procesos globales. Puede que no nos planteemos de manera habitual que las capas profundas del planeta sólido que pisamos forman parte del entorno en el que se desenvuelve la vida, pero son fundamentales para la formación y el mantenimiento del mundo actual, aunque no notemos su actividad igual que la fuerza del viento, las olas o los fenómenos meteorológicos.

El agua y otros ingredientes volátiles, como el carbono y el azufre, no solo salen al exterior a través de los volcanes, sino que también son arrastrados hacia el interior del planeta. Esto ocurre sobre todo en las zonas de subducción, donde, como comenté en el capítulo 1, estas sustancias químicas van unidas de múltiples maneras a las placas tectónicas en proceso de hundimiento: en los sedimentos que se forman en los fondos oceánicos; integradas en la estructura de la corteza nueva desde el mismo momento de su formación en las dorsales centrooceánicas, o incluso atrapadas en la capa rígida del manto de la placa por la infiltración de fluidos. Encontramos signos de ello en la gran colección de composiciones gaseosas medidas desde los tiempos de Daubeny y Jaggar. Los gases de los volcanes nacidos en zonas de subducción suelen ser más ricos en agua y cloro que los forjados en las dorsales centrooceánicas y los puntos calientes. Estos elementos químicos son arrastrados hacia el interior de la Tierra desde las aguas marinas antiguas situadas encima y en el interior de la placa tectónica en proceso de hundimiento. Aunque una parte de ellos será arrastrada hacia las profundidades del planeta, lo que ensucia el manto prístino y lo funde (como cuando se añade sal al hielo) es, como ya hemos mencionado aquí, la liberación de alguna fracción de estas sustancias, especialmente agua, en la cuña del manto. Estos elementos volátiles se incorporan de este modo a los mismos magmas que engendran hasta que vuelven a encontrar la forma de salir a medida que ascienden hacia la superficie y emanan y escapan a través de fumarolas, lagos de lava u otros fenómenos de desgasificación volcánica y añaden explosividad potencial a los volcanes situados en zonas de subducción.

Sin duda, es posible imaginar situaciones en que la expulsión de vapores y la entrada de agua en el interior de un planeta no estén en equilibrio. El agua podría acumularse en el exterior e inundar la superficie y la atmósfera. O también podría concentrarse en las entrañas del planeta y desecar los océanos. La constancia relativa de la magnitud total de la hidrosfera observada en la superficie de la Tierra evidencia que, por suerte para nosotros, que somos formas de vida dependientes del agua pero afincadas en tierra, durante gran parte de la historia de nuestro mundo ha existido un equilibrio entre esta expulsión de vapores al exterior y su absorción hacia el interior a través de procesos como el vulcanismo y la subducción. En los capítulos 6 y 7 ahondaremos en la relevancia a escala planetaria de estos ciclos de las sustancias volátiles. Desde luego, cabe imaginar otras opciones para que un planeta mantenga algún tipo de equilibrio a largo plazo sin contar con el distintivo particular de la tectónica de placas de la Tierra, y todavía queda mucho por averiguar sobre estos enigmáticos procesos. Aun así, el encaje de la desgasificación volcánica y la subducción en el marco específico de una Tierra habitable a largo plazo quizá nos lleve a concluir que la lenta convección que tiene lugar en la Tierra sólida a gran profundidad bajo nuestros pies podría no ser una circunstancia casual que coincide con nuestra existencia, sino, en realidad, un requisito indispensable para ella.

Contemplar un lago de lava borboteante o presenciar estallidos de explosiones abrasadoras puede infundir la sensación de que hay algo primitivo y grandioso en la naturaleza de nuestro planeta. Pero, aparte de transmitir detalles fundamentales sobre nuestro mundo, los mensajes contenidos en los gases volcánicos también proporcionan importante información sobre la red de tuberías subterráneas que hay justo debajo de un volcán en particular y los peligros que entraña. Mi viaje al Kīlauea en 2008 formó parte de una colaboración regular con el HVO para medir el gas y las partículas que expulsa el volcán con el fin de vigilar y conocer este monte y sus efectos en el entorno y la población locales.

Tal como sucede en ocasiones cuando se trabaja con volcanes, tuvimos que modificar el plan inicial incluso antes de nuestra llegada a Hawái. Desde comienzos de la década de 1980, el gran cráter Halema'uma'u de la cumbre del Kīlauea había permanecido sereno. Los signos principales de que seguía vivo se reducían a la emanación de gases por algunas hendiduras y fisuras. La actividad volcánica principal se había concentrado en el este, a lo largo de lo que se conoce como la zona de la grieta oriental, donde grandes campos de lava salían expulsados por la chimenea Pu'u 'Ō'ō, situada a una distancia de diez kilómetros que deben hacerse a pie desde la carretera de la Cadena de Cráteres que serpentea por todo el parque nacional. Era ahí donde pretendíamos trabajar aquel verano. Pero el Día del Padre de junio de 2007* (justo en las mismas horas en que estaba naciendo mi primer hijo al otro lado del planeta) dio inicio una sucesión de acontecimientos que lo cambiaría todo. Este ciclo de nueva actividad empezó con enjambres sísmicos, intrusiones de magma y erupciones cerca del antiguo cráter Nāpau y culminó la primavera siguiente con la apertura explosiva de otra chimenea en la pared oriental inferior del cráter Halema'uma'u. Esto trastocó nuestra misión del verano de 2008, y en lugar de estudiar la chimenea Pu'u 'Ō'o, trabajamos con el HVO en el análisis de las nuevas emisiones de gas desde la caldera de la cumbre del volcán.

La primera impresión que me causó el entorno del Kīlauea a través de la bruma de un intenso desfase horario fue de grandes contrastes en un espacio bastante reducido. El volcán está enclavado en el flanco sureste de la gran protuberancia en forma de escudo del Mauna Loa. A pesar de tener un tamaño descomunal, su pendiente suave y ligera (señal de que se formó a partir de coladas de lava de basaltos bastante fluidos) decrece de manera tan gradual a medida que se adentra en la atmósfera neblinosa que parece empequeñecer su imponente presencia.

* En buena parte de los países del mundo, incluido Reino Unido, la festividad del Día del Padre se celebra el tercer domingo del mes de junio. *[N. de la T.]*

Nos instalamos en una pequeña pensión de la localidad de Volcano, situada al este del parque nacional. Allí, el aire parecía tener una humedad casi perpetua, y nuestras cabañas se perdían entre grandes árboles y helechos. La vegetación era exuberante y abundante. En cambio, solo 15 km hacia el sudoeste, donde efectuamos algunas mediciones, se encuentra el desierto de Ka'ū, donde los vientos alisios dominantes, procedentes del noreste, han perdido gran parte de su humedad, diseminan los humos tóxicos del volcán por el territorio e imponen una vegetación rala y achaparrada. A veces llovía a cántaros al salir del alojamiento, pero hacía un tiempo seco y soleado tras recorrer un pequeño trayecto en coche. Esta combinación, que incluía emisiones volcánicas en la mezcla, parecía conllevar arcoíris a raudales; a menudo hacíamos una pausa en medio de la jornada para admirar sus vistosos arcos en el cielo. Otras veces había suerte y hasta se desplegaban sobre la cumbre de la caldera y encuadraban el penacho ondulante del cráter Halema'uma'u.

Todas mis lecturas antes de aquella visita en 2008 se habían centrado en la erupción más reciente en la zona de la grieta oriental, pero la actividad en el cráter Halema'uma'u ha sido muy característica de la historia documentada del Kīlauea. También las leyendas apuntan muy claramente a que la base de la fuerza volcánica de las islas se encuentra aquí. Según la mitología hawaiana, el cráter Halema'uma'u es la morada de la diosa del fuego y los volcanes, Pele. Antes de comenzar los trabajos de campo en 2008, uno de los guardas del parque practicó una ceremonia para honrarla y pedirle permiso para acometer nuestra labor. Fue muy conmovedor: un momento para reflexionar sobre aquel lugar y el poder de la Tierra. Deseé haber traído algo significativo de casa para entregárselo como ofrenda en lugar de la colorida flor que tomé de manera precipitada del jardín del alojamiento para arrojarla al cráter. Me comprometí a hacerlo mejor la próxima vez.

El nombre de Pele ha pasado a formar parte de la terminología científica mundial dentro de la vulcanología. La designación «cabellos de Pele» se usa para describir los delicados filamentos de vidrio fibroso que se forman cuando burbujas de gas estallan cerca de la superficie de una colada de lava, esta cristaliza y después es arrastrada junto con los gases. Las «lágrimas de Pele» son pequeñas gotas brillantes y alargadas que se forman de manera parecida. Durante mi primer viaje al Masaya, recolecté grandes puñados de estos productos vítreos que habían quedado atrapados entre la hierba y las rocas a sotavento del volcán. Su estructura les confiere el aspecto de una versión natural de la lana de roca, y sus acumulaciones entre la vegetación parecían una variante más oscura y brillante de las hebras de lana de oveja que suelo ver enganchadas en los alambres de espino cuando salgo a pasear por el campo en mi país. Esas muestras fueron confiscadas más tarde en la aduana australiana por su parecido con productos animales cuando un compañero de Perth las llevó allí para analizarlas, y tuve que escribir una carta explicando su origen extraordinario y, lo más importante, no biológico para que autorizaran su devolución. Cuando el embravecido mar de magma del Masaya salió al aire en 2017, los cabellos y lágrimas de Pele alfombraron el suelo del área de estacionamiento repleta de gases como una masa dura de telas de araña doradas y brillantes desplegadas sobre la hierba cual rocío de la mañana. Durante la ejecución de mi trabajo fui dejando mis huellas sobre aquel terreno.

Según la leyenda, Pele no es originaria de las islas hawaianas, y hay muchas versiones sobre la historia de su llegada. Cuentan que huía de una disputa entre hermanos, y el recorrido que siguió parece reflejar el lento desplazamiento de la placa tectónica del Pacífico, puesto que Pele intentó afincarse primero en la isla Kauai, situada en el noroeste, pero después se abrió paso hacia las tierras cada vez más jóvenes del sureste hasta que al fin fijó su morada en el cráter Halema'uma'u, el centro de la actividad volcánica actual. La naturaleza caprichosa de Pele es venerada y respetada. Es tan capaz de destruir viviendas y bosques como de crear tierras nuevas allí donde sus coladas de lava se precipitan en cascada sobre el océano.

En tiempos más recientes se ha celebrado su capacidad para traer a las islas montones de turistas con dinero para gastar. Otras veces se la invoca para pedirle clemencia. En 1881, la lava del Mauna Loa amenazó la ciudad de Hilo. Una princesa de la familia real atendió los ruegos de los residentes y se desplazó allí desde Honolulu, se acercó al frente de la colada, recitó conjuros antiguos, entregó ofrendas de pañuelos de seda a Pele y roció la lava con aguardiente. A la mañana siguiente la lava se detuvo. Esta historia me recuerda uno de mis lugares favoritos en las laderas del Etna, donde una pequeña capilla católica se encuentra parcialmente sepultada por una colada de lava justo a las puertas de la localidad de Fornazzo. Al parecer, se construyó para marcar el punto en el que se paró la colada de lava del Etna en 1950, y después quedó parcialmente engullida por la colada de 1979, de manera que los lugareños la celebran por su intervención milagrosa para proteger la villa también de aquella segunda colada. Son muchas las leyendas conmovedoras sobre la intercesión de poderes superiores en las culturas humanas de lugares volcánicos como Hawái y Sicilia.

Cuando trabajamos en el Kīlauea en el año 2008, había tres penachos de gases ondulantes sobre las islas como resultado de la actividad del volcán. Aparte de las emisiones debidas a la nueva actividad en la cumbre, la chimenea Pu'u 'Ō'ō todavía expulsaba humos. Además, las coladas de lava que el

Huellas dejadas por la autora en 2017 sobre un manto de cabellos de Pele al borde del cráter del Masaya.

volcán vertía hacia el Pacífico estaban formando otro penacho de entrada al océano. Nunca fuimos hasta Pu'u 'Ō'ō para ver de dónde salía el gas que emitía, pero notamos sus efectos en la húmeda neblina ácida que los vientos alisios arrastraban algunos días hasta depositarla sobre la carretera de la Cadena de Cráteres en el tramo donde atraviesa el escarpado precipicio o *pali* situado entre la caldera de la cima y la costa. En Hawái, esta bruma acre o esmog volcánico recibe un nombre específico: *vog*. Tomamos muestras de su composición condensando las gotas de rocío que dejó en hilos que dispusimos en vertical y colgamos como un huso cónico de un pequeño árbol. Los dejamos toda la noche suspendidos así sobre tripas de lava antigua repletas de helechos, de forma que las gotas se deslizaran hacia abajo y cayeran en una botella fijada (con cinta adhesiva, por supuesto) al vértice invertido. Los 35 gramos de líquido transparente que recolectamos fueron un pequeño tesoro químico para analizar.

También presenciamos los poderosos efectos que ejercía la actividad de Pu'u 'Ō'ō sobre la costa. Mientras estuvimos allí, la roca fundida caía por el *pali* en forma de canales, deltas y cascadas hasta llegar al mar. A veces, estas coladas cubren otras anteriores y forman tubos ocultos por la cavidad de su propia corteza solidificada. Estos tubos de lava no son infrecuentes en Hawái ni, de hecho, en otros campos de coladas de lava basáltica fluida, y William Ellis hace referencia al folclore de las islas cuando dice que «Pele se trasladaba por una vía subterránea desde su morada en el cráter hasta la playa». Un atardecer fuimos a ver el punto en el que la lava se adentraba en el océano. Allí donde se precipitaba al océano, escaldaba al instante el agua del mar, creando sobre el Pacífico un gran penacho brumoso de vapor blanquecino (conocido en el lugar como *laze,* de la combinación de las palabras en inglés *lava* y *haze* —niebla—) y rico en ácido clorhídrico causado por la vaporización de las olas mezclada con los gases volcánicos. Bajo el mar, inaccesible a nuestra vista, la roca fundida se hinchaba y formaba lava almohadillada debido a su enfriamiento veloz. Esta combinación de roca caliente y agua es muy efusiva y genera explosiones impredecibles. Tuvimos el cuidado de no acercarnos demasiado para sentarnos a contemplar el declive de la luz del día y el oscurecimiento de la blanca cortina del penacho a excepción de una franja naranja iridiscente y pulsante en su base donde las gotitas atrapaban el fulgor de la lava entre las sombras del crepúsculo.

Estos vertidos de lava en el océano construyen estructuras del mismo modo que producen explosiones. En las zonas marinas donde unas capas de roca se enfrían y solidifican encima de otras muchas emergerán tierras nuevas. Desde la década de 1980, la isla ha ganado varios kilómetros cuadrados de superficie. No se trata de bienes raíces de primera calidad desde el primer día, puesto que son superficies desoladas semejantes a un mar oscuro petrificado en plena agitación. Lavas *aa* rugosas y fragmentadas se entrelazan con texturas *pahoehoe* más sueltas y lisas (otros dos términos hawaianos que han pasado a formar parte de la terminología científica mundial). Las lavas de este tipo son muy intrincadas cuando están recién solidificadas y crean superficies onduladas y encordadas, olas y estallidos petrificados. A veces, en las lavas *pahoehoe* encuentro indicios de los mismos patrones arremolinados que forman los remos en el agua cuando practico piragüismo en mi país, y me parecen especialmente oportunos en una tierra surgida de las olas del Pacífico.

Pero nuestra misión principal consistió en estudiar el denso penacho procedente de la chimenea que acababa de abrirse dentro de la caldera situada en la cima del volcán. El sistema de tuberías del Kīlauea se ha estudiado con profusión desde el HVO y otras instituciones científicas durante años. En las décadas de 1980 y 1990 se desarrollaron técnicas nuevas que permitieron localizar terremotos hasta 40 y 50 kilómetros por debajo del cráter Halema'uma'u y que se propagan a profundidades de varios kilómetros hacia el este y el sudoeste. Estas sacudidas internas del planeta siguen el movimiento del magma a medida que asciende desde el manto y revelan que se halla unos tres kilómetros por debajo de la morada de Pele, situada en la cima, y que después se desplaza en horizontal a escasa profundidad por la corteza hasta estallar en erupciones en la zona de la grieta oriental, como la de Pu'u 'Ō'ō.

Esta crónica sísmica del viaje subterráneo del magma se confirmó también a través de las emisiones de gases. A diferencia de las burbujas de dióxido de carbono del champán o un refresco carbonatado, ya mencionadas aquí, los gases disueltos en un magma son un cóctel de diferentes elementos y compuestos químicos que incluyen agua, dióxido de carbono, gases sulfurosos y ácido clorhídrico. Cada uno de los gases de este menú se entrelaza con la estructura de la roca fundida de diferentes maneras, y sus distintos acoplamientos determinan en qué condiciones conseguirán escapar. A finales del siglo XX se efectuaron experimentos en hornos de laboratorio para medir qué cantidad de las distintas emanaciones volcánicas podía introducirse en pequeños paquetes de roca fundida de diversas composiciones químicas a temperaturas y presiones elevadas. Estas simulaciones en miniatura del viaje que realiza el magma hasta llegar a la superficie del planeta resultaron muy reveladoras. También en la naturaleza encontramos información relevante en forma de microesferas de vidrio (inclusiones fundidas) retenidas, atrapadas y cristalizadas dentro de un magma a medida que se generan, lo que preserva la composición del líquido procedente de las profundidades y permite medirla en el laboratorio. Ambos experimentos y mediciones evidenciaron que los magmas con concentraciones más altas de sílice, es decir, los magmas más pegajosos y viscosos, pueden portar más agua disuelta entre sus líquidos rocosos (el equivalente volcánico de más munición para detonar, otra razón por la que son más explosivos).

A partir de estos estudios hemos sabido también que el dióxido de carbono sale expulsado del magma a más presión que otros gases. Esto significa que las burbujas de dióxido de carbono se inflan dentro de los fundidos de roca a profundidades mayores que el vapor, los gases sulfurosos o el ácido clorhídrico. Una vez formadas, estas burbujas de dióxido de carbono pueden abrirse camino a través de fracturas en la corteza y traernos información desde la parte más inferior de la red de tuberías de un volcán. Los lugares donde ocurre esto permiten espiar los cuchicheos de esta química secreta a través de los gases que medimos desde la superficie del planeta, muy por encima del movimiento subterráneo del magma. En años recientes se han medido leves estallidos de dióxido de carbono en el interior del Etna que anuncian la llegada de magma fresco a sus recovecos más profundos, lo que ha servido para ponernos en guardia. En el Kīlauea, antes de 2008 y la apertura de la nueva chimenea en su cima, el dióxido de carbono se filtraba desde el magma acumulado bajo el cráter Halema'uma'u y salía imperceptible a la atmósfera a través de un área extensa del fondo de la caldera de la cumbre. Otras sustancias volátiles, como los gases sulfurosos, permanecían dentro del magma bajo la cima del Kīlauea y después viajaban con él por el subsuelo hasta la chimenea Pu'u 'Ō'ō para salir al exterior junto con las lavas que vertían allí. La formación de la nueva chimenea en 2008 planteó el interrogante de si habría cambiado el funcionamiento interno del volcán. Las mediciones de gases en el lago de lava de la cumbre que efectuó Jaggar en 1917 permitieron establecer comparaciones directas entre las tuberías de gas del volcán casi con un siglo de diferencia.

Al igual que en el Masaya, en Hawái pudimos llegar con el coche hasta donde se encontraba el denso gas volcánico, y fue un alivio no tener que acarrear montaña arriba baterías de coche y pesados equipos de bombeo. Dada la cercanía de la chimenea abierta y la gran afluencia de gas, noté que el penacho que salía del Halema'uma'u era más intenso que casi todo lo que había experimentado antes. Incluso a través de la máscara de gas y las gafas protectoras, de vez en cuando recibía grandes bocanadas de gases que me irritaban los ojos y me arañaban los pulmones. Poníamos el equipo en marcha y nos retirábamos con rapidez. Incluso con el calor del día, la opacidad de la nube blanca era implacable y no nos dejaba ver lo que se escondía en la boca del volcán. Las pistas se percibían de noche, cuando el fulgor de la lava iluminaba el penacho desde abajo. Si hubiera podido volver en los años posteriores a nuestro viaje, habría visto que el cráter se derrumbó y acotó un lago de lava, lo que le confirió un aspecto más parecido al que recibió a Thomas y Helen Jaggar en 1909. Curiosamente, a pesar de esta similitud superficial, las mediciones de gases que realizamos allí evidenciaron que en la red de tuberías de lava de las profundidades de comienzos del siglo XXI había algo muy diferente a lo que podía encontrarse a principios del siglo XX. Los gases contenían una cantidad considerablemente menor de dióxido de carbono que la registrada en 1917 por Jaggar. El nuevo lago de lava de la cumbre, al igual que la chimenea Pu'u 'Ō'ō, se estaba nutriendo de magma que ya había perdido gran parte del carbono. Es difícil descifrar en detalle qué conexiones establece el magma en los espacios próximos a la superficie del interior de un volcán, pero esta reducción de la afluencia de gas indicaba un riesgo menor de explosiones, al menos las debidas al magma en sí y no a su interacción con aguas subterráneas locales. Aunque crípticos, estos murmullos ocultos en las exhalaciones de Pele nos dieron pistas sobre su temperamento cambiante.

Pero las razones que nos llevaron a instalarnos en el asfixiante penacho de gas del cráter Halema'uma'u aquel verano no se limitaron a la observación de la Tierra para conocer qué sustancias volátiles alberga y qué revelan los gases sobre el interior del volcán. Como ya hemos mencionado en el caso del agua, la lenta desgasificación volcánica ha tenido, y sigue teniendo, un efecto intenso en el medio ambiente de todo el planeta y en su evolución a una escala de tiempo geológica. En próximas aventuras descubriremos más sobre estos efectos volcánicos a largo plazo. Dicho esto, a pesar de su relevancia para conocer el pasado, presente y futuro más amplio de nuestro planeta, es difícil que nosotros notemos esos efectos a largo plazo y los tengamos en cuenta a la escala temporal de nuestras experiencias cotidianas o de nuestra breve vida humana, y hay maneras mucho más inmediatas de percibir la repercusión más general de los gases volcánicos. En 2008 acudimos a Hawái para observar no solo su interior, es decir, la red de tuberías magmáticas del Kīlauea, sino también su exterior, con el fin de averiguar qué efectos causan las partículas y gases volcánicos en la población local que vive a sotavento de la nueva chimenea.

Mientras nosotros realizábamos mediciones en el borde del cráter, otro equipo se afanaba en el lanzamiento de un globo equipado con instrumental hacia el penacho. La idea consistía en que aquel dispositivo flotara suavemente y se desplazara a sotavento del volcán junto con los gases y partículas emitidos, en su misma trayectoria, a medida que se mezclaban con el aire del entorno, y efectuara un seguimiento de los cambios inducidos por la mezcla tanto en el penacho como en la atmósfera. La mezcla de los humos volcánicos con la fina línea azul de nuestra atmósfera puede alterar el ambiente. Los efectos de los volcanes en la atmósfera son muy diversos y se producen a distintas escalas tanto temporales como espaciales, aunque quizá sean más fáciles de detectar cuando se producen de manera brusca y tienen un alcance planetario. Tras adentrarnos en el subsuelo, ahora tornaremos la vista hacia el exterior para reflexionar sobre la capacidad de estas fuerzas de la naturaleza procedentes de las profundidades de nuestro planeta rocoso para propagarse e influir incluso en los rincones del mundo más apartados de los volcanes a escalas temporales muy humanas. Hay ciertos tipos y tamaños de erupciones que nos hacen a todos mucho más conscientes, al menos de manera fugaz, de que somos parte de las aventuras volcánicas.

5

EL INVIERNO VOLCÁNICO

La capacidad de las grandes erupciones volcánicas para provocar un enfriamiento fugaz del planeta

En agosto de 1883, la pequeña isla volcánica de Krakatoa (también conocida como Krakatau y enclavada en el estrecho de Sonda, entre Sumatra y Java —Indonesia—) sufrió una destrucción cataclísmica en toda regla. Durante su clímax, el volcán expulsó unos 20 kilómetros cúbicos de roca incandescente, en su mayoría a modo de coladas piroclásticas que fluyeron por el archipiélago, desencadenaron tsunamis volcánicos y mataron a unas 36.000 personas. Al igual que Santorini, donde se produjo la erupción minoica de la Edad del Bronce, más grande y antigua, Krakatoa se encuentra en una de las zonas de subducción de la Tierra, donde los magmas emergen desde el manto mientras una placa tectónica se hunde debajo de otra. Al igual que en Santorini, la inmensa erupción indonesia se gestó a partir de magma viscoso y rico en sílice. Y, como la erupción minoica, la de Krakatoa devastó el paisaje del estrecho de Sonda y sus alrededores. Hubo que volver a trazar los mapas de esta arteria esencial para el comercio. Dos tercios de la isla de Krakatoa quedaron destruidos, y la erupción hundió una caldera submarina hasta los 250 metros de profundidad, donde se encuentra el fondo marino.

Como es natural, en los tres milenios largos transcurridos entre la erupción minoica de la Edad del Bronce y 1883 (un mero latido para este planeta), la civilización humana se había transformado. Aunque las fuerzas tectónicas que esculpieron los paroxismos volcánicos de Grecia e Indonesia desafiaron con indiferencia el avance de la sociedad humana, el contexto tecnológico de esta erupción de finales del siglo XIX cambió de manera radical la interpretación que hizo nuestra especie de aquel suceso. Gracias en gran medida a los cables telegráficos submarinos recién instalados, la erupción del Krakatoa fue la primera en llenar titulares de periódicos de todo el mundo pocas horas después de producirse. La erupción se convirtió en un acontecimiento global, y la rapidez con que se propagó la noticia permitió a observadores de todo el orbe relacionar con esta lejana devastación lo que podría haberse interpretado como fenómenos ajenos a ella. Aquel fatídico mes de agosto en Java destruyó muchas cosas de forma trágica, pero también abrió un capítulo nuevo en la comprensión humana de los volcanes como procesos de dimensiones planetarias. Los efectos de la erupción del Krakatoa se manifestaron de diferentes maneras en todo el mundo y plantearon interrogantes sobre la capacidad de una erupción volcánica breve para alterar la atmósfera y el medio ambiente, con qué alcance y durante cuánto tiempo, unas cuestiones que aún intentamos terminar de esclarecer en la actualidad. Antes de 1883 es probable que muchas personas consideraran remotas las áreas de influencia de las maravillas volcánicas, limitadas a los paisajes cercanos a ellas donde los magmas irrumpían a través de la corteza. Los sucesos de Krakatoa sentaron las bases para una percepción más amplia del alcance global de los grandes episodios volcánicos.

Los tentáculos de la erupción del Krakatoa se desplegaron por todo el orbe de muchas maneras. Grandes balsas de piedra pómez flotante gestadas durante la violencia volcánica se alejaron despacio de Indonesia mecidas por las olas del océano. Algunas arribaron a las costas de islas del océano Índico y del sureste de África a lo largo del año siguiente. Algunos testimonios hablaban de rocas balanceándose en el mar que portaban los trágicos restos de algunas de las desafortunadas víctimas del volcán. En Zanzíbar se encontraron cráneos y huesos humanos diseminados «a lo largo de la playa en la línea de la pleamar». Según la directora de una escuela local de misioneras, estaban «bastante limpios» y «sin ningún resto de carne». Imagino esta línea de costa de color marfil resplandeciendo macabra bajo el sol africano mientras los niños jugaban a lanzar contra las olas espumosas trozos de piedra pómez de una flotabilidad increíble.

Cuentan que las explosiones de la erupción emitieron los ruidos más atronadores que se han documentado jamás. Rompieron los tímpanos de las personas a bordo del buque británico RMS Norham Castle, situado a 60 kilómetros del volcán, y se oyeron en Singapur, que dista más de 850 kilómetros de allí, y es probable que aún más lejos. Las imperceptibles ondas de presión, más sutiles pero también más duraderas, crearon grandes picos de tinta en los gráficos de los barómetros de todo el planeta, lo que los transformó en sismómetros aéreos. A lo largo de quince días, la energía de la explosión creó un pulso que dio siete vueltas a la atmósfera antes de desvanecerse en el ruido de fondo.

Pero la erupción del Krakatoa no solo repercutió en todo el orbe mediante ecos atmosféricos sutiles y el despliegue de mantos de piedra pómez con cargamentos macabros transportados por las aguas del océano. Mientras trabajaba hace unos años en un artículo sobre relámpagos volcánicos, tuve la suerte de consultar un original del *Report of the Krakatoa Committee of the Royal Society* ('Informe del Comité de Krakatoa de la Royal Society') de 1888. Era un libro viejo y frágil y había que manipularlo con cuidado. La cubierta repujada estaba desgastada y descolorida, y de sus páginas emanó un olor a humedad cuando abrí el volumen. Al desplegar las primeras hojas encontré, para mi sorpresa inicial, una serie de seis cromolitografías impresionantes que reproducían las fases de una sola puesta de sol observada desde las orillas del río Támesis en el barrio londinense de Chelsea en noviembre de 1883. La puesta de sol se produjo aquel día a las 3:57 p.m., pero los bocetos en color de William Ascroft representan «la coloración final del rescoldo» a las 5:15 p.m. Los rojos intensos se degradan en amarillos vivos y, después, en encendidos naranjas, y «el incremento de la luz después de concluir el crepúsculo ordinario [...] es muy marcado». Estas seis imágenes se cuentan entre las 533 que elaboró Ascroft en los meses siguientes a la erupción, un periodo en el que se sintió fascinado por los coloridos cielos vespertinos.

En las islas Británicas, varios escritores habían notado y relacionado con la erupción estos fulgores crepusculares extraordinarios. En varios países tropicales, otras personas habían informado sobre tonalidades azules y verdes en el sol. En Brooklyn, Nueva York, los efectos del volcán impresionaron a un Frank Perret de 16 años que contempló el sol del ocaso «con el brillo de una esfera de cobre» debido al alcance de la erupción del Krakatoa, lo que seguramente sembró en él una de las semillas de la obsesión que más tarde lo animaría a ir en busca de volcanes por todo el orbe. En Poughkeepsie, situado al norte de Brooklyn siguiendo el río Hudson, los bomberos locales salieron de servicio para dar respuesta al «fulgor de una conflagración inmensa» que, sin embargo, resultó deberse al intenso colorido de la puesta de sol. La irónica noticia en el periódico local señala que «el sol es un cliente bastante grande en lo que a fuego se refiere, incomparable, ni de lejos, con el incendio de un granero. Creemos que los chicos hicieron bien en no malgastar en eso el agua de la manguera».

De acuerdo con las cuentas de Ascroft, los cielos espectaculares no desaparecieron por completo hasta comienzos de 1886, y estos fenómenos celestes se convirtieron en sinónimos de la erupción. Tempest Anderson habló de «puestas de sol de Krakatoa» observadas en el otoño de 1902 en Europa y consideró que no había «ningún motivo razonable para dudar que se debían al Santa María», cuya erupción había devastado el paisaje guatemalteco en el otro extremo del planeta. Nos sigue asombrando la repercusión que tuvieron aquellos cielos de Krakatoa en la mente humana. En 2004, un profesor de Astronomía revisó las circunstancias en que se pintó el cuadro de Edvard Munch titulado *El grito* y planteó que el conocido telón de fondo de la imagen de un cielo con «nubes de sangre y lenguas de fuego» lo inspiró una puesta de sol en los días posteriores a la erupción del Krakatoa. Esta idea es mera especulación, pero la entrada del diario de Munch en la que se menciona que la inspiración para ese cuadro llegó de la sensación de «un gran grito interminable taladrando la naturaleza» un atardecer mientras caminaba cerca de Oslo concuerda, seguramente por mera casualidad, con el resto de fenómenos de sonido y sufrimiento que acompañaron a la erupción.

En la actualidad aún notamos estos espectáculos de luz en el cielo después de una erupción. Tras la del volcán Kasatochi de Alaska en el verano de 2008, bulleron en internet los testimonios de inusuales atardeceres de encendidos tonos naranjas y anillos de color rojo rubí alrededor del planeta Venus. Por entonces asistí a una boda en East Portlemouth, en Devon, y durante la puesta de sol sobre el muelle de la ciudad de Salcombe, tuve el convencimiento de que el volcán había pintado para nosotros aquellos colores flamígeros en el cielo resplandeciente. Aunque es difícil saber si mi idea tenía alguna solidez científica, la compartí con otros invitados y sin duda fue perfecta para entablar conversación.

Por muy intrigantes que resulten las ondas de choque atmosféricas, los ardientes atardeceres y las balsas de piedra pómez (con sus espantosos cargamentos), tal vez no sean fenómenos muy impresionantes como efectos volcánicos a escala mundial. Pero entre los colores espectaculares de los atardeceres de Ascroft se ocultan mensajes más trascendentes sobre las alteraciones que causan las erupciones volcánicas en la atmósfera terrestre y su equilibrio energético. Ya en 1883, el periodista de Poughkeepsie atribuyó el peculiar fulgor del cielo que había puesto en movimiento a los esforzados bomberos al «reflejo de los rayos del sol poniente en la bruma del horizonte». Esta explicación capta la esencia de la ciencia que hay en esas puestas de sol, pero una explicación más completa refinaría el concepto bien conocido de la *reflexión* de la luz con el proceso más esotérico del *esparcimiento*, el cual implica el cambio en la trayectoria de la luz cuando esta choca con una molécula o partícula de la atmósfera. Cada vez que salimos al exterior durante el día, nos bañamos en fotones esparcidos procedentes del Sol. El esparcimiento es la razón por la que el cielo es azul; de hecho, es la razón por la que el cielo tiene color en lugar de ser un fondo negro como el que vemos en las fotografías tomadas desde la superficie de la Luna. La Tierra, a diferencia de la Luna, posee una atmósfera considerable, y las moléculas del aire esparcen la luz del sol cuando esta lo atraviesa, lo que la redirige en ángulos oblicuos y hacia nuestra retina cuando miramos el cielo. Este tipo de esparcimiento es más eficaz cuanto más se acerca el tamaño de la longitud de onda de la luz al tamaño de las moléculas del aire. Las moléculas del aire son unas mil veces más pequeñas que las longitudes de onda de la luz visible, pero las bandas de la luz azul y la luz violeta, situadas en un extremo del arco iris contenido en cada rayo solar de luz blanca, tienen longitudes de onda más cortas que las bandas de los tonos rojos y naranjas. Esto significa que los fotones azules y violetas se desvían más de su trayectoria recta, de manera que estas longitudes de onda tienden a llegarnos más cuando dirigimos la mirada hacia un trozo de cielo despejado de nubes, lo que nos lo muestra de color azul. «Suficiente cielo azul para hacer un par de pantalones marineros» solía decir mi abuela cuando en días lluviosos las nubes se despejaban lo bastante como para que pudiéramos salir a la calle.

Al atardecer, cuando los rayos del sol caen más inclinados y recorren un trozo de atmósfera mucho más grande que en las horas centrales del día, vemos cada vez menos el extremo azul del espectro porque el esparcimiento lo desvía antes de que nos alcance. Si en el cielo hay polvo u otras partículas en suspensión, estas también esparcirán la luz e intensificarán las tonalidades. Cuando me siento a contemplar la puesta de sol sobre el Támesis en Oxford, me gusta pensar que la luz azul de los rayos que yo recibo de color naranja encendido tal vez esté levantando el ánimo a los amigos que tengo en lugares como Nueva York o Boston si están mirando el cielo en ese momento. Los atardeceres rojizos explican en parte por qué el cielo es azul. Los colores encarnados de las puestas de sol son los rescoldos fulgurantes del día, aunque en realidad son los restos ardientes del día de otra persona y de un día que aún no ha terminado en algún lugar del oeste.

Cuanto más largo es el tramo de atmósfera que recorren los rayos del sol, más esparcimiento sufren las longitudes de onda más cortas, y más roja se torna la luz. A veces, el sol se ve tan grande y rojo cuando se pone sobre el mar en Devon que parece que se va a tragar las olas y a arrastrarme consigo mientras navego en mi kayak. Después de la erupción del Krakatoa, la parte superior de la atmósfera, más en concreto la estratosfera, quedó empañada por el gas y las partículas volcánicas lanzadas por la energía de la erupción desde la atmósfera inferior hasta más de 25 kilómetros de altura. A esta altitud, el cóctel de las emisiones volcánicas y su composición química intensificó el fenómeno del esparcimiento que produce la atmósfera en condiciones normales, lo que acentuó su paleta de colores y zambulló el mundo entero en las «puestas de sol de Krakatoa» que tanto intrigaron a Perret y alarmaron a los bomberos de Poughkeepsie.

Este refuerzo del esparcimiento estratosférico también mantuvo los cielos iluminados más allá de la duración habitual del crepúsculo. En las capas altas de la atmósfera, la luz del sol rebotaba contra las partículas emitidas por el Krakatoa incluso después de que nuestra estrella se hubiera puesto tras el horizonte, lo que iluminaba la parte inferior de la atmósfera ya en penumbra (la troposfera) y a observadores como Ascroft mientras realizaba sus frenéticas pinturas junto al Támesis. La representación de esa claridad posterior al ocaso, o «rescoldo», que captó él a las 17:15 aquel atardecer de noviembre de 1883 fue uno de los elementos que más me impactó, igual que a otros, cuando la encontré por primera vez conservada en el volumen de la Royal Society: una reverberación del orbe solar más de una hora después de que se escondiera tras el horizonte occidental, pero reflejada hacia su consciencia por el velo de bruma estratosférica que generó el volcán.

Pero esta interacción entre la bruma volcánica de la estratosfera y la radiación solar conlleva otros efectos aparte de los preciosos colores que adquiere el cielo al atardecer. El Sol no solo nos brinda luz, sino también un calor que condiciona el clima y los ciclos hidrológicos y que permite que este planeta sea un mundo rebosante de vida, único hasta donde sabemos. Por extraño que parezca, a pesar de la asidua catalogación de los efectos de la erupción del Krakatoa en la presión barométrica y la tonalidad del cielo, en la década de 1880 no se reparó de inmediato en la toma de registros de temperatura a nivel mundial después de aquel episodio volcánico. Cuando al fin se recopilaron esos datos, revelaron un descenso de la temperatura planetaria global cuyo valor medio en el hemisferio norte ascendió a 0,5 ºC. A pesar de la notoriedad y la importancia del suceso de Krakatoa por ser el primer fenómeno volcánico con cobertura mediática en todo el mundo, no era la primera vez que el planeta sufría un enfriamiento global debido a una erupción, ni tampoco fue el caso más extremo que ha detectado la ciencia.

Ya en los tiempos del Imperio Romano, la incidencia en el clima de las erupciones volcánicas dio pie a algunas conjeturas. El historiador griego Plutarco escribió que la bruma de la erupción del Etna en el año 44 a. C. volvió tan tenues los rayos del sol que la fruta no llegaba a madurar y se estropeaba en los árboles con el frío. En Roma, la atenuación de la luz solar coincidió con el asesinato de Julio César, y parece ser que en la mente de muchos romanos la erupción se relacionó con la muerte del emperador. Si avanzamos casi dos milenios, nos encontramos con el polímata estadounidense Benjamin Franklin, a quien se le atribuyen las primeras mediciones científicas de esta conexión que tal vez suene paradójica entre las elevadas temperaturas de una erupción volcánica y un enfriamiento posterior del clima. En 1783 vivía en Francia como embajador estadounidense y quedó fascinado por la rareza del clima ese año. Aquel verano había descendido sobre Europa una neblina seca que atenuó los rayos del sol hasta tal punto que «al concentrarlos en el foco de una lupa apenas lograban prender el papel de estraza». La superficie del planeta «se congeló antes de tiempo» aquel año, y «el invierno de 1783-1784 tal vez fuera el más crudo en muchos años». Franklin y otros estudiosos sumidos en la misma bruma plantearon la hipótesis de que estaba relacionada con un volcán de Islandia. Como veremos, el volcán en cuestión era la fisura del Laki, cuya erupción desgarró la isla durante varios meses entre 1783 y 1784.

El clima volvió a revelarse extraño en los años siguientes a 1815. El verano de 1816 fue excepcionalmente frío en Nueva Inglaterra, Canadá y Europa occidental. Los registros tomados desde Yale, en Estados Unidos, la llanura de Lancashire, en Inglaterra, y Ginebra, en Suiza, lo documentaron como el verano más frío desde que empezó a haber registros. En Nueva Inglaterra nevó en junio, y aquel año quedó plasmado en el folclore local con la canción «Eighteen Hundred and Froze to Death». Muchas personas emigraron a los estados del oeste. Las cosechas se malograron, y la escasez de alimentos fue generalizada. En Francia estallaron revueltas. En Suiza se informó de que la población comía todo lo que caía en sus manos: desde musgo hasta carne de gato. En el verano de 1816, lord Byron, Percy Bysshe Shelley y Mary Godwin (más tarde conocida como Mary Shelley) pasaron las vacaciones juntos a orillas del lago Lemán, y la lluvia incesante apenas los dejó salir al exterior. Se divertían contando historias de fantasmas, y aquella meteorología sombría inspiró a Mary la concepción de su obra maestra de la literatura gótica *Frankenstein*, y a Byron, su apocalíptico poema titulado «Darkness» ('Oscuridad'): «La mañana llegó y pasó, y tornó a venir y no trajo consigo el día».

Es indudable que la meteorología del año 1816 se consideró excepcional en términos generales. El político estadounidense Thomas Jefferson escribió a un viejo amigo en septiembre: «Hemos tenido el año más extraordinario de sequía y frío que se ha visto nunca en la historia de América». Desde entonces se lo conoce como el «año sin verano». Muchos pensadores se esforzaron por encontrar una explicación. Las que propusieron incluyeron manchas solares, hielo ártico en el Atlántico Norte e, irónicamente, también los pararrayos inventados por Franklin, pese a que él mismo llegó a intuir lo que ahora consideramos la verdadera causa. A pesar de la acumulación de noticias en numerosos periódicos sobre la aparición de grandes islas flotantes de piedra pómez en el océano Índico, nadie llegó a unir todos los puntos para inferir la verdadera razón. En abril de 1815, a un mundo de distancia del encierro de Godwin, Shelley y Byron en las tinieblas del lago Lemán, el volcán del monte Tambora de la isla de Sumbawa, situada en la actual Indonesia, había sufrido la erupción explosiva más grande conocida en los últimos 500 años y se había cobrado la vida de al menos 71.000 personas.

A pesar de tener un tamaño bastante mayor y de causar muchas más muertes que el episodio del Krakatoa ocurrido sesenta y ocho años después, la erupción descomunal de Tambora no parece haber formado parte de la conciencia global de la misma manera. Probablemente se debió a que en 1815 las noticias solo viajaban a la velocidad a la que los buques transportaban las cartas. Es posible que también contribuyeran a ello distracciones debidas a otros acontecimientos importantes acaecidos al mismo tiempo, como el fin de las guerras napoleónicas. Puesto que esta primera erupción alteró la meteorología mundial con más claridad que la del Krakatoa, en caso de haberse producido a la inversa ambos episodios, tal vez el tema central del volumen de la Royal Society habría sido la relación entre los volcanes y el clima en lugar de poner el énfasis en las puestas de sol y las ondas de presión que causó la erupción. Como especialistas en ciencias de la Tierra, a menudo nos encontramos al albur de los acontecimientos que depara el planeta. Solo podemos estudiar los sucesos que la naturaleza nos ofrece «en directo» durante la brevedad (en términos geológicos) de nuestra vida humana, y solo podemos trabajar con la tecnología disponible en cada momento. Para desvelar los mecanismos que permiten a los volcanes alterar la climatología mundial e inferir un invierno volcánico en verano como el que se vivió tras la erupción del monte Tambora, hubo que esperar a avanzar mucho más en cuanto a instrumentación, medición y conocimiento de nuestro planeta a escala global. Esto implica avanzar en el tiempo desde esas grandes erupciones de los siglos XVIII y XIX hasta una época en que la ciencia dispone de datos mucho más amplios sobre erupciones ocurridas en cualquier parte del mundo, una época en que hemos perforado los glaciares polares hasta grandes profundidades para contemplar el pasado de nuestro planeta, en que se efectúan incursiones rutinarias en avión en todos los niveles de la atmósfera, en que disponemos de modelos informáticos para desentrañar la caótica sucesión de causas y efectos dentro de la mareante complejidad del sistema climático y en que constelaciones de satélites dan vueltas alrededor del planeta para enviarnos grandes cantidades de datos que nos permiten ver nuestro mundo como nunca antes de manera habitual.

Observaciones como las que registraron Plutarco y Franklin situaron con solidez la neblina volcánica en la raíz de los fenómenos climáticos y atmosféricos posteriores a las erupciones. El esclarecimiento de la composición de la química específica de esta niebla oscurecedora del sol ha sido clave para entender cómo enfrían el clima los volcanes. Cuando los científicos comenzaron a revisar la relación entre las erupciones volcánicas y el enfriamiento durante la primera mitad del siglo XX, dieron por supuesto que esta bruma estaría formada en buena medida por el mismo polvo de silicatos que compone la fina ceniza volcánica. El empleo de aviones para la toma directa de muestras de partículas de la estratosfera en 1963, tras la erupción del monte Agung en Indonesia, reveló algo distinto. En lugar de consistir en rocas pulverizadas muy finas, la neblina volcánica era sobre todo ácido sulfúrico. La ceniza, incluso la más fina, se asienta y desaparece de la atmósfera demasiado rápido como para alterar el clima durante meses o años.

A partir de la segunda mitad del siglo XX también se han encontrado signos del alcance mundial del azufre volcánico en testigos de hielo. Estos cilindros alargados de agua en estado sólido se extraen perforando los casquetes de hielos perpetuos del planeta en lugares como la Antártida y Groenlandia. Ahí, las nieves se acumulan año tras año y poco a poco se comprimen en finas capas anuales de hielo glacial. Estas láminas translúcidas de nieve compactada portan aplastado en su interior un registro, una memoria, de milenios y milenios de historia planetaria. La información sobre el pasado de la Tierra se encuentra retenida en las diminutas burbujas del hielo, codificadas en las impurezas atrapadas en su red y hasta escritas en los sutiles cambios detectados en la masa de las propias moléculas de agua (el balance isotópico).

En la sede del British Antarctic Survey (BAS) de Cambridge tuve la suerte de que me enseñaran un trozo de hielo perteneciente a una nevada que cayó hace unos 140.000 años. Estaba cuidadosamente envuelto en plástico y guardado dentro de un cofre de poliestireno en una cámara frigorífica, listo para su estudio. Uno de los científicos nos mostró un corte de hielo menos preciado. Las diminutas burbujas atrapadas en su interior lo asemejaban a vidrio esmerilado. En la matriz de testigos de hielo como estos se ocultan los restos químicos de explosiones volcánicas antiguas que de otro modo serían ignotas para la geología. En algunos casos se manifiestan en forma de fragmentos minúsculos de ceniza, pero lo más habitual es que se revelen como picos en nuestros instrumentos de análisis que evidencian un incremento inusual de sulfatos y acidez en el hielo. Estas láminas translúcidas de tiempo congelado son el gélido lugar donde encuentra su reposo final el azufre derramado y lanzado desde el interior de la Tierra en un momento de agitación geológica pretérita. El hielo correspondiente a los años posteriores a la erupción del Tambora en 1815 revela un gran pico de sulfatos y acidez en muchos testigos de hielo procedentes de todo el globo: los restos asentados del gran manto de aerosoles de sulfatos volcánicos que se tendió sobre el planeta después de la erupción. En estas muestras encontramos signos de numerosos cataclismos volcánicos, puntos de unión entre instantes temporales concretos señalados a través de sus registros. En el caso de algunas erupciones conocidas a lo largo de la historia humana, como las del Tambora y el Krakatoa, los picos en las gráficas que indican variaciones en las concentraciones de sulfatos a medida que aumenta la profundidad del hielo constituyen complejos epitafios de las víctimas del volcán. Los volcanes causantes de algunos de esos picos siguen siendo un misterio. Pero cuando aparecen en el hielo de ambos hemisferios, podemos imaginar a nuestros antepasados escalofriados con sus consecuencias. En la gélida cámara frigorífica del BAS no es difícil encontrar casos así.

Durante más de dos décadas he estudiado de vez en cuando y de diferentes maneras los aerosoles de sulfatos volcánicos y sus efectos. Ya he descrito la neblina que envuelve a mediodía el borde del cráter del Masaya, en Nicaragua, así como la opaca y cargante humedad de la densa nube que emitía el cráter Halema'uma'u durante las aventuras que viví para tomar muestras de sus penachos. Las mediciones tomadas por mí y por otras personas han revelado que, incluso recién salida de la boca de los volcanes, esta neblina se compone en buena medida de gotitas minúsculas (aerosoles) de ácido sulfúrico suspendidas en la corriente del resto de gases volcánicos. Su mera apariencia, unas veces como la bruma típica de los espejismos y otras como una opacidad más parecida a una nube, evidencia que estos aerosoles interaccionan con la luz solar y la modifican a través del fenómeno del esparcimiento ya mencionado con anterioridad. El esparcimiento se percibe muy bien a simple vista: por ejemplo, cuando sabemos hasta qué distancia alcanzamos a ver con claridad y con qué nitidez se distinguen los objetos con buen tiempo y cómo cambia todo eso cuando hay bruma. Sabemos que en días nublados dejamos de ver las colinas situadas en un horizonte distante o, con nieblas muy densas, incluso nuestras propias manos al estirar los brazos al frente. Pero para conocer con más precisión la interacción entre la luz y los aerosoles es indispensable expresar en números esas variaciones. Debemos medirlas de manera que podamos cotejarlas con nuestras teorías y cálculos, y eso significa no depender tan solo de la percepción humana y cuantificar la intensidad de la luz mediante alguna escala objetiva. Franklin reparó en la inusual incapacidad de la luz del sol para prender un papel. Hoy en día utilizamos la electrónica para contar los fotones de luz que atraviesan un tramo concreto de la atmósfera hasta llegar a un detector.

El esclarecimiento de las propiedades y los efectos de la bruma que emiten los volcanes es importante para entender los fenómenos que señalaron Franklin en 1783 y otros estudiosos tras la erupción del Etna, el Tambora y el Krakatoa. En la actualidad llevamos más de veinticinco años supervisando la neblina atmosférica global, o la profundidad óptica de los aerosoles, por usar un término más técnico, mediante una red de instrumentos denominados fotómetros solares y apuntados hacia el cielo. También usamos versiones portátiles más pequeñas de estos instrumentos colocadas cerca de volcanes humeantes para observar más de cerca cómo cambian los rayos solares con sus penachos de aerosoles. Esto fue lo que me llevó a Chile en 2003 para encontrarme por primera vez con los volcanes de este alargado y angosto país cercado por el Pacífico, los Andes y el océano Austral. En el libro de memorias *Mi país inventado*, publicado poco después de mi primera visita allí, la escritora chilena Isabel Allende describe esta nación como «una lanza al sur del sur de América». Este lugar «sacudido por los suspiros de centenares de volcanes» es un destino fabuloso para vivir aventuras volcánicas y al que siempre regreso para efectuar mis estudios.

El volcán Villarrica fotografiado desde Pucón en el año 2003.

A veces me preguntan cuál es mi volcán preferido. Parece imposible responder a eso, pero si me apuran para que lo haga y prosiga la conversación, suelo decir que el Villarrica, situado en el centro del sur de Chile. La sinuosa columna vertebral de Sudamérica que representa la cordillera de los Andes es más baja aquí que en el norte del país. El clima es húmedo, y la vegetación, exuberante. En *Mi país inventado*, Allende describe la zona del Villarrica (o Rucapillán, que en lengua mapuche significa «morada del Pillán», que es un espíritu poderoso) como «una región encantada de bosques, lagos, ríos y volcanes». Cuando llegué por primera vez al lugar aquel mes de febrero de 2003, la cubierta de nubes era baja, y la lluvia caía del cielo con generosidad. Como dice Allende, «lluvia y más lluvia alimenta la enmarañada vegetación de la selva fría, donde crecen nuestros árboles nativos». Cuando no tenía a la vista la cordillera de los Andes para servirme de referencia, me recordaba mucho a la región británica del Distrito de los Lagos, también conocida por sus lluvias frecuentes. En ambos lugares, el paisaje soporta en los torrentes la presión del agua que cae del cielo y desciende por las pendientes. Igual que en esas montañas británicas, los aguaceros forman aquí cascadas que se manifiestan en el paisaje en un estado latente más sutil, pero que se abren como branquias blancas que la meteorología ensancha o como cortinas rasgadas que penden de la base de las nubes y contrastan con las verdes laderas. Cuando llegué allí después de pasar tres semanas en el desierto de Atacama, fue extraño para mí, nacida y criada en las húmedas islas Británicas, ser más consciente de los frenéticos chorros de agua martilleando contra los tejados y el paisaje, y las nubes bajas me infundieron al principio una sensación desacostumbrada de claustrofobia.

Este paisaje fue observado durante siglos por geólogos que aspiraron a explicar el mundo. Charles Darwin visitó la región en el verano austral de 1834-1835 durante el viaje del Beagle. Sus diarios incluyen las terribles consecuencias del terremoto de Concepción ocurrido en febrero de 1835, mitos locales sobre conjuros para contener la actividad de un volcán y una crónica sobre una pequeña erupción nocturna del volcán Osorno. Esta concatenación de vivencias cercanas de actividad sísmica y volcánica («que son parte de uno de los fenómenos más grandiosos a los que está sujeto este mundo») lo animó a reflexionar sobre teorías geológicas a una escala planetaria, pero al mismo tiempo le costó mucho permanecer indiferente al esplendor del paisaje. Aunque Darwin señala que echó una ojeada al volcán de Villarrica, «generalmente activo», durante su estancia allí se mostró «bastante tranquilo». Su descripción del Osorno, «esa montaña bellísima con forma de cono perfecto y blanco de nieve», coincide con la belleza que yo veo más bien en el Villarrica, pero lo cierto es que esos mismos rasgos también son característicos de varios de los majestuosos picos que embellecen este paisaje.

El Villarrica es, sin duda, un monte muy atractivo. La simetría de su desparramado cono es sobrecogedora desde numerosos ángulos, y el manto de nieve que lo cubre mengua y aumenta con las estaciones y despliega gélidos dedos blancos por sus laderas. Pero su belleza no es lo único que lo convierte en mi volcán preferido. La verdadera razón se encuentra en una vivencia que tuvimos allí en 2003, una situación surrealista. Cuando llegamos a Pucón, la ciudad situada al pie de la montaña, nos costó encontrar alojamiento. La lluvia parecía interminable, y ya nos habían advertido de que el mal tiempo podía durar semanas por aquellos lares. No podíamos trabajar en el volcán en esas condiciones, de modo que, mientras deambulamos por la ciudad en busca de un lugar en el que hospedarnos, fue difícil no caer en el desánimo. Tras pasar una noche en un hotel que se salía por completo de nuestro presupuesto, las cosas empezaron a mejorar. Encontramos un alojamiento asequible en una cabaña de madera dentro de un camping junto a la carretera que sube hasta el volcán, y la persona que nos cobró la estancia nos invitó a asistir a una barbacoa esa misma noche. La lluvia también había empezado a remitir y, aunque todavía no había ni rastro de la montaña entre las nubes, al menos ya no estábamos sin techo y nos ilusionaba la idea de reunirnos con las gentes del lugar.

Aún era verano, pero la lluvia había refrescado el ambiente nocturno, y el olor a leña quemada que salía de las chimeneas de las cabañas flotaba en el aire mientras descendíamos hacia el lugar del encuentro. Enseguida nos llamaron la atención dos cosas. En primer lugar, que una barbacoa en Chile suele tener un significado muy distinto del que le damos en nuestra tierra. Al llegar nos encontramos a un hombre muy grande empuñando un cuchillo enorme y una botella de pisco a medio terminar mientras asaba un cerdo entero ensartado en un espetón. En segundo lugar, resultó que las siete de la tarde tampoco significaba que hubiera que llegar a las siete de la tarde en punto, y nuestra puntualidad británica nos llevó hasta allí demasiado pronto. A aquello le siguió alrededor de una hora de torpe conversación con nuestro nuevo conocido, lo que puso a prueba nuestro limitado vocabulario en español mientras él se emborrachaba cada vez más. Durante aquella incómoda situación, el volcán decidió hacer una de sus apariciones. En un instante que recuerdo con un aura casi mística, las nubes se abrieron y de repente lo vi ahí, mucho más cerca de lo que había imaginado, con sus flancos oscuros ascendiendo hacia la corona blanca de hielo y sus bocanadas perfectas de nubes desprendiéndose de la cumbre. En mi cabeza, tal vez ayudada por el pisco, sonaron trompetas de ángeles. «Villarrica, beautiful», reconoció el chef chileno, agitando el inmenso cuchillo con cierto peligro en la dirección del monte. Poco después, fueron llegando otros chilenos y entonces dio comienzo la fiesta, que se prolongó hasta bien entrada la noche. Amanecimos tarde al día siguiente y encontramos el lugar desierto y sin ningún rastro de la celebración. Fue como si hubiéramos estado soñando toda la noche. Resultó que la persona que nos había alquilado la cabaña no era, en realidad, quien regentaba el campin, sino tan solo la encargada de atender las instalaciones durante la noche en ausencia de los dueños. Jamás volvimos a ver al resto de la gente con la que estuvimos de juerga. Además, cuando llegó el momento de irnos dos semanas más tarde, creímos entender (a través de nuestro español más bien precario) que la barbacoa de la primera noche posiblemente se pagó con el dinero de nuestra estancia, que entregamos íntegro al llegar y que, al parecer, no había pasado jamás por las manos de su propietario legítimo. Al margen de estas dificultades, al día siguiente el tiempo había mejorado, y la ruta se abrió para nuestra primera expedición a la montaña.

El ascenso al Villarrica es una larga marcha por un camino serpenteante tallado en el hielo. La cubierta glaciar del Villarrica es lo que queda de una gran capa de hielo que tapizó esta zona durante la última glaciación y que, como muchas otras cubiertas y glaciares de la región, ha ido menguando con más rapidez en los últimos años. Durante aquel primer ascenso nos unimos a un grupo de turistas conducido por un guía local. Hacía semanas que no se podía subir debido al mal tiempo, así que ese día había muchos grupos ascendiendo en filas apretadas y con pisadas firmes sobre las huellas congeladas de quienes iban delante. Nos detuvimos a hacer una pausa en un lugar donde una colada de lava oscura y retorcida asomaba entre la nieve. Encaramada a una piedra afilada, contemplé la gélida cicatriz que había dejado un flujo de roca fundida sobre el resplandeciente lienzo de hielo. Otra mañana también nos detuvimos a descansar en ese lugar y admiramos las flores de escarcha que se habían formado durante la noche sobre la fibrosa colada de lava cual espuma sobre un océano petrificado. Cerca de la cima, la blanca nieve estaba salpicada de restos volcánicos, lo que creaba otra extraña textura ondulada allí donde las manchas de roca oscura resaltaban el discurrir del hielo y las grietas fundidas en él: capas de roca y hielo que plasmaban los paisajes en remodelación permanente surgidos de la interacción entre ellas.

Cuando logramos situarnos por encima de la desbaratada cubierta de nubes, apareció ante nosotros el pico doble del volcán Llaima. Al igual que en el Masaya, el magma caliente tampoco estaba lejos de la superficie en el Villarrica. Aunque los densos vapores impedían ver el magma, este se dejaba sentir no ya en el gas ardiente, sino también en el ocasional estruendo de una explosión pequeña seguido por el tamborileo que causaba sobre el terreno la caída de cenizas, trocitos de escoria negra brillante (el equivalente basáltico de la piedra pómez) y delicada reticulita vítrea de color gris. A veces, esta lluvia ligera de rocas caía sobre nosotros durante la ejecución de nuestras actividades. Mientras las bombas de muestreo realizaban su trabajo, nosotros nos movíamos por el borde del cráter recolectando los fragmentos caídos. Se reconocían con facilidad porque eran trozos del tamaño de ciruelas de un tesoro negro como el azabache que brillaba al sol cuando estaba fresco. Aún conservo algunos de esos fragmentos, y durante cierto tiempo me resultaron útiles en mis presentaciones para mostrar en los colegios que algunas rocas son más jóvenes que su alumnado, aunque la mayoría de las piedras sean muy antiguas.

Además de tomar muestras con bombas y de medir gases, también nos detuvimos a analizar las características ópticas de las partículas y gotitas que pululaban por la nube del penacho

Escarcha sobre lava fotografiada durante un ascenso matutino al Villarrica en 2003.

empleando un fotómetro solar portátil. Para ello había que apuntar con precisión hacia el sol el pequeño aparato (una cajita del tamaño de un libro de tapa dura) y, a través de un orificio, alinear una proyección del orbe solar con el centro de una pequeña diana situada en el frontal del instrumento. Era complicado y requería paciencia y una mano firme, algo especialmente difícil con los intensos vientos que soplan en las cumbres. Las primeras veces que lo intenté no conseguía situar el sol en la diana o inclinaba demasiado el aparato y veía oscilar el pálido círculo amarillo muy desviado del blanco. Como ocurre con la mayoría de las cosas, mejoré a fuerza de práctica, pero desde la distancia podía dar la curiosa impresión de que había subido hasta la cima de un volcán para entretenerme con uno de esos exasperantes juegos que consisten en equilibrar canicas en un laberinto. En el interior del instrumento, la óptica y la electrónica descomponen los rayos solares para medir su intensidad en las longitudes de onda seleccionadas. Si hubiera podido ver el interior del fotómetro y trazar el origen de los números que arrojaban las hojas de cálculo al final del día, habría visto una medición en luz púrpura, otra bañada en naranja chillón y, después, dos canales en las longitudes de onda no visibles y amplias de la luz infrarroja.

Antes de empezar, debíamos medir con precisión la hora, la fecha y la longitud y latitud de la ubicación. Los procesadores del fotómetro combinan todos esos datos para calcular la cantidad de atmósfera que han atravesado los rayos solares, lo que permite determinar, a partir de las mediciones, la transparencia u opacidad comparativa (la profundidad óptica). Al recostarme sobre el terreno irregular y fragmentado de la cima del Villarrica para situar el sol en la línea de visión, yo misma notaba la disminución de la luz y el calor cuando por encima de mi cabeza salían bocanadas más densas del penacho, a veces acompañadas por el suave golpeteo de la escoria y las cenizas lanzadas por un gran estallido de gas en la lava inaccesible a la vista y situada más abajo. Cuando en la cabaña al pie de la montaña descargaba los datos recopilados, aquellas percepciones mías se transformaban en números fechados dentro de las hojas de cálculo del ordenador. Por muy aburridas que puedan parecer a primera vista estas hojas repletas de números, toman otro cariz cuando piensas que cada fila cuenta la historia de un viaje. Cada valor en cada una de las celdas revela el camino que han seguido los fotones captados después de viajar durante ocho minutos luz por el gélido vacío que separa la Tierra del Sol, de atravesar las múltiples capas de la atmósfera y, después, las partículas y el gas del penacho del Villarrica para concentrarse al fin en mi detector. Los registros tomados bajo el penacho aquel día midieron con precisión el debilitamiento de la luz y el calor que yo noté cada vez que salía una bocanada de material. Al igual que las nubes, el penacho del Villarrica se ve blanco y resplandeciente desde arriba. Las partículas de sulfatos de los volcanes se comportan como espejos imperfectos, y algunos de los fotones del sol salen rebotados de nuevo hacia arriba, hacia la negrura del espacio. El jadeante volcán establece un límite de influencia por debajo del cual sus emisiones oscurecen el mundo y por encima del cual lo iluminan.

El penacho volcánico del Villarrica apenas repercute en el balance térmico del planeta. La magnitud de las suaves emisiones de este cono nevado difiere mucho de la violencia épica que manifestaron los montes de Indonesia en 1815 o 1883. Pero la cantidad de material volcánico expulsado no lo es todo. El espectáculo multicolor que alimentó la obsesión de Ascroft por las tonalidades del atardecer entre 1883 y 1886 reproducidas en sus numerosas obras de arte esconde también una enseñanza sobre la estructura de la atmósfera de la Tierra. Para que una erupción volcánica breve tiña nuestros cielos durante años, como la del Krakatoa, o deje sin verano una región, como la del Tambora, es necesario que las emisiones del volcán perduren en la atmósfera. Esto suele requerir una columna pliniana elevada que alcance grandes altitudes en el cielo arrastrada por corrientes térmicas. Se ha estimado que la altura de la erupción del Krakatoa superó los 25 kilómetros. Y algunas valoraciones sitúan la del Tambora por encima de los 40 kilómetros.

Pero no todo se reduce a que lo que sube más tarda más en bajar. La atmósfera terrestre cambia a medida que se asciende por ella y se estructura en niveles crecientes o, para ser más exactos, en esferas concéntricas. Nuestra vida transcurre dentro de la troposfera situada en su base. El calor de la superficie que hay debajo de ella mantiene el aire de la troposfera en movimiento constante al albur de la convección y en diálogo permanente con el rozamiento de la superficie terrestre. El aire troposférico también mantiene un intercambio constante con los océanos absorbiendo agua por evaporación y generando nubes y fenómenos meteorológicos. Todo este movimiento y esta mezcla con agua desvanece cualquier cosa mínimamente pegajosa, soluble o reactiva con agua que haya en las emisiones volcánicas. Esto significa que gases como el dióxido de azufre tienden a disiparse de la troposfera en cuestión de días o semanas. El dióxido de azufre y la bruma de sulfatos que escapaban de la cumbre del Villarrica hacia la troposfera mientras yo realizaba mis estudios allí no permanecerán en la atmósfera el tiempo suficiente para propagarse por todo el orbe, sino que el viento y la meteorología los arrastrarán hasta el suelo dentro de la región de bosques, lagos, montañas, pampas y océanos situada a sotavento de su majestuoso pico.

Pero, a medida que se asciende por encima de unos 12 kilómetros de altitud (más arriba en el ecuador terrestre y más abajo en los polos) por las capas cada vez más extensas de aire menos denso, nos adentramos en un territorio nuevo. Aquí, en la estratosfera, la arquitectura térmica de la atmósfera cambia. A esta altitud, los rayos del sol contienen fotones ultravioletas, de alta energía, que chocan contra las moléculas de oxígeno, las disocian y liberan dos átomos de oxígeno, de manera que cada uno de ellos se une a otra molécula de oxígeno y crea una molécula de oxígeno triple llamada ozono. Entonces, más radiación ultravioleta puede volver a descomponer esas moléculas de ozono, y este ciclo continuo de creación y destrucción de ozono obra la alquimia de transformar la radiación ultravioleta en energía calorífica. Este proceso cíclico implica un calentamiento de la estratosfera desde arriba mediante la absorción de radiación solar. De modo que las capas de gas más caliente se instalan encima del gas más frío que hay debajo. A diferencia de la frenética convección que impera en la troposfera, esta disposición es muy estable (o estratificada), y la mezcla vertical entre las distintas envolturas de aire estratificadas es más lenta. Como el ascenso del aire hasta la estratosfera desde la parte inferior debe atravesar las frías secciones superiores de la troposfera, lo que la despoja de buena parte de su humedad por liofilización, la estratosfera también es seca y, en gran medida, carece de meteorología.

El desenfrenado intercambio de fotones y electrones que se produce a diario sobre nuestras cabezas y desencadena el ciclo del ozono elimina los dañinos rayos ultravioletas procedentes del sol antes de que nos alcancen. En la década de 1980, científicos del British Antarctic Survey (BAS) y de otros organismos detectaron una reducción veloz del ozono sobre la Antártida que con posterioridad se demostró causada por las emisiones humanas de productos químicos con halógenos, los CFC, empleados para fabricar aerosoles y refrigerantes. A pesar de la exitosa retirada de esas sustancias, el agujero de ozono no ha empezado a mostrar signos de recuperación hasta hace bien poco. Si los CFC tardan mucho tiempo en desaparecer de la estratosfera una vez que llegan a ella, es debido a la estructura relativamente seca y estable de esta capa de la atmósfera. Y lo mismo ocurre con los gases volcánicos. Cuando volcanes como el Krakatoa y el Tambora expulsan penachos a tanta altura que llegan hasta la estratosfera, sus exhalaciones tardan mucho más en disiparse que otras que no pasan de la troposfera. Los gases sulfurosos del volcán intercalados dentro de las estables capas gaseosas de la estratosfera pueden oxidarse despacio y crear y renovar la fina bruma de aerosoles de sulfatos productora de partículas. Aunque estas partículas diminutas se forman y vuelven a asentarse despacio en las capas de la atmósfera, las altísimas nubes de erupciones como la del Tambora y el Krakatoa aún tienen tiempo de sobra para dispersarse por todo el orbe e inspirar la pluma de Byron y el pincel de Ascroft.

A veces, cuando estudio los efectos estratosféricos de las erupciones volcánicas, me siento emparedada entre las grandes profundidades y las grandes alturas. Debemos estirar la mente entre las aplastantes profundidades inimaginables donde se originaron los magmas de la erupción y los dominios enrarecidos de la alta atmósfera donde despliegan sus efectos. Hace unos años vi una película documental titulada *Miracle in the Storm* donde se cuenta la vivencia de la alemana Ewa Wiśnierska cuando fue absorbida por la corriente ascendente de un grandioso cumulonimbo de tormenta mientras practicaba parapente en 2007. Tras un viaje terrorífico que la catapultó a las alturas a través de la oscuridad, el granizo y los relámpagos de la tormenta, salió lanzada desde su cúspide a una altitud de casi diez kilómetros. Por entonces yo estaba colaborando en la preparación de un artículo para medir la altura que alcanza el dióxido de azufre durante erupciones explosivas a partir de datos obtenidos por satélite. Aunque Ewa quedó inconsciente, sus registros de vuelo revelaron que pasó cuarenta y cinco minutos trazando grandes círculos en medio de la calma imperante por encima de la nube de tormenta. Aunque en la práctica solo llegó a los confines de la estratosfera, su salida de ese torbellino aterrador hacia la calma de más arriba me brindó una referencia humana para imaginar el recorrido que sigue el azufre que yo estudiaba en aquel momento y las circunstancias en que se transforma dentro de las erupciones explosivas. Después del violento ascenso del penacho, oscuro y sucio por la ceniza y mezclado con rayos, los satélites permiten seguir el rastro del dióxido de azufre de un volcán mientras sus filamentos y zarcillos se despliegan en silencio por la claridad en calma de la estratosfera o la troposfera superior. Es inconcebible que se pueda sobrevivir a un viaje parecido al de Ewa a través de un penacho volcánico explosivo, de modo que su aterradora experiencia tal vez sea lo más cercano que podamos imaginar sobre un viaje así. En ocasiones se han interceptado penachos volcánicos o brumas de aerosoles desde aviones o globos equipados con instrumental para tomar muestras, pero estos encuentros son poco frecuentes y, por supuesto, conllevan sus riesgos particulares. Además, solo atraviesan pequeñas fracciones de la nube volcánica en expansión. Para saber de verdad cómo puede afectar un volcán a escala mundial se necesitan mediciones científicas y simulaciones informáticas que aporten una perspectiva verdaderamente planetaria.

Ya hemos visto que el advenimiento de las comunicaciones mundiales a través del telégrafo modificó la percepción humana de la erupción del Krakatoa frente a la del Tambora. Desde el lanzamiento del Sputnik en 1957, este planeta ha estado vigilado por un conjunto cada vez mayor de satélites en órbita que lo sobrevuelan a altitudes diversas que van desde cientos hasta decenas de miles de kilómetros. Algunos observan el planeta en busca de tendencias y cambios. Estas panorámicas amplias nos han proporcionado un conocimiento nuevo de nuestro mundo mediante la revelación de conexiones a escala planetaria desconocidas con anterioridad. Estos ojos instalados en el cielo también nos han brindado nuevas interpretaciones de los volcanes. Desde el exterior de la atmósfera se pueden seguir las nubes expulsadas en erupciones grandes durante su dispersión por la estratosfera mundial, así como detectar las consecuencias climáticas con una resolución y a una escala sin precedentes en la historia de la inventiva humana.

Nuestros conocimientos lograron un gran avance con las observaciones por satélite de la erupción del monte Pinatubo, en Filipinas, en 1991, que fue una de las mayores ocurridas en los últimos cien años y lanzó a la atmósfcra gases y cenizas a más de 30 kilómetros de altura. Justo después de la erupción, las imágenes de satélite revelaron una fina neblina formada por gotas diminutas de ácido sulfúrico que se dispersaba a gran altura en la estratosfera por todo el cinturón ecuatorial del planeta. El emplazamiento del monte en la zona tropical favoreció la diseminación de esta bruma por la atmósfera de los hemisferios norte y sur, así como su propagación hasta ambos polos durante los meses subsiguientes. Estos aerosoles son tan finos que causaron con especial eficacia el esparcimiento de las longitudes de onda más cortas de la radiación solar que baña la atmósfera terrestre, lo que incluye la luz visible y ultravioleta. El esparcimiento refleja parte de esa energía de vuelta al espacio, de modo que la neblina a escala mundial atenuó también la luz solar directa que llegó hasta la superficie.

La perturbación fue imperceptible para nuestros sentidos, pero eso no impidió medirla. El Observatorio de Mauna Loa se encuentra encaramado a las laderas de la Isla Grande de Hawái a casi 3.400 metros de altitud, donde el aire suele ser más limpio y transparente, y ha estado midiendo la intensidad de la

Imagen de la columna de materiales que arrojó la erupción del 12 de junio de 1991 del monte Pinatubo tomada desde la Base Aérea de Clark, unos 25 kilómetros al este del volcán.

luz solar desde finales de la década de 1950. La erupción del Pinatubo fue seguida por un descenso de la intensidad de los rayos solares que duró entre dos y tres años, y esta caída de la energía incidente sobre la superficie del planeta se manifestó también como un desplome de las temperaturas globales. En medio del ascenso generalizado de temperaturas que estamos viviendo desde comienzos del siglo XX, entre uno y tres años después de la erupción del Pinatubo la temperatura global descendió una media de entre 0,2 y 0,5 ºC.

Asimismo se detectaron otros cambios más sutiles. Las partículas de la estratosfera favorecieron reacciones químicas que redujeron de forma temporal el escudo protector de la capa de ozono. Mientras la superficie se enfriaba, las partículas estratosféricas bañadas por el sol absorbían y reflejaban la energía y calentaban la atmósfera superior, lo que alteró sus fluctuaciones y causó efectos inesperados, como inviernos más cálidos a pesar del enfriamiento generalizado. Los datos indicaron que la variación de la luz y el calor incidentes en la superficie alteró los patrones de lluvia y el ciclo del carbono, y algunos estudios indicaron que la luz solar brumosa que sufrió el esparcimiento del velo estratosférico del Pinatubo favoreció la fotosíntesis en algunos tipos de bosques a escala mundial, lo que permitió que los árboles recibieran una bocanada más generosa de dióxido de carbono.

La comunidad científica aún está analizando las consecuencias más sutiles de la erupción del Pinatubo. Además de aportar ideas nuevas sobre los efectos globales del vulcanismo, las mediciones efectuadas tras el episodio del Pinatubo han permitido refinar la interpretación de otros procesos a escala planetaria, como la circulación atmosférica y retroalimentaciones en aspectos como las estaciones del año, la meteorología y la vegetación. Esta oscilación volcánica del sistema climático fue importante para poner a prueba los modelos informáticos empleados para predecir qué puede ocurrir en el futuro con las temperaturas, las lluvias y los patrones de viento a escala mundial. Aunque no fuera relevante para la vulcanología, los agentes volcánicos realizaron un experimento con el sistema Tierra a nivel planetario que puso a prueba los límites de nuestro conocimiento sobre cómo se comporta.

Y no olvidemos que la erupción también tuvo un gran coste humano para las comunidades residentes en el entorno del Pinatubo. A pesar de la atinada anticipación de la erupción y de la evacuación de decenas de miles de personas, hubo más de 840 víctimas mortales, gran parte de ellas debido al derrumbe de tejados, las enfermedades en los alojamientos provisionales y los lahares. Millones de personas se vieron afectadas por la erupción, y durante años persistieron peligros como los lahares, que se forman cuando sistemas fluviales acarrean restos volcánicos que obstruyen su curso. Aunque la erupción del Pinatubo aportó conocimientos nuevos sobre los efectos de episodios volcánicos pasados y una oportunidad para aprender más sobre el funcionamiento general de la atmósfera, los océanos y el clima de la Tierra, para los cientos de miles de personas residentes en las inmediaciones del monte fue un suceso atroz y aterrador. Por desgracia, con los volcanes no podemos elegir dónde se producirá la siguiente erupción, y es la Tierra la que dicta tanto qué ciencia podemos practicar, por ejemplo, dependiendo del tipo y el tamaño del episodio volcánico, como, y esto es más trascendental, en qué aspectos debemos centrar los esfuerzos para salvar vidas humanas y sus formas de subsistencia.

Puede que en el futuro de la civilización humana haya instantes en los que el conocimiento de los efectos de las grandes erupciones volcánicas explosivas se convierta en algo mucho más vital que hasta ahora. Las erupciones del Pinatubo, el Krakatoa y el Tambora distan mucho de ser las más grandes que pueden darse en este planeta. El empleo de técnicas como las mencionadas en el capítulo 3 al hablar de Santorini permite que especialistas en vulcanología ensamblen la anatomía de erupciones volcánicas mucho más grandes que las catalogadas durante el breve registro histórico humano. En los medios de comunicación se suele decir que las erupciones más descomunales que han dejado su huella en el registro geológico se debieron a «supervolcanes». Como vulcanóloga, yo prefiero usar la designación más comedida de «erupciones de grado ocho» (dentro de una escala que va del cero al nueve y cuyos niveles sucesivos indican una erupción de un orden de magnitud diez veces mayor que la del nivel anterior). En términos generales, estos sucesos monstruosos se asocian con aquellos que arrojan más de 1.000 kilómetros cúbicos de roca a la superficie del planeta en una explosión cataclísmica. El más grande conocido, el de la Caldera de la Garita, en Estados Unidos, entró en erupción hace unos 28 millones de años y dejó 5.000 kilómetros cúbicos de coladas piroclásticas solidificadas en la frontera entre Colorado y Nuevo México: un depósito descomunal que formó la toba volcánica conocida como Fish Canyon. Ninguna de las erupciones mencionadas hasta ahora se parece ni de lejos a esta. La potente erupción minoica de Santorini o la terrible erupción de 1815 del Tambora solo expulsaron a la superficie unas decenas o centenas de kilómetros cúbicos de material (fueron erupciones de grados seis a siete). El ejemplo más reciente de magnitud ocho lo ofrece la erupción de Oruanui del volcán Taupo en Nueva Zelanda, hace unos 26.500 años. Otros casos bien conocidos los encontramos en erupciones colosales de volcanes como el Yellowstone de Estados Unidos o el Toba de Indonesia, pero todas ellas sucedieron entre decenas de miles y decenas de millones de años atrás. Fueron catástrofes volcánicas de una magnitud desconocida a lo largo de nuestra breve historia humana.

El significativo enfriamiento global documentado tras la erupción del Tambora y, en tiempos más recientes, los efectos más sutiles registrados tras la del Pinatubo han favorecido especulaciones sobre el advenimiento de prolongados «inviernos volcánicos» (una expresión acuñada por su triste analogía con las posibles consecuencias apocalípticas de una guerra nuclear) tras esas erupciones de grado ocho. En una situación así, el planeta tendería a sufrir una larga glaciación debido a la disminución de la luz solar incidente atenuada por la persistente neblina volcánica. En el caso de sucesos tan alejados en el tiempo, es difícil descifrar cómo se desarrollaron las erupciones y cómo interaccionaron con el complejo sistema climático de la Tierra. La estimación de cuánto azufre expulsaron aquellas erupciones descomunales y qué altura alcanzó dentro de la atmósfera es crucial para predecir sus efectos, aunque sigan rodeados de incertidumbre. Para entender sus interacciones con la atmósfera solo cabe apoyarse en modelos complejos del sistema Tierra, que, a pesar de su perfeccionamiento constante, siguen nadando en aproximaciones y suposiciones basadas en gran medida en un pasado más reciente. Por el momento, estos modelos predicen una década de enfriamiento tras una erupción de grado ocho en lugar del invierno mucho más largo de la transición a un periodo glacial, pero todavía queda mucho por debatir y por esclarecer. No sabemos en qué lugar o en qué momento ocurrirá, pero hay una probabilidad elevada de que algún día la Tierra vuelva a ser testigo de una erupción de esta magnitud. A pesar de mi enorme dedicación científica a este tema, espero de verdad que suceda en algún momento muy distante de nuestro incierto horizonte futuro. Por suerte, no hay ningún signo de una perturbación semejante, al menos en el presente, aunque si tenemos en cuenta nuestra limitada experiencia, no hay forma de saber con seguridad qué señales exactas cabría observar durante el espacio previo a un suceso de ese tipo.

En un futuro más inmediato es más probable que se produzca otra erupción de una magnitud similar a la del Pinatubo o tal vez, con menos suerte, a la del Tambora. Para enfrentarnos a algo así, son muchas las lecciones que debemos aprender de lo ocurrido en Filipinas en 1991, donde, a pesar de las trágicas pérdidas, se cree que el éxito de la evacuación salvó, como mínimo, 5.000 vidas. A través de la gran red de sensores cada vez más sofisticados desplegada por la superficie y la órbita de la Tierra para observar los cambios que experimenta el planeta, estamos mejor preparados que nunca para su estudio científico. Erupciones como la del volcán Hunga Tonga-Hunga Ha'apai de Tonga en 2022 ya nos han dado pistas sobre todo lo que aún nos queda por esclarecer. Este suceso exhibió una explosividad y una abundancia de agua inusuales, tal vez debido que el monte se encuentra semisumergido en el mar, y por tanto ofrece la oportunidad de estudiar mejor los efectos del vapor de agua volcánico, algo que suele ser más difícil de determinar debido a la gran cantidad y variabilidad del agua en la atmósfera. No puedo predecir qué descubriremos en el futuro sobre el comportamiento de la delgada línea azul de la atmósfera que nos sustenta ni sobre el cambio climático que inducen los volcanes a corto plazo. Es posible que alguien incluso abrigue la esperanza de que una erupción volcánica de la magnitud del Tambora o aún mayor alivie un tanto el implacable calentamiento del planeta, aunque debemos recordar que estas erupciones también tienen la capacidad de trastocar de manera impredecible factores tan relevantes como la circulación atmosférica y los patrones de precipitación, y que si no se producen lejos de grandes núcleos de población, bien podrían anunciar una tragedia. En cualquier caso, en relación con los efectos de estos sucesos a escala mundial, yo espero, aun pecando de ingenua, que si nos tocara vivir otro «año sin verano», estemos mejor preparados que en 1815 y nadie se vea en la necesidad de tantear el potencial culinario de sus mascotas.

Aunque las cortinas de aerosoles estratosféricos y el invierno volcánico sean los elementos más obvios de las grandes epopeyas planetarias, son muchas las maneras en que el planeta, el clima, el medio ambiente y la biología pueden verse afectados por erupciones menos explosivas cuyas emisiones alcancen menor altitud en la atmósfera. Las influyentes observaciones de Franklin sobre el extraño clima y la reducida intensidad del sol en la década de 1780 en Europa arrojan luz (¿o habría que decir que la quitan?) sobre la importancia de conocer los efectos de la sulfurosa bruma volcánica en las capas más bajas de la troposfera, así como en la estratosfera más apartada. Como veremos, algunas erupciones compensan una explosividad menor y unas emisiones inmediatas más reducidas de gases con una longevidad prolongada.

Desde el bajo borde de los cráteres del Kīlauea y el Masaya se ven sus penachos meciéndose a merced de las brisas. A veces se pierden en la atmósfera, pero otras veces se aferran el suelo, y esos penachos a baja altura conllevan a menudo consecuencias desagradables para la población local. En Hawái, algunas regiones de las islas quedan envueltas en la neblina volcánica o *vog* cuando confluyen ciertas condiciones volcánicas y meteorológicas, lo que crea un efecto análogo al esmog característico de la contaminación del aire urbano. En la localidad de El Panamá, encaramada a la pared de la antigua caldera volcánica situada a solo dos kilómetros del Masaya, las ollas y sartenes se oxidan con rapidez, los techos se fijan a las viviendas con cuerdas en lugar de clavos y los detergentes no son eficaces debido a los ácidos volcánicos que viajan con los vientos. En el aire se percibe a menudo, como mínimo, cierto tufillo al aliento ácido del volcán, el cual también genera problemas de salud respiratoria y de contaminación del agua. Los lugareños han tenido que dejar de producir café y adoptar cultivos más resistentes, como la piña y la pitahaya. Quienes llevan mucho tiempo viviendo allí recuerdan los árboles que había antes de que el Masaya iniciara su nueva desgasificación en la década de 1990.

A pesar de su proximidad al parque nacional, la mayoría de los residentes de El Panamá nunca ha podido pagarse la entrada para subir a contemplar la boca abierta del volcán cuyo resuello perciben a diario. En 2017, cuando la agitada lava del Masaya alcanzó una altura considerable, había incluso pequeños fragmentos y marañas negras de cabellos de Pele en los polvorientos canalones del exterior de la escuela de la localidad, cual oscuros cardos rusos en miniatura. Aquella noche fuimos hasta allí para proyectar una película documental sobre la vida de los lugareños realizada en colaboración con la oficina local de vigilancia del volcán. Con anterioridad habíamos ascendido por el camino de tierra con una enorme pantalla de televisión amarrada a la caja abierta de una camioneta y con más de sesenta raciones de pollo frito para cenar apiñadas en los asientos traseros para estrenar la cinta en El Panamá. Fue impresionante ver la sala iluminada por el frenético resplandor del lago de lava del Masaya. En mis recuerdos, los niños estaban ojipláticos, y uno de ellos hasta alargó la mano para tocarlo, pero no puedo asegurar que ocurriera. Sin embargo, el verdadero protagonismo de la breve película le correspondió a los tenaces habitantes de la localidad y sus testimonios sobre cómo han cambiado el paisaje y su vida debido a las etéreas emanaciones del volcán.

Entre los ejemplos más extremos del registro histórico de un suceso volcánico poco explosivo que causó estragos en el medio local y regional encontramos la erupción del Laki que arrasó Islandia entre junio de 1783 y febrero de 1784. Las emisiones de esta larga erupción volcánica fueron las que llegaron hasta el norte de Europa e incordiaron a Franklin durante su estancia en Francia. El episodio del Laki fue muy diferente a los del Tambora o el Krakatoa. Mientras que estos últimos se revelaron violentos e intensos, la actividad más duradera del Laki fue menos explosiva pero mucho más persistente. Durante los ocho meses que duraron sus «fuegos», vertió unos 14 kilómetros cúbicos de lava sobre la superficie del planeta al oeste del glaciar Vatnajökull a través de varias coladas de lava, fisuras y chorros.

Uno de los textos más completos sobre estos sucesos, procedente de la propia Islandia, es el *Eldrit* (o 'Tratado del fuego'), la crónica recopilada mientras duró el episodio por Jón Steingrímsson, párroco de la localidad de Klaustur, situada a unos 30 kilómetros al sur de la fisura de la erupción. Durante su desplazamiento para acudir a oficiar la misa el 8 de junio de 1783, domingo de Pentecostés de aquel año, Jón reparó por primera vez en la ominosa nube negra que avanzaba hacia allí desde el norte. La nube ocultó el sol y fue acompañada por un repiqueteo de terremotos y crujidos. Pronto empezó a caer una lluvia ácida que abrasó las plantas y los animales. Del cielo llovieron cenizas y cabellos de Pele enroscados por el viento (de «color endrino y brillantes, tan largos y gruesos como el pelo de foca»), iguales a los que yo misma encontré en Nicaragua.

Pocos días después de la erupción, se secó por completo el río Skaftá, que discurre por las proximidades del lugar de la erupción antes de atravesar un desfiladero que cruza la llanura costera cercana a Klaustur, y su cañón se transformó en un curso de lava en lugar de agua. La lava fluyó «con una velocidad aterradora» y se desbordó hasta sepultar las vegas de los aldeanos. Yo visité Islandia por primera vez durante unas vacaciones familiares mucho antes de que estudiar volcanes se convirtiera en una pasión para mí. Sin embargo, el paisaje me dejó una huella indeleble, y entre las muchas fotos que pegué en mi álbum hay una del campo *eldhraun* ('lava de fuego') del Laki. Las ondulaciones de lava solidificada estaban cubiertas por un musgo denso, y en aquel entonces me recordaron más a un agitado mar de color verde que a algo labrado en piedra, donde montículos de roca asomaban sobre la superficie como blancas cabalgaduras de espuma sobre olas rompientes. Aquel verano de 1783, esa misma masa de roca fue aterradora y arrambló con árboles, casas, granjas e iglesias durante su avance. A finales del mes de julio, la lava amenazó la iglesia del propio Jón en Klaustur. El 20 de julio se produjo un trueno volcánico tan potente que las campanas de la torre resonaron en respuesta, y Jón pronunció lo que acabaría conociéndose como la *eldmessa* (o 'misa del fuego'). La contención de las coladas de lava a escasa distancia de Klaustur se relacionó con el enérgico sermón de aquel día, aunque, según admitió el propio Jón, seguramente se debió más bien a que la crecida de los ríos por causa de las intensas lluvias sofocó la lava en la parte alta del valle.

Aunque la amenaza de una destrucción inmediata de Klaustur se detuvo, faltaba mucho para que concluyera la crisis general. En los montes por encima de la localidad, la fractura del terreno por la que salían los surtidores de fuego se abrió aún más hacia el norte. A medida que se acercó el otoño, las coladas de lava empezaron a invadir la llanura costera desde el noreste y desde el suroeste de Klaustur y amenazaron con encerrar y dejar atrapada a la población en medio de ambas. Jón consideró que cada ramal de lava tenía su propio hedor. En su opinión, el que provenía del este olía a malezas húmedas chamuscadas «o algún material viscoso de ese tipo», y el del oeste, como a «carbón quemado rociado con orina u otra sustancia acre».

Para alivio de la población de Klaustur, las coladas remitieron durante los meses invernales, y el 7 de febrero de 1784 se avistó por última vez su distante fulgor. Pero el fin de la destrucción causada por la lava no supuso el fin de la devastación. En Islandia, los penachos de esta inmensa efusión volcánica habían contaminado gran parte de la isla con flúor, cenizas y ácidos. Las cosechas se malograron, el ganado pereció y hasta los ríos y arroyos se vieron afectados y dejaron de tener peces. Con ello llegaron las hambrunas y las enfermedades, y alrededor de una cuarta parte de la población de la isla pereció. En Islandia hay una palabra para referirse a aquel periodo concreto de penuria y tragedia que quedó grabado en el alma del país: *móðuharðindin*, es decir, 'la miseria de la niebla'.

A pesar de su violencia y persistencia, los surtidores de fuegos basálticos del Laki no alcanzaron ni mucho menos la imponente altura de las columnas plinianas de ceniza y gases que se abrieron paso hasta la estratosfera durante las erupciones del Tambora o el Krakatoa. Los propios aerosoles de lava tan solo alcanzaron altitudes cercanas a un kilómetro, aunque cabe la posibilidad de que la flotabilidad térmica de los gases calientes los trasladara a alturas mayores que tal vez rozaran la región inferior de la estratosfera. A pesar de quedarse en su mayor parte dentro de la troposfera, las intensas y persistentes erupciones de Islandia alimentaron los zarcillos de esos gases y el penacho de aerosoles, y eso permitió que se propagaran en espiral por el norte de Europa en el verano de 1783. Los patrones climáticos también se vieron afectados, y en todo el continente se emitieron testimonios, entre ellos el de Franklin, sobre la aparición de una niebla seca y cáustica que tiñó la luz del sol de tonos rojos oxidados, atenuó el brillo de los astros nocturnos, blanqueó la vegetación y dificultó la respiración sobre todo a la población aquejada de problemas cardíacos o pulmonares. Mientras que el verano fue excepcionalmente tórrido, el invierno de 1783 a 1784 fue inusualmente frío en toda Europa y América del Norte. Es difícil establecer con precisión causas y efectos entre la erupción y estas variaciones climáticas. Pero el caso del Laki demuestra con claridad que los fenómenos volcánicos más explosivos no son los únicos capaces de llegar más allá de su entorno inmediato para enfriar y contaminar el aire y el territorio. Los penachos volcánicos de baja altura también pueden dejar una gran huella medioambiental si las emisiones son lo bastante intensas y persistentes. Nuestras aventuras volcánicas nos conducirán de nuevo a este asunto algo más adelante, cuando en el capítulo 8 analicemos cómo se entrelazan los episodios volcánicos más grandes y persistentes con el registro fósil que delinea la evolución de la vida en este planeta.

Pero volviendo a la cima del Villarrica al final de una larga jornada de toma de mediciones, el sol empezó a zambullirse en el Pacífico cuando se acercó la hora de regresar a las cabañas. Tras el ascenso por el casquete helado del monte, el trayecto de bajada implicaba recurrir a un sistema muy diferente que consistía en deslizarnos con todo el equipo por toboganes tallados en el hielo como pistas de *bobsleigh*. A medida que la meteorología alargaba el tiempo de trabajo y nos permitía mejores ascensos, los toboganes de hielo se fueron puliendo cada vez más con el trasiego de turistas y los descensos se volvieron cada vez más estremecedores. El último día de nuestra visita me hice las mayores magulladuras de mi vida, del tamaño de dos manos abiertas, al pasar por un escalón enorme que se había formado en uno de los toboganes.

Después de una jornada especialmente larga, el sol en retirada tiñó de rosa el penacho del volcán y el casquete de nieve con sus rayos mortecinos mientras caminábamos de regreso al automóvil por la parte alta de la carretera. Observé bocanadas de partículas arrastradas por el viento y las seguí con la vista hasta donde pude en medio de una luz que languidecía. Otro de los días colocamos el fotómetro solar a sotavento del volcán y medimos los cambios sutiles que sufría la luz del sol contemplada bajo el viejo penacho para conocer algo más sobre las diferencias en el tamaño promedio de las partículas a medida que se alejan y maduran tras su emisión. En la húmeda atmósfera de esta región andina, las partículas con sulfatos exhaladas por la boca del volcán crecían poco a poco a medida que viajaban con el viento porque captaban moléculas de agua de la atmósfera circundante y las enlazaban con el aerosol. Otras veces lograba contemplar desde la cumbre del volcán la mancha del penacho fundiéndose con la oscuridad a medida que se mezclaba irremediablemente con el aire chileno. Sin embargo, las partículas en crecimiento medidas desde abajo con mi caja mágica electrónica me transmitieron que esta fina neblina procedente del volcán no siempre se desvanece. Cada partícula diminuta es una posible semilla para que se forme una gotita nubosa que al cabo de cierto tiempo podría oscurecer un cielo despejado, teñir los últimos rayos de una puesta de sol o caer al suelo convertida en lluvia para nutrir los preciosos bosques de araucarias de la región.

Es difícil establecer una conexión directa entre las precipitaciones de lluvia y una bocanada de partículas procedente del lago de lava del Villarrica en medio de la enrevesada complejidad meteorológica del planeta. Pero encontramos signos de los rastros que dejan en la nubosidad y el fulgor de las nubes a sotavento de los volcanes en las mediciones tomadas desde satélites. Cientos de volcanes como el Villarrica, el Kīlauea, el Masaya, el Etna y muchos más lanzan a diario grandes cantidades de gases y partículas a la atmósfera baja del planeta. Aunque en las proximidades de estos montes, sobre todo donde radican los penachos, se notan algunos de sus efectos locales, por sí solos no implican cambios drásticos o, al menos, apreciables para el conjunto de la Tierra. Sin embargo, si los apagáramos todos para siempre, a largo plazo empezaríamos a notarlo en el planeta. Ya hemos mencionado que participan en el delicado equilibrio del ciclo del agua que actúa a largo plazo entre el interior y el exterior de la Tierra, ese que mantiene los océanos y lubrica las placas tectónicas. Pero este intercambio de agua entre el interior y el exterior del planeta no es más que una de las muchas rotaciones químicas de este tipo en las que intervienen los volcanes a escala planetaria. Ya hemos visto que el azufre volcánico puede condicionar y trastocar el sistema climático de la Tierra. Pero las espectaculares alteraciones atmosféricas que producen erupciones como la del Tambora o el Toba desempeñan una función mucho más importante para alimentar el vulcanismo que determina el medio ambiente del planeta a largo plazo, y la Tierra no sería un lugar tan apacible y estable como el que conocemos desde hace eones sin la acción diaria de las humeantes cumbres de las maravillas volcánicas. El carbono es un factor clave para el clima a largo plazo de nuestro planeta. Tal como vimos con los perros asfixiados en la Grotta del Cane (de los que hablamos en el capítulo 4), el dióxido de carbono es uno de los principales componentes de las emisiones volcánicas, por lo que a continuación nos centraremos en la desgasificación de este potente gas (a pesar de lo esquivo que a menudo resulta este proceso). También en este caso, todo apunta a que en la Tierra ha confluido un conjunto de circunstancias afortunadas que con el tiempo permitieron el desarrollo de la compleja diversidad de vida que observamos hoy. Como veremos, la preservación de la estabilidad climática de un planeta habitable se reduce por entero a una cuestión de equilibrio.

6

TODO EN EQUILIBRIO

La contribución de los volcanes para mantener estable el clima de la Tierra a largo plazo

En 1984, el Departamento de Estado de Estados Unidos envió a África a Haraldur Sigurðsson, vulcanólogo islandés que por entonces ejercía en la Universidad de Rhode Island, para investigar el misterioso y repentino fallecimiento de treinta y siete personas en los alrededores del lago Monoun, en Camerún. Cuando Haraldur y su estudiante de doctorado llegaron a la región, descubrieron que aquellas personas habían «muerto de repente» mientras caminaban junto al lago durante las horas previas al amanecer para acudir al mercado de un poblado cercano. Había pocas pistas sobre la causa de aquellas muertes trágicas aunque aparentemente apacibles. Haraldur explica que «sus cuerpos se encontraron más tarde aquella mañana, desplomados a un lado de la carretera, sin ningún rasguño en absoluto». Circularon varias teorías conspirativas, como que los envenenamientos fueron obra de un político local o que aquellas personas habían perecido debido a una explosión provocada o algún tipo de sacudida volcánica.

El lago Monoun está enclavado en un campo de volcanes, y él mismo es un cráter volcánico inundado. Haraldur y su estudiante tomaron muestras de agua del fondo del lago desde una embarcación neumática como parte de su investigación y no hallaron ningún signo de calentamiento indicativo de que el suceso pudiera deberse a una explosión volcánica. Sin embargo, descubrieron que en las aguas profundas se producía efervescencia de dióxido de carbono al subirlas a la superficie. Este gas se había filtrado desde las profundidades del cráter y se había disuelto en las capas inferiores de las aguas del lago. Las presiones más altas que imperan en el fondo del lago lo mantenían ahí atrapado sin que supusiera ningún peligro para nadie, porque permanecía disuelto en ella debido al peso del agua que tenía encima. En cambio, al someterse a las presiones más bajas que imperan en la superficie del lago, el gas dejaba de estar retenido y escapaba con facilidad debido a un proceso similar al que despoja el magma de sustancias volátiles durante su ascenso desde las profundidades.

El equipo llegó a la conclusión de que un volteo repentino de las aguas del lago, tal vez provocado por un ligero seísmo o corrimiento de tierras, había desplazado hacia arriba las capas inferiores del lago repletas de carbono y había liberado una gran masa de dióxido de carbono. Como vimos al comentar las historias sobre la Gruta del Can en las proximidades de Nápoles, este gas incoloro e inodoro es más denso que el aire, por lo que se acumula en oquedades y depresiones. Los desprevenidos aldeanos, que portaban sus productos para venderlos en el mercado antes del amanecer de aquel día, entraron de lleno en una hondonada a orillas del lago. Era imposible que detectaran la bolsa invisible de gas en la que se estaban adentrando y enseguida cayeron inconscientes y, después, asfixiados por este asesino silencioso. Una coincidencia macabra quiso que, justo en el momento en que llegó a imprenta el artículo de Haraldur sobre el suceso del lago Monoun, una efusión similar aunque más grande de gas procedente del cercano lago Nyos, más extenso que el anterior, se cernió sobre varias aldeas de la zona en 1986 y asfixió a 1.746 personas mientras dormían.

Por suerte, estos siniestros y silenciosos fallecimientos causados por filtraciones de gases volcánicos son poco comunes, y en los lagos Monoun y Nyos se evita que vuelvan a repetirse mediante un sistema de tubos verticales que dispersan el dióxido de carbono disuelto en las aguas inferiores con una regularidad que garantiza la seguridad y evita acumulaciones mortales en el fondo. Aun así, estos lagos carbonatados por fenómenos volcánicos evidencian lo traicioneras que pueden llegar a ser estas emisiones de dióxido de carbono asociadas al vulcanismo que no siempre se anuncian mediante penachos salidos de surtidores ni fumarolas. Los volcanes de todo el mundo expulsan dióxido de carbono, y aunque a veces suponen un peligro, tal como atestiguan estos sucesos de Camerún, estas emisiones han sido cruciales para la evolución ambiental de nuestro planeta y para la aparición de nuestra especie.

Quedan muchos interrogantes por resolver sobre los volúmenes y patrones característicos de las emisiones volcánicas de carbono a escala mundial. El estudio de estas emisiones sutiles pero esenciales también desvela cómo es posible que un planeta mantenga un equilibrio a largo plazo y, al mismo tiempo, sufra alteraciones ambientales momentáneas devastadoras. Yo creo que el esclarecimiento de este pulso a escala planetaria entre el equilibrio y el desequilibrio comenzó al intentar conocer las emisiones volcánicas actuales de dióxido de carbono. Pero ha resultado ser una tarea más hercúlea de lo que había imaginado en un principio debido a las numerosas formas en que los volcanes emiten carbono y los grandes retos que plantea la medición de estas emanaciones, sobre todo en grandes extensiones.

Uno de los problemas para cuantificar los índices de desgasificación volcánica en el planeta estriba en la espectacular variedad de formas en que los gases escapan de su interior, y, además, las manifestaciones en superficie de las emanaciones volcánicas de dióxido de carbono se cuentan entre las más diversas debido, en parte, a su baja solubilidad y emisión en los magmas de las profundidades de la Tierra. En marcado contraste con las traicioneras nubes mortales de los lagos Monoun y Nyos, el dióxido de carbono también sale de los volcanes de maneras estrepitosas. Catástrofes volcánicas descomunales, como la del Krakatoa, el Tambora o la erupción minoica de Santorini, emitieron entre decenas y cientos de millones de toneladas de dióxido de carbono. «Supererupciones» como las del Taupo, el Toba o el Yellowstone pudieron expulsar miles o incluso decenas de miles de millones de toneladas en un instante geológico de, tal vez, unos pocos días o semanas. En el capítulo anterior vimos que el azufre lanzado por erupciones volcánicas como estas puede llegar a enfriar el planeta; sin embargo, estas erupciones infrecuentes y de corta duración apenas repercuten en el volumen de carbono que hay en la atmósfera. Por grande que pueda parecer la cantidad de carbono que inyectan, viene a ser como una gota en medio del océano comparada con el billón de toneladas de dióxido de carbono que alberga el conjunto de la atmósfera.

No obstante, a diferencia de los gases de azufre capaces de provocar el breve enfriamiento que se produce después de estas grandiosas erupciones, el dióxido de carbono emitido tiende a quedarse en la atmósfera durante varios cientos de años o incluso más de mil. Hay una posibilidad baja pero no nula de que en cada bocanada que tomamos de aire, una de las moléculas de dióxido de carbono que nos atraviesan los pulmones fuera expulsada por la enorme explosión del Krakatoa que atronó en los oídos de nuestros antecesores y cuyas ondas de choque se propagaron por todo el planeta. Esta longevidad atmosférica del dióxido de carbono también implica que sus efectos dependan mucho menos de la altura que alcancen con la erupción volcánica que de la repercusión de los gases de azufre. Mientras que la fugacidad del azufre volcánico requiere que llegue a la troposfera superior o la estratosfera para tener consecuencias planetarias, toda la variedad de emisiones volcánicas implica un aporte de carbono que perdurará mucho tiempo en la atmósfera. Aunque las erupciones grandes como las del Tambora o el Pinatubo tienen el mayor potencial para alterar la vida humana y sus medios de subsistencia debido a la devastación o la alteración de patrones meteorológicos que provocan de manera inmediata, también son relativamente infrecuentes en términos geológicos. Dada la longevidad del carbono en la atmósfera, es más importante tener en cuenta su acumulación debido a emisiones volcánicas a lo largo de décadas, siglos y milenios que centrarse en esos paroxismos grandiosos pero fugaces.

Ya hemos analizado muchas de las formas en que los distintos tipos de actividad magmática liberan al exterior gases del subsuelo. Las grandes erupciones recién mencionadas forman parte, en efecto, de ese conjunto, pero nuestras aventuras también nos han desvelado un rico tapiz de emisiones más modestas que pueden manifestarse con la estruendosa pirotecnia de los surtidores de fuego y las coladas de lava del Etna o los violentos estallidos del Estrómboli; mediante las persistentes y vaporosas nubes más apacibles que emanan de las chimeneas llenas de lava del Masaya, el Villarrica o el Kīlauea, o a través de fenómenos más sosegados aún, como la fuga de gases planetarios en las etéreas emanaciones salidas de fumarolas como la Solfatara de los Campos Flégreos o la somera cumbre de Nea Kameni en la bahía de Santorini y, por supuesto, las efervescencias de lagos como el Monoun y el Nyos. Es complicado saber cuánto suman todas estas fuentes menores, aunque más persistentes, repartidas por todo el planeta, pero nuestros cálculos revelan que todas estas pequeñas emisiones de dióxido de carbono suponen cada año, como mínimo, el mismo volumen que una erupción grande aunque menos común como la del Pinatubo. Puesto que estas emisiones menos espectaculares se producen año tras año, en lugar de una vez al siglo o con menos frecuencia aún en el caso de los cataclismos más grandiosos, su influencia en la composición a largo plazo del aire que respiramos es, en realidad, mayor en su conjunto. La Tierra mantiene un diálogo constante con la atmósfera, pero lo que dice a través de suaves murmullos es, como mínimo, tan importante como lo que proclama a gritos muy de vez en cuando.

Por muy insignificantes que sean todas estas emisiones de carbono dentro de la actividad diaria de las maravillas volcánicas, no dejan de tener consecuencias. El calentamiento de la atmósfera terrestre debido al dióxido de carbono es bien notorio y conocido en la actualidad. Cada vez con más frecuencia y apremio nos llegan noticias sobre los efectos de las emisiones antropogénicas de carbono desde la era industrial. Pero la ciencia no siempre ha reconocido de manera universal esta relación entre el carbono atmosférico y el calentamiento global. El discurso actual sobre los niveles de dióxido de carbono en la atmósfera está centrado, por buenas razones, en el cambio. Dicho esto, es importante saber qué función desempeña el carbono atmosférico para mantener estable el clima de la Tierra, así como para alterarlo. No obstante, nuestros conocimientos sobre qué mantiene regulada la Tierra se han visto impulsados en muchos aspectos por los esfuerzos para entender el cambio global. Y también en este caso ha sido crucial la geología. Las pistas procedentes del pasado geológico de la Tierra y el registro rocoso han sido determinantes para que la comunidad científica se planteara cómo puede cambiar el clima de la Tierra y qué agentes podrían causar esas fluctuaciones. Y lejos de que todo girara en torno al calentamiento, fueron los signos de periodos mucho más fríos en el pasado de la Tierra los primeros en salir a la luz, unos indicios que están literalmente tallados en el paisaje si se sabe dónde buscar.

Tengo un familiar que en otros tiempos vivía en una casa en Under Loughrigg, una carretera que serpentea siguiendo el curso del río Rothay entre Ambleside y Rydal, en el Distrito de los Lagos de Gran Bretaña. El jardín de la vivienda se adentraba con bastante pendiente en la ladera de un monte, y los pequeños peñascos que asomaban entre la hierba y los parterres de flores trasladaban al entorno doméstico los aires de las colinas silvestres que quedaban por encima de la casa. Era un jardín precioso y un lugar fabuloso para contemplar montañas, pero en esos afloramientos rocosos, en los arañazos de su superficie, también estaba grabada la historia de paisajes pretéritos. Aquellas marcas o estrías, que yo solía seguir con la punta de los dedos mientras los niños jugaban entre las piedras, son las huellas dejadas por antiguas capas de hielo que rayaron el terreno. Evidencian un tiempo muy remoto en que esta región de Inglaterra estaba enterrada bajo una gran cubierta de hielo. Y lo que es más importante, estas y otras pruebas de glaciaciones extensas permitieron inferir que durante periodos más largos que el que abarca la historia escrita humana, el clima puede cambiar de manera considerable.

Muchas de las primeras ideas sobre esta teoría de un pasado glaciar llegaron a partir de observaciones en los Alpes y fueron defendidas por naturalistas como el suizo Louis Agassiz en la década de 1830. Las primeras observaciones se centraron a menudo en los «bloques erráticos», rocas que están fuera de lugar y difieren, a veces de forma muy notoria, de las rocas características del paisaje circundante. Estas rocas parecen arrojadas ahí procedentes de otro lugar. Su tamaño y abundancia indicaban la magnitud y la intensidad de los procesos que las desplazaron. Agassiz se fijó en los rasgos que imprimió la acción glaciar en los paisajes alpinos. Los bloques erráticos eran una marca distintiva, pero las capas de hielo también habían tallado grandes valles, habían dejado montículos de escombros (o morrenas) y habían pulido y arañado el lecho rocoso con su movimiento triturador. Él reparó en que estas marcas de glaciación esculpidas en lugares alejados de los hielos actuales se explicaban mejor mediante periodos de un clima más frío generalizado que a través de fenómenos más localizados, como icebergs o inundaciones.

Uno de los primeros en adoptar la teoría de los hielos terrestres en Gran Bretaña en la década de 1840 fue William Buckland, por entonces geólogo en Oxford, mi ciudad natal. A menudo paso en bicicleta por delante de la casa que tenía en la localidad de Islip, situada al norte de la ciudad, y que al parecer rebosaba de ejemplares geológicos y biológicos, así como de mascotas exóticas, como un oso que se paseaba por el pueblo. También cuentan que lo entusiasmaba probar cualquier espécimen del reino animal y que, entre otras cosas, comió topo, pantera y cocodrilo. Buena parte de las pruebas que aportó Buckland para respaldar la teoría de la glaciación que había atravesado Gran Bretaña en el pasado procedían de Escocia, pero también encontró signos de ello en el norte de Inglaterra, incluido el Distrito de los Lagos. También aquí, igual que en Oxford, parecen haberse cruzado nuestros caminos en el espacio, aunque bastante separados por siglos de tiempo. En sus memorias sobre las pruebas que encontró de glaciares antiguos en Escocia y el norte de Inglaterra, informa sobre el hallazgo de estrías glaciares en afloramientos rocosos en «el jardín del doctor Arnold en Fox Howe [Hollow], cerca de Ambleside», una casa que sigue en pie hoy en día, situada a unos quince minutos a pie siguiendo el curso del río Rothay desde el jardín en el que casi dos siglos después recorrí con los dedos los surcos tallados por el hielo.

Un corto paseo por encima de las orillas del río Rothay en un día despejado ofrece unas vistas fabulosas desde la cima de la colina Loughrigg Fell. Los conocimientos actuales permiten leer en el paisaje el legado de la última glaciación al recorrerlo con la vista. Hacia el oeste se divisa la extensa depresión del valle Great Langdale, excavada por los hielos antiguos y de cuya pared pende el balcón del valle Little Langdale. Hace 20.000 o 30.000 años, todo eso se vería blanco, y el agua que ahora cae libre y abundante de estas colinas se deslizaría con dificultad por el terreno esculpiendo despacio el paisaje. Estas señales parecen claras en la actualidad, pero es una lectura del terreno que hemos aprendido a hacer junto con una interpretación más amplia de la historia de la Tierra. Cuando Buckland escudriñó este paisaje, la idea de las glaciaciones generalizadas aún despertaba controversias y no alcanzó una aceptación más amplia hasta mediados de la década de 1870. Puesto que Buckland falleció en 1856, no llegó a conocer esa conclusión, de modo que el paisaje del Distrito de los Lagos siempre tuvo un significado diferente para él del que le atribuyen hoy las geociencias. Todo se transforma con el filtro de nuestras opiniones, conocimientos e ideas, que a lo largo de este tiempo han resultado ser mucho más volubles que las colinas de Lakeland o incluso muchas de las «agujas de ensueño» de Oxford.

A finales del siglo XIX, la lectura de otras pistas en paisajes como los Alpes había evidenciado ya que, de hecho, hubo varias glaciaciones. A lo largo de los últimos millones de años, una gran cubierta de hielo había avanzado despacio hacia el sur y se había vuelto a replegar en varias ocasiones. Otros signos claros de cambios climáticos ocurridos en el pasado llegaron del registro fósil, de técnicas ingeniosas para extraer granos de polen de sedimentos y, en tiempos más recientes, del análisis químico de rocas antiguas. La aceptación de que ha habido variaciones a gran escala de las temperaturas globales suscitó la necesidad de explicar qué podía causar esas fluctuaciones.

Para un sistema tan complejo como un planeta, y más aún si alberga océanos turbulentos, continentes accidentados, ríos caudalosos y vida a raudales, es poco probable que exista una solución sencilla para responder la pregunta de qué impulsa esas tendencias en los cambios planetarios. Son muchos los factores que condicionan las fluctuaciones de la temperatura global a lo largo de periodos y espacios muy amplios. La energía que llega a la Tierra procedente del Sol es un motor clave de nuestro clima, y cualquier variación en el aporte de nuestra estrella tendrá efectos considerables. Algunas de las variaciones grabadas en el registro geológico, como, por ejemplo, las glaciaciones, coinciden en líneas generales con ciertos ciclos del movimiento orbital de la Tierra y la rotación sobre su propio eje, lo que repercute en la cantidad de energía solar que recibe. También influyen los movimientos oceánicos, la configuración de los territorios y la biología, entre otras cosas. Pero otro agente poderoso para controlar la temperatura planetaria es la atmósfera. En la década de 1820, el matemático francés Joseph Fourier calculó que la superficie de un objeto del tamaño de la Tierra situado a esta distancia del Sol debería ser bastante más fría si tan solo se calentara con los efectos de la luz solar incidente. A grandes rasgos, de acuerdo con esos cálculos, la temperatura media de la Tierra debería acercarse a 18 °C bajo cero, en lugar de situarse en 15 °C sobre cero. Una de las propuestas de Fourier para explicar esta disparidad fue la capacidad aislante de la atmósfera, lo que lo convirtió en la primera persona que planteó la importancia de lo que hoy conocemos como «efecto invernadero».

La cuestión de qué gases atmosféricos tendrían la capacidad de aislar la Tierra de este modo para preservar su calor se convirtió en el objeto de estudio de científicos como Eunice Newton Foote, en Estados Unidos, y el físico de origen irlandés John Tyndall, que trabajaba en Londres. Los minuciosos experimentos realizados por ambos en la década de 1850 evidenciaron que tanto el vapor de agua como el dióxido de carbono y el metano absorben el calor que despide la Tierra y devuelven parte de él hacia la superficie. En 1862, Tyndall comparó este bloqueo de la energía que evita su salida del planeta con la contención de un torrente: «Igual que la construcción de una presa en un río acentúa la profundidad local de la corriente, también nuestra atmósfera, que actúa como una barrera para los rayos terrestres, causa un aumento local de la temperatura en la superficie de la Tierra». Esta es la base científica que sostiene los conocimientos actuales sobre el calentamiento global provocado por el ser humano en el planeta.

Sin embargo, científicos como Thomas Chrowder Chamberlin, que trabajaba en la Universidad de Chicago, repararon en que la atmósfera también condiciona los cambios graduales que ha experimentado la Tierra a las escalas temporales mucho más largas, de varios millones de años, características del aumento y descenso de la temperatura global en épocas pasadas. Chamberlin constató que la evolución del clima del planeta depende de varios agentes. Algunos de ellos tienen la capacidad de eliminar dióxido de carbono de la atmósfera, como ocurre con la transformación (o meteorización) química de las rocas ricas en sílice por el agua de lluvia, que está ligeramente acidificada debido al dióxido de carbono atmosférico disuelto en ella, y con la sedimentación de rocas que contienen carbono, como la caliza o los combustibles fósiles. Por tanto, se trata de procesos con potencial para provocar enfriamientos y glaciaciones generalizadas. Otros fenómenos, como el vulcanismo, tienen la capacidad de reponer el carbono atmosférico para generar climas más cálidos. Cuando Chamberlin escribió sus resultados en 1899, su interpretación de la relevancia del vulcanismo para el equilibrio del carbono en la Tierra estaba limitada por lo que se sabía entonces sobre el origen de los gases que despiden los volcanes. Todavía se debatía si las emanaciones volcánicas provenían de las profundidades del planeta o salían de fuentes más someras, como aguas subterráneas o rocas de la corteza. Él especuló sobre la relevancia del magmatismo para modular el clima del planeta a largo plazo en una época en que se sabía demasiado poco sobre la desgasificación volcánica como para aventurar siquiera una hipótesis sobre la magnitud de las emisiones implicadas. El propio Chamberlin admite que sus conjeturas sobre la relevancia de la desgasificación volcánica se basan en gran medida en intuiciones científicas, puesto que «no parece haber ninguna manera de calcular a partir de los datos actuales, ni siquiera de forma aproximada, el volumen de gas expulsado, aunque no hay duda de que es grande».

El conocimiento de las complejas transferencias de carbono entre los diferentes depósitos en el interior y exterior del planeta ha cambiado mucho desde los tiempos de Chamberlin. Las geociencias reconocen dos ciclos del carbono interrelacionados en la Tierra. El ciclo a corto plazo transfiere carbono entre los organismos vivos, la atmósfera, los suelos y los océanos. Este ciclo superficial se manifiesta en las fluctuaciones anuales de las concentraciones de dióxido de carbono en la atmósfera que se superponen a su incesante incremento actual. Cuando los retoños vegetales eclosionan y el despoblado invierno da paso al verde de la primavera en los ecosistemas de las grandes masas de tierra del hemisferio norte, la biología absorbe carbono de la atmósfera y lo retiene durante el calor del verano para exhalarlo de nuevo cuando caen las hojas y descienden las temperaturas durante el otoño y el invierno boreales. Los desplazamientos del carbono a un plazo mucho más largo se rigen por un ciclo geológico que actúa a mayor profundidad. En este caso, el carbono se encuentra atrapado en los estratos sedimentarios de los continentes, en los fondos oceánicos o más abajo aún, en la gran masa del manto. Aunque su circulación suele ser lenta, estas reservas geológicas de carbono superan con creces las del ciclo superficial. Por consiguiente, incluso pequeñas alteraciones de este ciclo más profundo pueden tener grandes efectos en el equilibrio de las existencias de carbono superficial a intervalos temporales muy largos.

Uno de los aspectos más sorprendentes de este ciclo del carbono a largo plazo es que se autorregula en cierta medida, lo que mantiene una especie de equilibrio global. Esto supone una suerte para nuestra especie y para toda la vida del planeta. La evolución de la vida hasta el desarrollo de organismos complejos requiere mucho tiempo, más de 3.500 millones de años en la Tierra hasta el momento presente. Para llegar hasta aquí fue indispensable que algo limitara las fluctuaciones climáticas. Para persistir y proliferar, la vida necesitó, como mínimo, que las temperaturas se mantuvieran dentro del rango que permitía que hubiera algo de agua líquida en la superficie. Son varios los procesos y retroalimentaciones que sabemos que operan en el sistema Tierra capaces de situar la habitabilidad del planeta en el filo de la navaja. El Sol joven más tenue que arrojan los modelos de evolución estelar necesitó más gases de efecto invernadero para mantener la temperatura global por encima del punto de congelación del agua, pero entonces, para que el planeta permaneciera fresco a medida que la energía del Sol se iba incrementando con el paso del tiempo, habría sido necesario que algo retirara esos gases de la atmósfera. Si las temperaturas empezaran a subir en exceso, el incremento de la evaporación y del vapor de agua en la atmósfera podría desencadenar un calentamiento desbocado a través de un efecto invernadero provocado por el vapor. La reducción del volumen de carbono en la atmósfera, impulsada por diversos procesos tectónicos y meteorológicos, podría haber dejado el planeta en un estado de frío perpetuo. Cuando empezaron a acumularse capas considerables de hielo en la superficie, su claridad reflejó más cantidad de luz solar hacia el espacio, lo que tendría el potencial de enfriar aún más el planeta. A primera vista, el sistema climático a largo plazo de la Tierra parece hallarse en un estado de inestabilidad permanente.

Pero estos factores capaces de desencadenar consecuencias extremas se equilibran en la Tierra a través del diálogo que mantienen la atmósfera, los océanos, la corteza y el manto con la mediación de la meteorología, la tectónica, la biología y algo igual de importante: los volcanes. El ciclo del carbono a largo plazo de nuestro planeta cuenta con algo parecido a un termostato. Esta idea existe desde la década de 1950, pero yo la conocí por primera vez en 2004, durante las últimas etapas de preparación de mi tesis doctoral. Fue uno de esos momentos que me dejaron maravillada tanto por la elegancia de la ciencia como por la gran suerte de que un planeta como la Tierra haya evolucionado sin apartarse de los estrechos parámetros que le han permitido darnos sustento.

En el centro del termostato se sitúan observaciones de la química de ríos de todo el mundo reveladoras de que la tasa de meteorización química de las rocas de silicato aumenta tanto con la temperatura como con las precipitaciones de lluvia. Esta meteorización elimina dióxido de carbono de la atmósfera, y esta observación sencilla tiene implicaciones a una escala planetaria. Los índices de evaporación y precipitación también aumentan en general durante los periodos más cálidos, y esta intensificación de la meteorología también incrementa el consumo de carbono atmosférico por reacción con las rocas de la superficie. Esto significa que, si aumenta la temperatura global, se incrementa también la tasa de eliminación de dióxido de carbono de la atmósfera. Con el tiempo, esto atenúa lentamente el efecto invernadero, enfría el planeta y contrarresta el calentamiento. Y a la inversa, si el planeta se enfría, el descenso de la evaporación de agua en los océanos reduce las precipitaciones de lluvia a escala planetaria, y con temperaturas más bajas disminuyen los índices de meteorización, de manera que ambos procesos frenan los índices de eliminación del carbono atmosférico. De un modo gradual, esto permite que el dióxido de carbono procedente de la desgasificación planetaria a través de los volcanes se acumule en la atmósfera y vuelva a calentar el clima. A lo largo de escalas de tiempo geológicas, el dióxido de carbono atmosférico controla y es controlado por la temperatura global del planeta.

Aunque las palancas del termostato funcionan en la superficie del planeta, su rendimiento depende del bombeo incondicional de carbono que aporta el vulcanismo. Si apagáramos el vulcanismo, la atmósfera del planeta se iría quedando poco a poco sin carbono y el mundo se enfriaría. Pero esto no ocurrirá en un futuro geológico cercano. Si nos remontamos hasta la historia geológica más remota de la Tierra en lugar de pensar en su trayectoria futura, queda aún más por averiguar sobre este ciclo y su funcionamiento. Hay muchos interrogantes pendientes de resolver sobre cómo han cambiado los índices de meteorización que rigen la reducción del dióxido de carbono. Pero la parte de ese rompecabezas que más me intriga a mí como vulcanóloga es saber cuánto dióxido de carbono acarrean los volcanes desde las profundidades del planeta para expulsarlo a la atmósfera y cómo ha variado eso a lo largo del tiempo geológico.

Aunque ahora tenemos la capacidad de esclarecer mucho más que la mera intuición de Chamberlin en 1899, el cálculo del volumen de las emisiones volcánicas sigue siendo una tarea complicada. La actividad volcánica se encuentra dispersa en el espacio y en el tiempo. Los volcanes están salpicados por todo el orbe, a menudo en lugares remotos y peligrosos, y su actividad se enciende y apaga de manera irregular e impredecible. La obtención de una idea global de las emisiones de gases volcánicos se parece a veces a adivinar la imagen completa de un rompecabezas a partir de tan solo unas cuantas piezas, y, además, la imagen cambia cada año. Podemos rellenar los huecos con estadísticas, pero siempre serán poco más que suposiciones fundadas.

En el caso del dióxido de azufre, las observaciones a través de satélites y otros avances que facilitan su medición han permitido mejorar los resultados, y las estimaciones actuales de este gas suelen contemplarse como el patrón oro de los inventarios de desgasificación volcánica. El dióxido de carbono, en cambio, plantea ciertos problemas específicos que dificultan especialmente estimar su volumen en las emisiones volcánicas. Las cantidades considerables y bien conocidas de dióxido de carbono en el conjunto de la atmósfera dificultan más la medición mediante satélites desde el espacio de las sutiles perturbaciones de estas concentraciones debidas a volcanes individuales. El hecho de que el dióxido de carbono escape en burbujas de los magmas alojados sobre todo a mayores profundidades

La autora tomando muestras de gas en la cumbre del Etna en 2004.

del planeta impide que quede atrapado en las diminutas cápsulas de vidrio (inclusiones fundidas) inmersas en cristales, ya que muchos de estos cristales solo se forman después de que al menos una parte del carbono haya escapado ya de la roca líquida. En el caso de otros gases, como el vapor de agua y el dióxido de azufre, podemos utilizar estas burbujas vítreas para medir cuánto gas portaba en su origen la roca fundida. Con el carbono no suele ser posible o, cuando menos, resulta mucho más difícil.

Algo más problemático aún tal vez sea que esta fuga de la roca líquida desde las profundidades da libertad al dióxido de carbono para encontrar sus propias vías de acceso a la superficie con independencia del camino que siga el magma. En muchos lugares del planeta, el dióxido de carbono sale de los magmas en las profundidades de la corteza, se cuela por grietas durante su ascenso y se filtra sigiloso a través del suelo en territorios muy extensos donde apenas se aprecian señales de su huida. Estas emisiones difusas son difíciles de medir y de calcular, pero es fundamental conocerlas. Yo diría que en ningún lugar es más complejo este problema que en la región de África oriental. El inusual vulcanismo de esta región aporta mucha información esencial sobre el funcionamiento interno del planeta, pero también implica una gran incógnita para calcular el volumen total de carbono volcánico, y todo lo que podamos averiguar aquí ayudará a explicar además cómo pudo verse alterado el clima del planeta en el pasado por el baile de las placas tectónicas.

En África oriental, la corteza terrestre se separa despacio. Se está formando un nuevo límite de placa que está separando una masa de tierra del resto del continente. Este proceso comenzó hace más de 20 millones de años y, con el tiempo, ha ido hundiendo el paisaje hasta esculpir el Gran Valle del Rift que se despliega a lo largo de miles de kilómetros desde el mar Rojo y el golfo de Adén, en el norte, hasta Mozambique, en el sur, y hay volcanes diseminados por todo el fondo de la falla y, en algunos lugares, a lo largo de sus márgenes. Sus formas son muy diversas: desde majestuosos montes, como el Kilimanjaro en Tanzania, hasta calderas, como la del O'a (o lago Shala), que está cubierta de agua, en Etiopía, así como numerosas concentraciones de pequeños conos volcánicos en lugares intermedios. Y muchos de ellos manifiestan una actividad frecuente o continua, como el Ol Doinyo Lengai de Tanzania, que expulsa lavas carbonatadas muy inusuales y fluidas, y el Erta Ale de la región de Afar, en el norte de Etiopía, que alberga un lago de lava espectacular.

Si esta escisión continúa, algún día en un futuro distante se abrirá un nuevo mar que anegará el corazón de África. Bajo el calor abrasador de la depresión de Danakil, una llanura en la región de Afar situada en el extremo septentrional de la grieta, el sol azota implacable un territorio que ya se encuentra por debajo del nivel del mar. En algunos lugares del desierto de Afar, las fallas han tallado el paisaje polvoriento a medida que la corteza se estira, de tal forma que la topografía desciende como una escalera gigante. Nuestra especie ha vivido una larga historia en esta zona del planeta donde se han hallado algunos de los primeros fósiles de homininos, entre ellos el famoso espécimen de 3,2 millones de años de antigüedad conocido como Lucy. Nuestros ancestros convivieron durante mucho tiempo con los volcanes y sus producciones rocosas salpicadas por todo el territorio. Es posible que algún día los sucesores de estos volcanes formen una dorsal centrooceánica sumergida y oculta bajo las olas del mar más joven del mundo cuya parte oriental esté ocupada por una isla gigante compuesta por toda la franja de África que va desde Somalia hasta Mozambique. Sin embargo, esta nueva geografía no se formará con rapidez, sino a lo largo de un plazo temporal de diez millones de años, por lo que estimo poco probable que nuestros descendientes sean testigos de la completa inundación de este territorio considerado cuna de la humanidad.

Es probable que los orígenes remotos de esta gran depresión estén ligados a la emergencia de manto caliente bajo Kenia y Etiopía de manera análoga a lo que sucede bajo las islas Hawái. Un estudio sísmico reciente para observar hasta 2.900 kilómetros de profundidad bajo África ha tomado imágenes de este penacho caliente de material. Esta tomografía sísmica reveló un manto caliente parecido a un gran árbol sinuoso cuyas ramas se despliegan en diagonal a partir de 1.500 kilómetros de profundidad y de las cuales brotan derivaciones más finas en vertical que se extienden bajo África oriental.

Otra de las ramificaciones sale a la superficie a unos 3.000 kilómetros al sureste, bajo la isla volcánica activa de Reunión, en el océano Índico. La confluencia de estos dos procesos, es decir, el ascenso de material más caliente desde las profundidades de la masa rocosa de la Tierra y el estiramiento y adelgazamiento de la corteza terrestre, lo que reduce la presión sobre el manto subyacente, contribuye a fundirlo, a generar magmas y, en última instancia, a formar los volcanes de África oriental. Es difícil calcular la cantidad de magma que se produce porque solo una fracción de él alcanzará la superficie. De hecho, es posible que el estiramiento de la placa tectónica africana deje más espacio para acumular magma en el subsuelo que en otras partes del mundo. Pero sabemos que las burbujas de dióxido de carbono gaseoso que salen de los magmas a profundidades de decenas de kilómetros bajo la superficie, así como las fallas y fracturas asociadas también a la escisión de la placa, probablemente favorezcan la liberación de este gas carbónico incluso desde las hondas lagunas estancadas de roca fundida que tal vez no lleguen jamás a alcanzar la superficie. Esto torna muy probable que en esta región haya filtraciones de dióxido de carbono en zonas muy extensas y en cantidades considerables incluso lejos de los accidentes volcánicos más evidentes. La medición de estas etéreas emisiones supone un trabajo laborioso y lento, pero también es una pieza crucial para resolver el puzle de la huella de carbono del magmatismo terrestre a una escala global.

Yo empecé a investigar las emisiones difusas de carbono de África oriental en el año 2014, dentro de un programa de campo en Etiopía para estudiar la actividad del volcán Aluto como parte de un trabajo de doctorado que codirigía por entonces. El Aluto forma parte de una alineación de volcanes que marca una sección de la corteza escindida de África oriental conocida como el Gran Valle del Rift de Etiopía. Este segmento volcánico se despliega casi desde el lago Chamo, en el sudoeste, hasta la ciudad de Awash, en el noreste. Habíamos elegido este volcán entre los muchos que hay en Etiopía en colaboración con nuestros colegas locales y por razones diversas. Aunque no ha estado activo a lo largo de la historia escrita, había muchos indicios de que había tenido un pasado más agitado, y las mediciones de radar por satélite revelaban que durante los episodios más intensos atravesaba periodos de abultamiento y hundimiento que implicaban desplazamientos del terreno de diez centímetros o más a lo largo de periodos de entre cinco y nueve meses. El Aluto también se encuentra en las proximidades de numerosas zonas densamente pobladas y alberga la única central geotérmica que funciona en Etiopía por el momento. De modo que, además de servir como lente para estudiar la actividad en las profundidades del planeta, hay razones de peso para indagar en el comportamiento del Aluto con el fin de planificar posibles actuaciones ante riesgos muy reales en la actualidad para las personas e infraestructuras críticas de la región.

El volcán Aluto dista unas cuatro horas en coche hacia el sur de Adís Abeba, la capital del país. Adís Abeba está enclavada en la cordillera que bordea el Valle del Rift a más de dos kilómetros sobre el nivel del mar, de modo que los leves efectos de la altura se notan en la respiración nada más llegar. La historia de Etiopía es larga y a veces un tanto misteriosa. Dicen que la reina de Saba era etíope y que el emperador Haile Selassie que ocupó el trono en el siglo XX era descendiente del bíblico rey Salomón. Hay quien sostiene que el Arca de la Alianza se encuentra en la Capilla de las Tablas de la ciudad de Aksum, custodiada por un solo monje guardián. Jerónimo Lobo, misionero jesuita portugués del siglo XVII, incluso llegó a afirmar que había visto unicornios revoloteando entre los árboles cerca del nacimiento del Nilo Azul.

Muchas de las primeras crónicas de exploraciones geológicas del Rift de África oriental están ligadas a las aspiraciones coloniales europeas del siglo XIX. La obsesión por las fuentes del Nilo y la apertura de rutas comerciales accesibles centraron las primeras expediciones en la parte meridional y occidental del valle. Los registros escritos locales sobre la actividad volcánica y sísmica también se apartan de la región más meridional de Etiopía, donde radican el Aluto y sus vecinos volcánicos. Esa historia escrita se desvía hacia el norte y el noroeste del país, donde solía hallarse la administración política y donde las bibliotecas monásticas lograron conservar manuscritos a lo largo de siglos. Los testimonios de erupciones volcánicas se ven más empañados aún por la variación de los topónimos en las traducciones de esas crónicas a diferentes dialectos locales. La escasez de textos históricos conservados sobre la actividad pasada del Aluto hace que las perspectivas de estudio de este volcán sean muy distintas de las de emplazamientos volcánicos como el de Santorini, el Vesubio o los Campos Flégreos, cuyos registros escritos se remontan a milenios atrás. Para una vulcanóloga como yo, un viaje a un monte como el Aluto se parece más bien a una misión detectivesca cuyo reto consiste en enlazar las crónicas disponibles con la sabiduría popular y nuestra lectura del paisaje y sus rocas para obtener la mejor panorámica posible del pasado del sistema.

La primera vez que partimos desde Adís Abeba camino del Rift viajamos por carreteras polvorientas dentro de un todoterreno en el que nos apiñamos dos estudiantes de Oxford, dos estudiantes de máster de la Universidad de Adís Abeba y el conductor. A pesar de la incomodidad, la sensación dominante era de aventura y emoción ante la expectativa de investigar algunos de los misterios del volcán.

El Aluto pertenece a la región etíope de Oromía, patria del pueblo oromo que alberga en su centro una sección importante del Rift de África oriental. Una vez sorteado el incesante tráfico de la capital, la carretera discurría hacia el sur bordeando el flanco occidental del Rift. Me entusiasmó divisar el cono del monte Zuqualla, que se alzaba como un centinela volcánico por el este mientras el paisaje se volvía más rural. Ese pequeño montículo volcánico extinto es un lugar sagrado para los cristianos ortodoxos etíopes y en el cráter de la cima alberga un lago flanqueado por un bosque con un monasterio antiguo encaramado en el borde. Tras recorrer varios kilómetros polvorientos más, la compañía del Zuqualla se perdió en el retrovisor, y al fin giramos hacia el este para descender por las líneas de pendiente de las fallas limítrofes del Rift y adentrarnos en la cuenca estirada por el desplazamiento de las placas tectónicas del planeta.

Los lagos se apiñan entre los volcanes a todo lo largo del Rift de África oriental. El Aluto está enclavado entre el lago Ziway, al norte, y los lagos de Langano y Abijatta, al sur, cada uno de los cuales tiene unos atributos propios. El lago Ziway nunca supera los nueve metros de profundidad, y desde la orilla del Aluto se ve emerger entre sus olas el pico de la isla de Tulu Gudo, morada de otro de los numerosos monasterios etíopes. Las aguas de tonos marrones y ricas en minerales del lago Langano albergan complejos turísticos y fuentes termales. El lago alcalino de Abijatta alimenta a los flamencos y una planta de producción de carbonato sódico. El paisaje y la fauna son espectaculares. En un viaje posterior me alojé a orillas del lago Awasa, situado un poco más al suroeste en el Valle del Rift. En ese lugar me tomaba el café de la mañana junto al chapoteo de las olas contemplando la increíble avifauna que revoloteaba por la orilla, las barcas de pesca faenando entre los juncos a una distancia intermedia y la silueta jorobada del volcán Corbetti como telón de fondo entre la bruma de la orilla más apartada. Era una bendición empezar el día así, y a veces me costaba recomponerme para ir a trabajar.

Los lagos, volcanes y fallas han coexistido en este paisaje durante cientos de miles de años. Los volcanes han emergido, se han vaciado a veces para formar calderas y, en muchos casos, aunque no en todos, se han reconstruido a lo largo de todo ese tiempo. Los lagos tampoco se han librado de sufrir cambios, y el nivel de sus aguas ha subido y bajado con el clima cambiante. Hace 70.000 años, el nivel de las aguas era bastante más elevado, y los lagos de los alrededores del Aluto se fundieron en uno solo, de tal modo que, por entonces, el agua habría rodeado este monte por todos lados menos por el oriental, aunque ahora se encuentre confinada en lagos que distan de él muchos kilómetros hacia el norte y el sur. Durante mis trabajos en el árido flanco occidental del Aluto descubrí un lugar arenoso, un rincón entre los afloramientos de rocas volcánicas que me recuerda algunas de las playas del Distrito de los Lagos de Gran Bretaña en las que me he dado un chapuzón. No he hecho los análisis necesarios para confirmar que ahí hubo una vez una costa, pero al pasear la mirada por ese paisaje africano me imagino de manera instintiva lanzando piedras contra apacibles olas que acariciaran la antigua orilla.

Todos los indicios apuntan a que nuestros antepasados homininos convivieron en este paisaje con estos lagos y volcanes cambiantes. Su vida y su evolución estuvieron ligadas a las variaciones climáticas y tectónicas. Los estudios del Aluto y sus volcanes vecinos sugieren que pudo haber un periodo concreto de especial agitación volcánica en el que grandes erupciones explosivas dieran lugar a las calderas del Aluto, el Gademsa en el norte y el O'a y el Corbetti en el sur durante un intervalo de tiempo geológico muy breve de 150.000 años. Solo podemos especular sobre los cambios que estas erupciones provocaron en el paisaje y el entorno o sobre cómo las vivieron las primeras poblaciones de homininos. ¿Supondrían aprietos tan graves como para favorecer su migración y desarrollo? Es difícil saberlo.

Fotografía del lago Awasa con el volcán Corbetti al fondo tomada en 2019.

Es indudable que este paisaje ha desfilado por retinas humanas desde hace mucho tiempo, y nuestra especie aún sigue muy presente en la zona. Casi siete millones de personas viven dentro de un radio de cien kilómetros alrededor del Aluto y sus volcanes vecinos, como el Corbetti, situado al suroeste. Buena parte de ellas reside en ciudades grandes como Ziway, Awasa y Shashamane, pero muchas otras viven en poblaciones más pequeñas o en asentamientos diseminados por el paisaje. En los alrededores del Aluto, incluso lejos de la carretera principal, nuestras actividades solían congregar a una multitud curiosa que a veces parecía surgir de la nada. No siempre era fácil explicar qué hacíamos allí (con nuestras extrañas bombas, palas y martillos), ni siquiera para nuestros colaboradores etíopes. En Etiopía se hablan más de ochenta lenguas, y nuestros colegas no siempre hablaban la lengua oromo local.

En ocasiones, nuestra labor despertaba recelos y preferíamos movernos a otro lugar antes que incomodar a alguien. Pero en general parecíamos ser más bien una fuente de interés y entretenimiento. Una tarde que trabajamos al este del Aluto desplazamos sin pretenderlo la merienda campestre dominical de una aldea hasta un barranco profundo en el que investigábamos la estratigrafía inferior del volcán; la población sintió curiosidad por saber qué hacíamos allí y quizá también cierta decepción al ver que toda la emoción consistía en examinar los afloramientos de roca y tomar anotaciones en cuadernos.

Aproximarse al Aluto se parece mucho más al ascenso en coche por los bajos terraplenes del Masaya que a un cono volcánico clásico como el del Villarrica o una caldera escarpada como la de Santorini. A diferencia de lo que ofrece el Masaya, aquí no hay lava incandescente que atraiga a turistas, pero abundan los signos del magmatismo que bulle bajo el paisaje y sus interacciones con el entorno y las personas que encuentra cuando entra en erupción. El desvío de la carretera principal para acceder al Aluto está marcado por los restos truncados de una chimenea explosiva conocida por el atinado nombre de Adami Tullu o 'Monte de los Cactus'. La forma y el tamaño de este pequeño anillo de piroclastos explosivos surgieron de la colaboración entre las aguas del antiguo lago, que era mucho más grande, y la roca fundida que salió expulsada de su fondo. El chorro de magma caliente elevó la temperatura de aquellas aguas someras hasta el punto de ebullición, provocó explosiones freatomagmáticas (un término empleado para aludir a las erupciones causadas por la interacción de agua o hielo del exterior, como acuíferos, glaciares, lagos o el mar, con el magma procedente del subsuelo) y pulverizó la roca con más intensidad que la acción del vapor del propio magma por sí sola. La estructura partida del cono evidencia aún más el poder del agua incluso después de que se extinguiera la furia de la erupción, puesto que la rompiente de las olas del lago contra el monte lo erosionó en su mayor parte antes de que las aguas retrocedieran con el cambio climático y dejaran el cono abandonado lejos de la costa actual.

Camiones mineros cargados de piroclastos volcánicos y vehículos de servicio para proyectos de energía geotérmica traquetean a lo largo de la carretera de grava que conduce hasta el volcán y atraviesa hacia el este blancos peñascos (restos de la acumulación de diminutos esqueletos de algas diatomeas de agua dulce sobre el lecho del antiguo lago, de mayor tamaño) por una zona muy tranquila del valle del Bulbula. Después, la carretera serpentea por la escarpada ladera del volcán, cuya compleja estructura está esculpida por capas entreveradas de pumita y escorias caídas desde la altura, depósitos de coladas piroclásticas y densas coladas de lava que indican con claridad numerosas erupciones de tipos y tamaños muy variados. Algunas de estas lavas oscuras están formadas por un vidrio volcánico de color negro azabache conocido como obsidiana, y el suelo que hay a su alrededor está plagado de virutas oscuras que brillan siniestras cuando les da el sol, como caparazones de escarabajos gigantes o algo metálico. A pesar de su antigüedad, parecen tan recientes como si la erupción hubiera sido ayer. La obsidiana debe su nombre a esta región: Plinio el Viejo escribió sobre ella en el año 77 d. C. y la describió como una «piedra que encontró Obsidio en Etiopía». Se trata de una sustancia fascinante. Sus afilados y ondulados patrones de fractura siempre me han parecido impropios de una muestra natural porque me recuerdan a la rotura del vidrio cuando se produce un accidente en casa. Igual que el cristal artificial, tiene el aspecto de un revoltijo a escala molecular, con la estructura caótica de un líquido aprisionado como sólido. Nuestros antepasados repararon en sus propiedades especiales, y hay evidencias de que la obsidiana se empleó para fabricar herramientas y armas de filo cortante durante cientos de miles de años.

En el borde del volcán, la topografía sigue siendo accidentada porque sus escarpadas murallas consisten en los lóbulos de múltiples erupciones anteriores que crean un *collage* geológico macizo, pero en su centro aún se distingue el fondo de la antigua caldera, una llanura plana alfombrada de verdes y amarillos y salpicada de achaparradas acacias. Cuando se desplomó por primera vez a medida que las grandes erupciones del Aluto vaciaban la corteza subyacente unos 300.000 años atrás, es probable que la caldera fuera una elipse de suelo llano y lados escarpados que abarcaba diez kilómetros de este a oeste y se estrechaba hasta unos cinco kilómetros de norte a sur. Una topografía similar ha perdurado hasta hoy en el volcán Fentale, situado en el noreste del Gran Valle del Rift de Etiopía. En el Aluto quedan vestigios de esta morfología donde aún se distinguen algunos tramos cortos de la escarpada pared de la caldera. Pero, en general, esta estructura está cubierta por productos volcánicos más recientes y cortada por fallas que han rellenado algunas partes del fondo llano y han sepultado sus antiguas paredes escarpadas, lo que oculta su orientación elíptica original.

No obstante, el área más reducida que ha quedado del llano paisaje interior del Aluto es buena para el cultivo, y ahora es un mosaico de campos de labor y pequeños asentamientos agrícolas: cabañas circulares de barro con techos de paja agrupadas o aisladas, a menudo rematadas con una olla en la punta siguiendo la tradición. El calor interno del volcán también se aprovecha, y los tubos plateados de la central geotérmica salpican el paisaje con un brillo que desentona con el acabado mate de la sabana. El vapor que emana de los pozos activos forma blancos penachos de nubes que contrastan con los verdes y ocres del terreno. Una de nuestras zonas de estudio se encontraba cerca de uno de esos pozos, en la cuenca de un pequeño valle. Su fragor sibilante era ensordecedor y resultaba agotador al cabo de muy poco tiempo. Más bienvenidos eran los perpetuos arco iris danzantes formados con la luz del sol en el fino rocío brumoso que salía del pozo y que evidenciaba la elevada temperatura del magma del subsuelo.

Durante aquel viaje en 2014 trabajé en equipo con Amdemichael Zafu (Amde), que por entonces estudiaba en la Universidad de Adís Abeba y era uno de nuestros colaboradores. Queríamos conocer los patrones de las emisiones de dióxido de carbono que se filtran a través del suelo en un kilómetro cuadrado de terreno próximo a los pozos geotérmicos activos. La obtención de una imagen tan detallada requirió que efectuáramos mediciones de flujos individuales cada 30 metros en puntos repartidos por todo ese espacio. Nuestros movimientos sucesivos venían dictados por los puntos planificados en nuestro GPS portátil, y en cada uno de ellos nos deteníamos, aflojábamos la tierra marrón, amarilla o rojiza con un martillo geológico e introducíamos en ella un tramo corto de tubería para que quedara semienterrado en el suelo africano. El instrumento en sí consistía en una cámara cilíndrica conectada a un sensor que detectaba la concentración de dióxido de carbono. Una vez montado en la abrazadera del tubo, el instrumento medía la rapidez con que se concentraba el gas dióxido de carbono en el interior de la cámara, lo que nos permitía calcular qué cantidad emanaba silenciosa del suelo.

Caldera del Aluto en 2014.

Tardamos alrededor de una semana en cubrir aquel kilómetro cuadrado. Es raro que yo recorra un paisaje tan despacio, pero me adapté muy bien a hollar la tierra a pasos pequeños en aquel país desconocido de fallas escarpadas, fumarolas humeantes y penachos atronadores salidos de pozos geotérmicos. También me resultó muy entrañable el trabajo de remover la tierra y acumularla bajo las uñas porque me recordaba a los trabajos de jardinería que solía practicar en casa. Aquel ritmo lento nos permitió reparar en cosas que en otras condiciones habríamos pasado por alto, como los pequeños agujeros del suelo fáciles de confundir con nidos de insectos, pero que en realidad eran poros por los que el terreno transpiraba gas carbónico, o las cambiantes figuras que se formaban cuando retazos del sol de mediodía fil-

trados a través de los matorrales interceptaban el vapor que exhalaban las fumarolas situadas a media altura de un escarpe de falla.

Compartimos aquel pequeño tramo del Rift con la vida salvaje, con las rocas, con el suelo y con las fugas de gas. Los pájaros tejedores revoloteaban hacia sus intrincados nidos colgados de los árboles, los murciélagos pendían de las ramas entregados al sueño, los termiteros crecían en los campos y de vez en cuando zumbaban insectos extraños. Pero lo que en verdad llamó mi atención fueron los babuinos. Se movían con rapidez por las alturas que quedaban sobre nosotros mientras efectuábamos las mediciones, y oíamos crujidos y veíamos signos de su presencia mientras trabajábamos entre los árboles achaparrados y los matorrales. Mi fascinación por sus movimientos se convirtió en una especie de diversión con mi compañero de trabajo. Amde había crecido rodeado de babuinos, y mi entusiasmo y sorpresa infantil ante su cercanía debieron de ser para él lo mismo que si yo viera una reacción similar en alguien ante las palomas o las ardillas al visitar el Reino Unido; se burlaba un poco de mi nerviosismo cuando sabía que estaban cerca. Sin embargo, su tranquilidad tampoco era absoluta. Una tarde nos trasladamos de un punto de medición a otro por un terreno accidentado y lleno de matorrales y empecé a notar que los babuinos se congregaban en los árboles de la loma que quedaba al sur. Cada vez acudían más, de modo que acabaron formando una hilera de siluetas en el horizonte hasta que algunos se armaron de valor y descendieron para acercarse a nosotros y lanzar gritos de aviso en nuestra dirección. Para mi alivio, Amde admitió que había llegado el momento de moverse a otro lugar para efectuar nuestras mediciones, y los vimos descender en masa para socializar en el espacio que nosotros habíamos abandonado a medida que las sombras se fueron alargando. Al parecer, habíamos cometido la insolencia de montar nuestra ciencia en su espacio de reunión, y en cuanto nos marchamos pudieron reanudar sus rituales vespertinos.

Pero, con la aprobación de los babuinos o sin ella, cada una de las más de mil mediciones señaladas en nuestra cuadrícula formaba parte de algo mucho más grande. Al trazar la gráfica con los datos obtenidos, encontramos grandes variaciones en las emisiones de gas procedentes del suelo dependientes de factores como la topografía, las fallas que cortan el paisaje y la permeabilidad de la superficie rocosa. La combinación de todas las mediciones efectuadas sobre la retícula nos permitió calcular que la cantidad de gas que emana del suelo en ese kilómetro cuadrado de Etiopía que llegamos a conocer con un grado de detalle tan inusual ascendía a unas

Boca de un pozo geotermal en Aluto, 2014.

60 toneladas de dióxido de carbono al día. Eso viene a ser una cantidad diaria equivalente a la que emiten en promedio seis hogares británicos al cabo de un año. Dentro del edificio completo del Aluto, esta cifra se corresponde con varios cientos de toneladas diarias. Las grandes variaciones observadas en la cantidad de gas que sale del suelo tan solo en este pequeño cuadrado de África ponen de manifiesto los enormes desafíos que plantea la ampliación de estos cálculos al espacio que ocupa un solo volcán como el Aluto.

No fuimos el único equipo dedicado a medir las emisiones difusas de carbono que salían del Rift en aquella época. Otro grupo británico también había medido una emisión de carbono mucho menor en el volcán Longonot de Kenia. Un equipo de Estados Unidos trabajaba más al sur, en la cuenca del lago Natrón de Tanzania, para efectuar mediciones similares. El extremo meridional de las templadas aguas cáusticas del lago Natrón está flanqueado por el majestuoso cono del Ol Doinyo Lengai, tal vez uno de los volcanes más insólitos del mundo. Como ya se ha mencionado aquí de manera fugaz, alguna química extraña en las profundidades del planeta ha creado magmas ricos en variedades raras de carbonatos de sodio y potasio, en lugar de silicatos, que salen a borbotones como si fueran agua durante las frecuentes erupciones del Ol Doinyo Lengai. Quizá no deba sorprendernos que, en vista de estos signos de una red inusual de tuberías de carbono en esta región del Rift, el equipo estadounidense midiera grandes emisiones de carbono en un área extensa presidida por los espléndidos pero amenazados flamencos autóctonos del lago Natrón.

Aunque los sucesos de los lagos Monoun y Nyos son buenos avisos, esta discreta filtración de dióxido de carbono a través del terreno entraña pocos peligros en general para las personas y los animales, siempre que se eviten las hondonadas o huecos mal ventilados en las zonas de desgasificación intensa. Su incidencia en el medio ambiente local también es mínima y se limita a unos pocos daños visibles en espacios situados a menos de un brazo de distancia de las fumarolas. No obstante, para entender nuestro planeta y la influencia de sus operaciones internas en el medio ambiente de la superficie es importante conocer la magnitud de las emisiones de dióxido de carbono que se filtran a través de todo el Valle del Rift de África oriental.

No es fácil cuantificar esos efluvios. Como expuse más arriba, estas mediciones requieren tanto tiempo que solo contamos con información de una pequeña porción de la inmensa superficie del Rift. Cuesta mucho encontrar la mejor manera de juntar todas estas mediciones tan localizadas y fragmentadas en términos geográficos para obtener un buen cálculo de las emisiones de carbono en todo el conjunto del Rift a lo largo de los miles de kilómetros por los que se extiende. Aún queda mucho trabajo por hacer, pero la mejor estimación actual es que cada año se filtran desde las profundidades del planeta unos 30 millones de toneladas de dióxido de carbono. Los márgenes de error que manejamos son grandes: algunas estimaciones son tres o cuatro veces mayores, y otras, diez veces inferiores. Se cree que un proceso de fracturación continental *(rifting)* como el de África oriental tiene la capacidad de desalojar depósitos de carbono inaccesibles de la quebradiza parte superior del manto terrestre situado bajo esa región. Si se confirmaran las estimaciones más elevadas de las emisiones de dióxido de carbono, respaldarían este extraordinario proceso. Hemos logrado avances, pero aún quedan muchos misterios por resolver mediante trabajos a lo largo de toda esta fosa tectónica.

África oriental es a la vez una región de relevancia global y un lugar clave para estudiar la escisión continental en plena acción. Pero todos los volcanes de los sitios tectónicos del planeta emiten carbono. El estudio del comportamiento del carbono asociado a los distintos tipos de vulcanismo también permite entender estos procesos y su incidencia en la atmósfera a largo plazo. El magmatismo en las dorsales oceánicas puede fijar el carbono del agua del mar en la nueva placa oceánica que genera, pero también expulsarlo al exterior con las ondulantes lavas submarinas. Esta captación del carbono limita su emisión neta desde el vulcanismo de las dorsales oceánicas. De hecho, es muy posible que las dorsales oceánicas actúen como sumideros del carbono, y no como surtidores, en situaciones en las que se fija más carbono del que se emite. Los volcanes de los puntos calientes, como los de Hawái, expulsan carbono procedente del manto. Los volcanes de las zonas de subducción también actúan como chimeneas del manto, pero sus emisiones de dióxido de carbono pueden verse incrementadas por el carbono que se precipitó a las profundidades del planeta con el hundimiento de la placa tectónica que propulsa el magmatismo. Esto es más probable en aquellos lugares donde la corteza de la placa en proceso de subducción está formada por rocas carbonatadas como la caliza, tal como sucede en Centroamérica bajo volcanes como el Masaya. En otras regiones, como el Etna en Italia, Santorini en Grecia o el volcán Popocatépetl en México, los gases ricos en carbono llevan la firma de la caliza de la corteza calentada y descompuesta después en magmas en alguna etapa de su viaje desde la fuente del manto hasta el lugar de la erupción.

Los trabajos efectuados por todo el planeta desde la vulcanología y la geoquímica permiten calcular cada vez mejor la cantidad total del carbono expulsado por la desgasificación volcánica en el conjunto de la Tierra. Las emisiones desde fuentes difusas se han cartografiado en muchas zonas mediante técnicas similares a las que usé durante mis estudios en Etiopía. En otros lugares se han medido emisiones fumarólicas (como las de la Solfatara, en Italia, descritas en el capítulo 4) de fuentes termales, como las de las aguas someras que rodean las islas Kameni de Santorini (también mencionadas en el capítulo 4), y de las pozas de fango borboteante en lugares como Yellowstone, en Estados Unidos, o Rotorua, en Nueva Zelanda. En penachos potentes y visibles, como el del Masaya, podemos utilizar espectrómetros para detectar la huella infrarroja del dióxido de carbono; y, en tiempos más recientes, el sobrevuelo con drones de los penachos de volcanes más peligrosos o inaccesibles ha abierto posibilidades nuevas para medir las exhalaciones del planeta ricas en carbono. En cuanto a África oriental, nuestros cálculos adolecen de márgenes de error muy grandes, pero la mejor estimación actual sitúa la cantidad total en un máximo aproximado de 500 millones de toneladas de dióxido de carbono al año. Y esta es una cifra importante por muchas razones. De acuerdo con todo lo que podemos deducir del registro geológico, no parece que vivamos en un momento especialmente extraordinario en cuanto a índices y magnitudes de actividad volcánica. El flujo de emisiones calculado en la actualidad brinda una idea sobre la repercusión del vulcanismo en el equilibrio del carbono en la atmósfera del planeta durante periodos de magmatismo global poco significativos en términos geológicos.

Si descubrimos qué procesos subyacentes son capaces de inducir cambios sutiles en esos volúmenes de emisiones, podremos emitir hipótesis sobre cómo han oscilado en torno a esa media las emisiones de carbono procedentes de la desgasificación volcánica a lo largo de la historia de la Tierra, y qué consecuencias pudieron tener esas variaciones. Por ejemplo, cada una de las mediciones que realizamos Amde y yo entre el polvo y la maleza del Aluto durante aquellos días de febrero de 2014, así como las de otras campañas de medición análogas a la nuestra, también tienen implicaciones mucho más amplias aunque sean únicas en la historia de la Tierra. La danza de las placas tectónicas del planeta ha unido continentes, pero también los ha separado. Hay signos de que hubo grandes supercontinentes en tiempos remotos en los que casi todas las masas de tierra estaban unidas y tenían en sus antípodas una inmensa masa azul de océano. El más reciente de esos supercontinentes fue Pangea, el cual se desmembró por etapas a lo largo de un periodo aproximado de 100 millones de años que comenzó con el cambio del Triásico final al Jurásico inicial (hace unos 200 millones de años). Durante estos periodos de escisión continental, la longitud física de ese proceso de fracturación *(rifting)* que separaba las tierras y creaba océanos nuevos era mucho mayor que la longitud total de todos los *rift* del mundo actual. Al igual que sucede ahora en África oriental, estas grandes fallas del pasado liberarían gases, y se ha planteado la hipótesis de que las elevadas emisiones de dióxido de carbono desde las profundidades del planeta durante estos periodos de mayor *rifting* pudieron provocar el calentamiento del clima.

La reconstrucción de la disposición de los continentes y océanos hace cientos de millones de años plantea numerosos problemas. Pero para inferir la relación entre la desgasificación debida a los *rift* y los niveles de carbono atmosférico a lo largo del tiempo geológico también necesitamos tener una buena estimación de la cantidad de dióxido de carbono que emite por kilómetro un continente en proceso de separación. Al introducir nuestros tubos de drenaje en el árido suelo etíope para medir el flujo de gas, Amde y yo estábamos aportando nuestro granito de arena para obtener una panorámica, con cada dato obtenido punto por punto, que permita conocer la huella de carbono que deja la desaparición de un supercontinente. Otros cambios tectónicos también influirán en la cantidad de dióxido de carbono que emana de la desgasificación del planeta a lo largo del tiempo geológico. Estos incluyen variaciones en la longitud total de las zonas de subducción a escala planetaria, el volumen de ese gas que portan las rocas ricas en carbono, como los carbonatos subducidos que después enriquecen los magmas resultantes, y las fluctuaciones en la actividad de los puntos calientes del manto.

Una vez más, el estudio de los procesos volcánicos actuales brinda una idea sobre la magnitud de estos efectos, y, de nuevo, conocer el presente nos ayuda a desentrañar el baile del clima de la Tierra siguiendo en parte (aunque, por supuesto, no en exclusiva) el mismo ritmo que las placas tectónicas a lo largo del tiempo geológico.

Las emisiones volcánicas actuales, de 500 millones de toneladas de dióxido de carbono al año, también son una referencia para medir otros aspectos capaces de causar alteraciones más drásticas en ese equilibrio. En el capítulo 8 conoceremos las huellas impresas en nuestro planeta por procesos volcánicos del pasado que superan con creces todo lo acontecido en tiempos recientes y que dejaron en la superficie eso que ahora conocemos como grandes provincias ígneas. Pero existen otros procesos no volcánicos capaces de desajustar el ciclo del carbono. Los choques de asteroides de gran tamaño, como la enorme roca de diez kilómetros de diámetro que creó el inmenso cráter Chicxulub en México al final de la era de los dinosaurios (a finales del periodo Cretácico, hace unos 66 millones de años), pueden vaporizar de la corteza terrestre franjas enteras de margas (fangos ricos en carbonatos), calizas y otras rocas ricas en carbono y disparar la temperatura global. Esto podría desplazar cientos de miles de millones o incluso billones de toneladas de dióxido de carbono a la atmósfera y acrecentar las catástrofes ambientales derivadas de esos sucesos. En la actualidad, las emisiones volcánicas a escala planetaria ofrecen una referencia para valorar nuestras propias emisiones de carbono fósil en la era postindustrial.

Amde y la autora tomando muestras de gas en el Aluto en 2014.

A pesar del gran margen de error de nuestras estimaciones del índice mundial de carbono producto de la desgasificación volcánica, sabemos que estas emisiones naturales palidecen en comparación con la producción humana. En 2019, la quema de combustibles fósiles liberó a la atmósfera más de 35.000 millones de toneladas de dióxido de carbono. Esto supera en setenta veces incluso nuestras estimaciones actuales más generosas del carbono derivado de la desgasificación magmática global. En 2022, la industria de la aviación emitió por sí sola 800 millones de toneladas de dióxido de carbono, lo que eclipsa las estimaciones del expulsado por la tectónica natural de nuestro planeta sin llegar a considerar siquiera otros sectores industriales humanos. No debemos tomar como referencia en la actualidad el vulcanismo de la Tierra para relajarnos pensando que nuestras emisiones de carbono no causarán una alteración excesiva de los ciclos naturales del planeta. Por muy poderosas que sean las fuerzas tectónicas que impulsan a diario el lento desplazamiento de las placas y la actividad volcánica en todo el mundo, la raza humana las ha superado en cuanto a emisiones de dióxido de carbono a la atmósfera. Conviene reflexionar sobre el grado de compromiso que debería acompañar al grado de poder que ha alcanzado nuestra especie y que, de acuerdo con esta métrica del carbono, supera el de todos los volcanes de la Tierra.

A escalas de tiempo geológicas, la Tierra se ha recuperado de crisis relacionadas con un exceso de carbono, como las provocadas por el gran asteroide que chocó con ella y marcó el fin del Cretácico, los periodos de desmembración de supercontinentes o las descomunales efusiones volcánicas que expondremos en el capítulo 8. Hoy creemos que esta capacidad de recuperación está determinada en buena medida por la lenta meteorización que sufren las rocas cuando la lluvia arrastra hacia el suelo el dióxido de carbono atmosférico dentro del ciclo descrito con anterioridad en este capítulo. No tengo ningún motivo para pensar que la Tierra no se recuperará despacio de la situación, sea cual sea, a la que nos conduzca nuestra dependencia del carbono. Sin embargo, no ocurrirá a una escala temporal útil para mitigar las consecuencias de nuestras actuaciones colectivas. Aun así, me sirve de consuelo cuando me angustia el estado actual del mundo, aunque no mitigue mi ardiente deseo de que reduzcamos más nuestras emisiones para evitar los cambios y padecimientos que probablemente causaremos si seguimos al ritmo actual.

En cierta ocasión tomé un vuelo diurno de regreso a casa desde Etiopía y me alegró ocupar el asiento de la ventanilla. Estaba cansada de todo el viaje, de modo que dejé caer la cabeza contra el cristal y contemplé la transición del verde de las montañas etíopes, con sus hondos barrancos, hacia los tonos tostados y ocres del desierto a medida que nos dirigíamos hacia el norte para llegar a Europa. La ruta de nuestro vuelo pasó justo por encima de Jartum, donde el Nilo Azul y el Nilo Blanco confluyen para formar el ondulante cauce de este río místico que discurre hacia Egipto a través de un terreno estéril. Encontré fascinantes el paisaje desértico y la banda de este caudaloso río incluso desde la altitud de crucero. Había acudido directa al avión desde el Rift y el pequeño kilómetro cuadrado de territorio de desgasificación del Aluto que había llegado a conocer con tanto grado de detalle. A pesar del cansancio, me complació imaginar que el caudaloso río atraparía y transportaría algún día los invisibles átomos de carbono que yo había detectado saliendo del suelo y las fumarolas del Rift para volver a dejarlos secuestrados en el interior del planeta.

No se me escapó la ironía de reflexionar sobre ese equilibrio acompañada por el zumbido de los motores del avión, propulsados por la quema de carbono fósil. Mi asombro ante nuestro mundo y su afortunado estado de equilibrio se enturbió con la pesadumbre de saber que el viejo termostato del planeta no nos ayudará a eludir la responsabilidad de controlar el poder que hemos alcanzado para alterar el clima. Tenemos la suerte de vivir en un mundo dotado de este equilibrio, y los volcanes actuales de la Tierra nos orientan sobre sus limitaciones para tolerar el carbono a corto plazo. No hay que mirar muy lejos para ver los resultados de diferentes sendas de evolución planetaria. La Tierra no es el único objeto planetario provisto de volcanes, y estas estructuras geológicas también han condicionado la evolución ambiental de otros mundos. Si dirigimos la mirada más allá de la delgada línea azul de nuestra atmósfera, descubrimos lo diferentes que podrían haber sido las cosas aquí y el valioso camino que siguió la Tierra para hacer posible la vida humana. Resulta que la madriguera de las maravillas volcánicas llega hasta las estrellas, y, aunque no podamos visitar esos lugares, debemos desplegar la imaginación hasta ellos para conocer y apreciar mejor lo que tenemos aquí en la Tierra. A continuación viajaremos a los cielos.

TERCERA PARTE

AVENTURAS VOLCÁNICAS EN LAS PROFUNDIDADES DEL ESPACIO Y DEL TIEMPO

7

VERDADES CAÍDAS DEL CIELO

La naturaleza del vulcanismo en otros mundos

Los paisajes volcánicos pueden resultar muy extraterrestres. Las visitas a volcanes suelen traernos a los labios la expresión «paisaje lunar» y transmitirnos la intensa sensación de estar en otro mundo. Los entornos recién afectados por un episodio de vulcanismo tienen una naturaleza primitiva, y sus formas y colores inorgánicos llegan a hacernos sentir forasteros en un territorio ignoto. La biología es un rasgo tan definitorio de nuestro mundo que su aparente ausencia o su presencia encubierta en un terreno recién bañado en lava o polvo volcánico o rociado de los acres gases de estos fenómenos es una de las razones por las que encontramos tan alienígenas las regiones con vulcanismo activo. Pero no hay que mirar muy lejos para encontrar signos de la importancia del magmatismo en otros cuerpos celestes. Las manchas oscuras o mares *(maria* en latín) que vemos al alzar la vista hacia la Luna llena en noches despejadas y que confieren a nuestra compañera celeste su aspecto característico no son las masas de agua que imaginaron los primeros astrónomos, sino grandes efusiones antiguas de basalto que datan de hace varios miles de millones de años. Los mares lunares cubren alrededor del 15 % de la superficie de nuestro satélite y se encuentran concentrados en la cara de la Luna que siempre mira hacia la Tierra por la rotación sincrónica debida a las mareas. Estos mares de basalto son más oscuros y menos reflectantes que los minerales de los montes ricos en feldespato que dominan la cara oculta, de modo que si la Luna nos mostrara esa mitad, la veríamos más brillante.

Alzar la vista al firmamento en busca de respuestas es algo muy humano. La arqueología está repleta de restos que evidencian que las primerísimas sociedades humanas veneraban al Sol, la Luna y las estrellas, y a menudo los deificaban, al igual que a los volcanes. Mirar más allá de nuestra atmósfera y descubrir que el vulcanismo trasciende las fronteras de este planeta no es ninguna sorpresa si tenemos en cuenta los conocimientos científicos que hemos reunido sobre la Tierra. Los planetas y satélites rocosos del Sistema Solar se formaron a partir de los mismos ingredientes básicos que la Tierra, y todos ellos estuvieron fundidos en sus orígenes en medio del tumulto del Sistema Solar primigenio. Esta similitud con nuestro planeta en cuanto a génesis y composición implica que el magmatismo es muy posible, cuando no probable, durante algunas etapas al menos de las largas vidas planetarias, en vista de la abundancia de volcanes que encontramos en la Tierra. Es fácil detectar signos de vulcanismo antiguo en esos objetos. La mayoría del vulcanismo de la Luna se extinguió hace mucho tiempo, pero la observación de los mares oscuros enmarcados dentro de su círculo completo permite contemplar en un instante y a simple vista más cantidad de lava de la que conseguiría ver en la Tierra el vulcanólogo más viajado a lo largo de toda una vida: una reflexión fugaz que compartió conmigo un científico planetario estadounidense amigo mío hace muchos años mientras conversábamos bajo una Luna llena en un cielo despejado un atardecer de otoño en Oxford. Desde entonces se me viene a la mente cada vez que contemplo el brillante orbe de nuestro satélite desde cualquier parte del planeta.

Como es natural, hay un límite para lo que alcanzamos a divisar tan solo con la vista. Pero la tecnología nos permite llegar más lejos, y cada vez descubrimos más detalles sobre otros objetos astronómicos del Sistema Solar y fuera de él. Hemos aprendido mucho sobre el vulcanismo y su relevancia aquí en la Tierra, pero gracias al incremento de nuestra capacidad de observación, nunca ha sido tan oportuno plantearse las conexiones que se pueden establecer entre la geología de este planeta y la de otros mundos. Esta exploración comenzó con los objetos planetarios del Sistema Solar, pero en tiempos más recientes hemos alcanzado una nueva frontera en los planetas extrasolares (también conocidos como exoplanetas) que orbitan alrededor de otras estrellas, y las mediciones y descubrimientos que vamos obteniendo sugieren interrogantes cada vez más amplios sobre hasta dónde podría extenderse la madriguera de las maravillas volcánicas en el cosmos. ¿Qué pueden desvelarnos entonces nuestros conocimientos sobre el vulcanismo de la Tierra acerca de sus características y efectos en otros mundos tanto dentro como fuera del Sistema Solar en este espléndido y novedoso universo? Pero mirar hacia fuera también es un acto de introspección, tal como sucede cuando nos maravillamos ante la inmensidad del firmamento estrellado. Además de aprovechar lo aprendido a partir de la geología de este planeta para conocer otros recién descubiertos, las características ambientales de esos mundos también nos permiten extraer importantes conocimientos sobre el precario equilibrio que tenemos ahora en la Tierra gracias, al menos en parte, a los volcanes.

El estudio del vulcanismo de la Luna se remonta a varios siglos atrás. A comienzos del siglo XVII, el polímata de Pisa Galileo Galilei detectó cráteres, montañas y valles en la superficie lunar utilizando un nuevo invento: el telescopio. Durante mucho tiempo se pensó que los cráteres lunares tenían un origen volcánico. El perfeccionamiento de los telescopios deparó observaciones más detalladas. Esa mejora en la calidad de imagen, así como el estudio de las fosas volcánicas, de lo que sucede cuando asteroides o meteoritos impactan contra la superficie de un planeta y la tétrica observación de los cráteres que forman las bombas nucleares aquí en la Tierra, acabaron llevando al consenso de que estas marcas de viruela en la superficie de la Luna se deben a un bombardeo de objetos caídos sobre ella y no a procesos de vulcanismo. Los canales ondulantes (conocidos como «grietas sinuosas») asociados a los mares lunares se han documentado desde finales del siglo XVIII y, aunque siguen planteando numerosos enigmas, a menudo se interpretan como signos claros de antiguas coladas de lava.

Cuando Neil Armstrong dio su «pequeño paso» sobre la superficie lunar en 1969, ya había muchas ideas sobre la relevancia de la Luna para nuestras aventuras volcánicas, pero el hecho de que la superficie de nuestro satélite fuera visitada por botas y ojos humanos supuso una revolución para los conocimientos sobre su vulcanismo, aparte de convertirse en una de nuestras mayores hazañas de exploración espacial.

Cuando contemplo la Luna en el cielo nocturno, aún me estremece pensar que doce personas diferentes de seis misiones distintas consiguieron aterrizar y observar en directo su lejana superficie. A pesar de las increíbles imágenes enviadas por módulos de aterrizaje desde lugares más distantes, sigue siendo el único mundo aparte del nuestro del que tenemos información obtenida de primera mano. Aunque por el momento solo ha viajado a la Luna una persona con formación científica oficial (Harrison o «Jack» Schmitt, del Apolo 17), todos los astronautas de las misiones Apolo aprendieron geología de campo en entornos de la Tierra similares a la Luna, como Islandia y Hawái. Al fin y al cabo, la Luna sigue siendo hasta la fecha el destino por excelencia para practicar geología de campo, sobre todo para quienes sentimos debilidad por las rocas ígneas. Las ansias de «solo una roca más» son muy habituales cuando se toman muestras sobre el terreno, y la historia de Dave Scott durante la misión del Apolo 15 demuestra que los astronautas asimilaron sin lugar a dudas parte de esta avidez psicológica. Scott vio una roca de aspecto interesante sobre la superficie de nuestro satélite mientras conducía el todoterreno lunar y paró para hacerse con ella. Este kilo de roca porta el nombre oficial de Muestra Lunar 15016, pero es más conocida como «basalto Seatbelt» ('cinturón de seguridad') porque, mientras la recogía del suelo, Scott comunicó al control de la misión que solo se había detenido para ajustarse el cinturón de seguridad, ya que supuso que no autorizarían esa demora. Una vez que sucumbes a la seducción de las rocas, es desgarrador dejar un hallazgo interesante atrás sea cual sea el lugar del universo en el que te encuentres.

En el transcurso de las seis misiones de la NASA que lograron aterrizar en la Luna, se trajeron a la Tierra unos 380 kilos de rocas lunares entre testigos de sondeo, piedras, arena y polvo. Aunque también disponemos de trozos de meteoritos identificados como procedentes de otros cuerpos planetarios, esas 2.200 muestras lunares, sumadas a pequeñas cantidades de roca traídas por tres naves espaciales robóticas soviéticas en la década de 1970 y, en tiempos más recientes, por la misión robótica china Chang'e 5 en 2020, constituyen la mayoría de las rocas extraterrestres que ha reunido nuestra especie hasta la fecha y son las únicas cuyo emplazamiento original exacto en otro mundo conocemos. Estas valiosas rocas revelan numerosos detalles sobre la compañera celeste que orbita alrededor de la Tierra. La medición de los relojes radiactivos que portan en su interior permite datarlas y define una escala de tiempo geológico lunar. Algunas rocas de las brillantes regiones montañosas de la Luna tienen la impresionante antigüedad de 4.300 millones de años o tal vez más. Es probable que los cristales que conforman estas regiones accidentadas y que reflejan con tanta intensidad la luz del Sol en el firmamento nocturno emergieran desde un océano de magma casi global hasta la superficie, donde se enfriaron y crearon esta resplandeciente corteza.

Los oscuros mares lunares se formaron más tarde, la mayor parte hace 3.100 y 3.900 millones de años, debido a grandes inundaciones de basaltos que anegaron cuencas de impacto más antiguas. Aunque algunos estudios recientes apuntan a que la Luna alberga pequeñas coladas basálticas de menos de 500 millones de años de antigüedad, en general se admite que la mayoría del vulcanismo que formó los mares lunares cesó hace mil millones de años. Lo más probable es que las facciones de la cara de la Luna que divisamos desde la Tierra hayan variado más bien poco desde que la evolución dotó la vida de ojos para contemplarla. Las razones de que esta historia térmica sea tan diferente a la vibrante geología de nuestro planeta radican en que la Luna tiene una masa y un tamaño más reducidos (una centésima de la masa de la Tierra y un tercio de su diámetro). Estas dimensiones permiten retener menos energía calorífica interna (tanto primordial como procedente de la radiactividad) y le confieren una relación superficie-volumen más alta, lo que viene a significar que ese calor se pierde con más eficiencia. Por tanto, el interior de la Luna se ha enfriado con más rapidez que el de nuestro mundo, y el vulcanismo se ha detenido allí por completo. También la Tierra alcanzará algún día este grado de enfriamiento interno, pero no antes de que hayan transcurrido miles de millones de años. Tenemos cosas mucho más apremiantes de las que preocuparnos, pero es otra de las inquietudes que me asaltan al contemplar el brillante disco de la Luna en el cielo: en cierto modo, vemos ahí el futuro geológico más retardado que le espera a la Tierra, así como el pasado de la Luna en la luz que refleja ese antiguo paisaje lunar ahora sumido en su estática tectónica.

La observación de la Luna y de sus rocas permite probar nuestras teorías sobre la formación de planetas y atmósferas, así como sobre procesos volcánicos en un sistema similar pero también muy distinto al de la Tierra. La determinación de la cantidad de posibles gases volátiles encerrados en las rocas lunares es crucial para todos estos estudios, y hace siglos que se debate si la Luna alberga o no una cantidad significativa de agua en su interior rocoso y en la superficie (como ocurrió con los océanos imaginados por nuestros antepasados del tamaño de los mares lunares o, en tiempos más recientes, con la posible medición de depósitos de hielo lunar).

Aún quedan muchos misterios por aclarar sobre los detalles de los orígenes de la Luna, pero parece probable que el agua y otras sustancias volátiles presentes en el material inicial del que surgió se perdieran por evaporación debido a las altas temperaturas imperantes durante su formación, de acuerdo con la práctica totalidad de las teorías vigentes, como que resultó de una colisión gigante y violenta entre la proto-Tierra y otro protoplaneta de un tamaño parecido al de Marte. Esas teorías se han podido comprobar mediante el análisis de los minerales y de las diminutas inclusiones fundidas atrapadas en los cristales de las rocas traídas por las misiones Apolo (con procedimientos similares a los ya descritos aquí para estudiar rocas de volcanes como el Kīlauea, en Hawái). Las primeras mediciones del escaso contenido de agua disuelta en los vidrios lunares confirmaron esas predicciones. Pero estudios más recientes, efectuados con técnicas analíticas más avanzadas, revelan que algunas muestras de rocas lunares tienen contenidos de sustancias volátiles más elevados y muy similares a los de los basaltos primitivos de las dorsales centrooceánicas de la Tierra (expulsados al exterior cuando las placas tectónicas se separan en las profundidades marinas), lo que sugiere un panorama más complejo y abre nuevos interrogantes sobre la evolución que ha seguido la Luna.

La falta de nubes, crepúsculos u otros fenómenos atmosféricos en nuestro satélite convenció a observadores de todos los tiempos a partir de Galileo de que no está rodeado por nada parecido a la envoltura gaseosa de la Tierra. Aunque a todos los efectos prácticos se puede considerar que la Luna reside en el vacío del espacio, mediciones efectuadas durante las misiones Apolo indicaron un tenue vestigio de atmósfera con una presión en torno a mil billones de veces inferior a la de la Tierra. Que tuviese una atmósfera considerable en el pasado dependería de que la salida de gases desde el interior superase en algún momento la fuga de átomos y moléculas de gas hacia el espacio. Este índice de «escape atmosférico» es mayor en la Luna que en la Tierra debido a la menor atracción de su gravedad y a que lo favorece la corriente de partículas con carga eléctrica que proviene del Sol (el viento solar), cuyos efectos se ven mitigados en la Tierra gracias a la intensidad de su campo magnético.

Las estimaciones de las concentraciones de gas disuelto en las rocas lunares traídas por las misiones Apolo permiten calcular las variaciones de la desgasificación del vulcanismo lunar a lo largo del tiempo. Aún queda mucho por desentrañar, pero los cálculos revelan que en el pasado pudo haber una atmósfera más sustancial, si bien insignificante comparada con la de la Tierra, derivada del bombeo de gases durante las grandes erupciones que formaron los mares lunares. Este aire lunar habría sido efímero y se habría perdido durante un espacio corto de tiempo geológico. Tal como vimos en el capítulo anterior, el diálogo permanente que mantiene el vulcanismo con la atmósfera terrestre es clave para su composición y equilibrio a largo plazo. La Luna evidencia la relevancia del magmatismo activo para la propia existencia de una atmósfera.

La cantidad de agua en el interior o la superficie de la Luna también es importante para conocer la naturaleza de sus erupciones volcánicas. Como se ha expuesto en capítulos previos, las particularidades de la actividad volcánica en emplazamientos de todo el mundo han permitido formular modelos para explicar sus diferencias en cuanto a explosividad, longitud de las coladas de lava y formas de los edificios volcánicos. Estos modelos vertebran los conocimientos que nos permiten predecir nuevos episodios volcánicos y se basan en factores como la química del magma, la velocidad de ascenso por la corteza terrestre y el contenido inicial de agua disuelta (u otros volátiles). El ciclo tectónico de la Tierra, su atmósfera y la fuerza de la gravedad han conformado un contexto insoslayable sobre el que se ha desarrollado y asentado esta explicación del vulcanismo.

La Luna no tiene placas tectónicas, posee una atmósfera e hidrosfera insignificantes y una gravedad muy reducida. Sin una subducción que arrastre agua oceánica hacia el interior, los magmas siempre contendrán menos agua disuelta que la que impulsó las terribles erupciones de volcanes en zonas de subducción como el Tambora o el Krakatoa. La escasez de agua y de otros gases disueltos en sus magmas podría llevarnos a inferir que todo el vulcanismo de la Luna se produce con poca efervescencia explosiva. Pero lo cierto es que hay signos de erupciones de una explosividad siquiera intermedia en nuestro vecino cósmico. Esferas diminutas de vidrio volcánico halladas en las muestras de suelo traídas por las misiones Apolo hablan de antiguas fuentes de fuego. La cartografía de la superficie lunar revela más de cien emplazamientos donde estos piroclastos volcánicos de origen explosivo se mezclan con el suelo polvoriento, posiblemente diseminados a veces mucho más allá de la chimenea que los lanzó al exterior. Por muy escasos que sean los gases disueltos en los magmas lunares, su salida a un vacío casi total los succiona del magma para que formen burbujas con más eficacia que en la Tierra. Como no hay una presión atmosférica que frene su hinchamiento, cuando estas burbujas fragmentan el magma, su expansión es casi ilimitada y, por tanto, veloz, lo que les confiere la máxima explosividad a pesar de su baja carga volátil. La escasa fuerza de la gravedad lunar favorece su alcance y dispersión. Si pudiéramos contemplar la Luna tal como lucía en el cielo nocturno de la Tierra primigenia, veríamos su lechoso creciente salpicado de focos de color rojo ardiente irradiando chorros oscuros de material.

Con el paso de los siglos hemos desarrollado numerosas técnicas para estudiar la abundante variedad de rocas volcánicas de nuestro planeta. En tiempos más recientes, el estudio de las valiosas muestras traídas de la Luna con esas mismas tecnologías aporta inusuales mensajes llegados de otro mundo. Nuestra especie ha estado fascinada con la visión de la Luna en el firmamento durante toda su historia. Cada nueva revelación procedente de la ciencia en la actualidad me hace contemplarla con un asombro cada vez mayor. Pero a pesar de la trayectoria que comparte con la Tierra, de los claros signos de vulcanismo pretérito y de lo mucho que hemos aprendido observándola y hasta visitándola, la pequeñez de su tamaño y su masa jamás permitirán considerarla el mejor equivalente de la Tierra y los procesos que han impulsado su evolución. Para entender mejor nuestro planeta y la relevancia del vulcanismo en su desarrollo debemos mirar más allá, primero a nuestros vecinos planetarios más próximos (Marte y Venus) y después más lejos aún, al Sistema Solar exterior y fuera de él.

Ningún ser humano ha puesto jamás el pie en ningún otro planeta. El claro candidato para dar este siguiente paso dentro del universo es el brillante punto de luz con ligeros tintes rojizos que los antiguos egipcios denominaban sin más «el Rojo» y que ahora llamamos Marte. Ningún lugar de la Tierra se parece a Marte, pero para preparar su exploración pasada, presente y futura mediante sondas, vehículos todoterreno y, tal vez algún día, misiones humanas, se recurre a menudo a entornos terrestres parecidos a ese lugar con el fin de probar técnicas y equipos para tomar muestras, en particular, para buscar cualquier vestigio o indicio de biología que pueda ocultar nuestro vecino carmesí. La superficie de Marte es seca, fría, bañada por una intensa radiación ultravioleta, y sus suelos y arenas albergan ubicuas sustancias químicas salinas, como percloratos, cloratos y sulfatos. La meseta del desierto de Atacama, situada entre el Pacífico y los Andes, comparte muchos de estos atributos. La precipitación media, de tan solo 15 milímetros al año, lo convierte en uno de los lugares más secos de la Tierra. «Cuando llueve aquí, muere gente», me explicó hace muchos años un colega de la Universidad de Antofagasta cuando pasamos por ese lugar camino de Atacama. Aquellas palabras regresaron a mi mente en 2015, cuando en un solo día llovió en la región la cantidad de agua correspondiente a catorce años, lo que transformó el suelo reseco en densos torrentes fangosos que mataron al menos a veintiséis personas y arrasaron dos mil viviendas. Esta aridez, el frío debido a la altitud, la intensa luz solar que atraviesa la tenue atmósfera, casi siempre libre de nubes, y la inusual química de sus salineras convierten esta región en un parche de la Tierra similar a Marte y una de las regiones del mundo que se utilizan a menudo como análoga del planeta rojo.

Visité esta zona de Chile en 2003 dentro del mismo programa de campo que me llevó a la húmeda región chilena de Los Lagos que mencioné en el capítulo 5. Aunque aquella expedición en particular no tenía una relación directa con el estudio de Marte, aún recuerdo que durante aquel viaje tuve la sensación permanente de estar en otro mundo. Tal vez fuera porque conocía el interés de la NASA y otros científicos por aquella zona para indagar en la búsqueda de vida extraterrestre. Tal vez se debiera a la conversación que habíamos mantenido antes de nuestra partida con un doctorando de astronomía sobre la vida en Atacama, ya que la altitud y los cielos despejados convierten la región en un lugar privilegiado para instalar los enormes telescopios comunitarios construidos en las últimas décadas para estudiar el cielo. Tal vez influyera también el hecho de que uno de mis compañeros de viaje fuera un antiguo piloto de las Fuerzas Aéreas estadounidenses que ahora estaba estudiando geología y soñaba con formar parte de la primera tripulación de la NASA que viajara a Marte. Dicho esto, no creo que el paisaje de Atacama necesite que nada ni nadie reivindique su extraordinaria belleza ni su capacidad para infundir la sensación de estar en un lugar alienígena e implacable a quienes no estamos habituados a un entorno así.

Los colores, las sensaciones y las dimensiones de Atacama se parecen a pocos lugares en los que he estado. Es un territorio de rocas oxidadas y ocres y cumbres coronadas de nieve o sales extrañas bajo la mirada de un sol fresco pero riguroso. En algunas partes hay manchas de vegetación que consigue resistir, en otras está completamente ausente. Por allí deambulan manadas de llamas y familias de ñandús, y las vizcachas (unos roedores parecidos al conejo) se asoman entre las rocas de las coladas de lava. Los salares abarcan parte del paisaje. El mayor de ellos, el salar de Atacama, transforma unos 3.000 kilómetros cuadrados en una topografía rugosa de color blanco sucio tras la evaporación de las pozas de agua salobre. Lejos de los grandes salares, lagos salobres más reducidos reflejan el cielo entre montañas reproduciendo su azul con los extraños tintes verdes y turquesas que aportan sus aguas minerales. A veces se ven flamencos zambulléndose en bajíos que parecen espejismos. Durante una salida en la que transitábamos muy despacio con el coche por un camino de tierra, seguimos muy de cerca a un flamenco sin querer mientas aleteaba para por fin alzar el vuelo.

Aunque la belleza de Atacama es muy estimulante, tampoco deja alguna duda sobre su naturaleza implacable y severa. El aire es seco y tenue. Es fácil deshidratarse y, nada más llegar, cualquier esfuerzo mínimo te deja jadeando. Isabel Allende defiende que este paisaje imprimió en el pueblo chileno la «ponderada sobriedad» que ella y otras personas perciben en él. Según Allende, esta manifestación cultural «es herencia de agotados conquistadores españoles, que llegaban medio muertos de hambre y sed» y que «debían cruzar la cordillera de los Andes por pasos traicioneros, o atravesar el desierto de Atacama bajo un sol de lava ardiente». Aun así, es importante recordar que, a pesar de las duras condiciones, había gente con una larga historia de vida en esta región mucho antes de que llegaran los conquistadores. El pueblo chinchorro, por ejemplo, dejó momias humanas datadas por la arqueología en hace más de 6.000 años, y los indígenas atacameños siguen muy presentes en la zona con una cultura que se remonta un mínimo de 1.500 años atrás.

Aunque Allende considera que «la recompensa apenas valía la pena, porque Chile no ofrecía, como otras regiones del continente, la posibilidad de enriquecimiento exorbitante» habida cuenta de que «las minas de oro y plata se contaban con los dedos de una mano y había que arrancar sus peñascos con un esfuerzo descomunal», el tesoro de este riguroso territorio resultó encontrarse en diversas riquezas minerales. En la actualidad se han excavado inmensas minas de cobre en la región, y una de las mayores reservas de litio del mundo se oculta en las salmueras bajo los salitrosos mogotes del salar de Atacama. A medida que se acelera la demanda mundial de estos recursos, también aumenta la amenaza para este entorno increíble. En este gemelo terrestre de Marte han surgido varios dilemas muy terrenales entre las necesidades humanas a una escala planetaria y las de la población y el medio ambiente locales.

Aunque los volcanes no son el rasgo principal que asemeja Atacama a Marte, sí son otra de las cosas que tiene en común con el planeta rojo. En el entorno de San Pedro de Atacama en el que estuvimos trabajando, el vulcanismo ha definido con fuerza la identidad del paisaje. Al este del salar de Atacama discurre la gran cordillera de los Andes salpicada de picos volcánicos creados por magmas derivados de la subducción de la placa oceánica de Nazca, que se encuentra a más de 350 kilómetros hacia el oeste bajo América del Sur, en las profundidades del Pacífico. Hace cuatro millones de años, una erupción descomunal arrasó este paisaje y dejó capas inmensas de densos depósitos de coladas piroclásticas soldadas como las de Santorini, solo que a una escala mucho mayor. Esta erupción procedente de la caldera La Pacana es una de las cinco mayores erupciones individuales que conocemos en el registro geológico. En los últimos tiempos no ha habido erupciones grandiosas en la región, pero eso no quiere decir que sea una zona tranquila en términos volcánicos. En 2003 acudimos allí para estudiar el volcán Láscar, uno de los más activos del lugar. Su erupción en el año 1993 lanzó materiales a más de 20 kilómetros de altura, lo que deparó una lluvia de cenizas menudas sobre Buenos Aires, ciudad situada más de 1.000 kilómetros al sureste. Las coladas piroclásticas recorrieron 7,5 kilómetros hacia el noroeste, lo que obligó a los residentes en la pequeña localidad de Talabre a trasladarla a un terreno más elevado para reducir al mínimo los riesgos derivados de futuras erupciones. Por suerte, hasta el momento en que escribo estas líneas ninguna otra erupción del Láscar ha alcanzado la magnitud de la de 1993, pero el cráter de la cima sigue albergando un domo de lava activo con explosiones menores intermitentes y una desgasificación continua. Estas emisiones de gases y partículas finas a gran altitud desde su cima, que se eleva 5.592 metros sobre el nivel del mar, constituyeron el objetivo de mis investigaciones de campo.

Durante nuestros estudios del Láscar, establecimos el campamento base en la pequeña escuela de Talabre, situada a 3.580 metros de altitud y desocupada durante las vacaciones de verano. Sus habitantes (que ascendían a sesenta y cuatro, según el registro de Talabre) nos dejaron bastante a nuestro aire, y aunque nuestras dependencias de bloques decoradas con carteles escolares y creaciones infantiles no se parecían en nada a cualquier alojamiento que podamos imaginar en Marte, el reducido tamaño del equipo y de Talabre, así como la ubicación de aquel lugar al borde del entorno montañoso y salvaje de los Andes, me dieron una pequeña idea del aislamiento que intentan reproducir los experimentos análogos que se efectúan allí para enviar misiones tripuladas al planeta rojo. Esta congregación de viviendas de piedra con tejados de chapa era literalmente el final de la carretera o, cuando menos, del camino asfaltado. Era un lugar azotado a menudo por el viento y el polvo, y el Láscar acechaba desde el este como una amenaza permanente. Pero también era un lugar mágico. Aquí podías perderte en el aire frío del amanecer andino para ver la salida del sol y vislumbrar teñidos de rosa los persistentes humos que emanaban de la cima del Láscar y proyectaban extraños rayos crepusculares horizontales hacia el oeste alrededor de la silueta de aquella montaña truncada. A veces deambulaban llamas por sus calles, los colores diurnos eran puros y vívidos y los cielos nocturnos parecían tachonados de estrellas.

Alojarnos en la escuela era mejor que acampar sin más bajo la gélida noche del desierto, pero no nos libró de algunos inconvenientes. El edificio disponía de una ducha con agua procedente de un depósito instalado en el tejado que se llenaba con el agua de un arroyo formado por el deshielo del Láscar y otro volcán vecino. Seguíamos un orden de turnos estricto para entrar en primer lugar a la ducha después de una jornada entera bañados en el polvo del desierto, porque solo el agua que había estado todo el día en el depósito había perdido algo del frío y no cortaba la respiración. Todo el mundo, excepto la primera persona, se arriesgaba a sufrir una ducha rauda bajo un chorro gélido que dolía. Debíamos cargar los equipos a toda prisa porque en el pueblo solo había electricidad durante unas pocas horas cada tarde, cuando se ponía en marcha el generador tras la caída de la noche.

Dada la proximidad del Láscar, los habitantes de Talabre estaban bien acostumbrados a que los vulcanólogos establecieran su base fuera del pueblo y, como ya he dicho, la mayoría ni se inmutó con nuestra presencia. Durante los quince días que duró nuestra estancia allí, despertó mucha más expectación la visita de unos misioneros que celebraron las misas católicas de todo un año en el transcurso de una semana en la pequeña iglesia cercana a la escuela. El catolicismo llegó a Chile con los conquistadores en el siglo XVI, pero Allende

Cementerio de Talabre con el Láscar al fondo, fotografiados en 2003.

afirma que el arrebato espiritual más amplio de los chilenos «proviene de la tierra misma: un pueblo que vive entre montañas lógicamente vuelve los ojos al cielo». Imagino que la fuerza de ese impulso se amplifica cuando se vive más cerca del cielo junto a un volcán caprichoso.

El hecho de que podamos considerar Atacama un buen equivalente del entorno marciano en la Tierra constituye de por sí un logro humano considerable. No es poco tener la capacidad de ver más allá de lo que alcanzamos a divisar a simple vista y saber que, aunque aún no hayamos encontrado pruebas claras de vida en otras partes del universo, al menos los volcanes de la Tierra no son algo único. Lo que sabemos sobre volcanes en otros mundos más alejados de nosotros que la Luna proviene casi en su totalidad de las sondas provistas de instrumentos que hemos lanzado desde la década de 1960 para que recorrieran el Sistema Solar aprovechando el efecto de la asistencia gravitatoria.

Cuando la nave Mariner 9 se situó en órbita alrededor de Marte por primera vez en 1971, encontró todo el planeta sumido en una intensa tormenta de polvo. Los únicos rasgos visibles que sobresalían entre el caos de nubes arremolinadas eran las cumbres de cuatro volcanes gigantescos. El mayor de ellos, que se alza 25 kilómetros por encima del suelo circundante, ya se había detectado desde la Tierra en el siglo XIX a través de telescopios como un punto brillante sobre la superficie marciana. Ahora recibe el nombre de Olympus Mons (monte Olimpo) y no solo es el volcán más grande encontrado hasta ahora en el Sistema Solar, sino también uno de los montes más elevados. Se alza desde la frontera entre las llanuras septentrionales más bajas y los montes meridionales del planeta. Su forma recuerda a la de los grandes volcanes en escudo de Hawái, y el cráter que tiene en la cima, así como el complejo de la caldera, apenas difieren de los del Masaya vistos desde arriba. Sin embargo, tiene unas dimensiones muy distintas. Esta gran mole está rodeada por una enigmática escarpadura de unos diez kilómetros, por lo que da la sensación de que esta gigantesca estructura compleja aterrizó intacta sobre la superficie de Marte dejando una huella del tamaño del estado americano de Arizona.

Sus dimensiones y su forma no lo asemejan a ningún otro volcán cartografiado en la Tierra, y su inmenso volumen se explica por la lenta erosión y la inexistencia de placas tectónicas en movimiento en Marte. Esto significa que un punto caliente del manto como el que nutre al Kīlauea en la actualidad ha creado este único edificio monstruoso (en lugar de una cadena de volcanes como la que conforma las islas Hawái) expulsando lava a un ritmo similar al de la Tierra, pero permaneciendo siempre en la misma ubicación, a lo largo de mil millones de años de la historia de Marte.

El vulcanismo ha tenido relevancia para la evolución del planeta rojo. Desde que las primeras sondas enviaran imágenes de este mundo en la década de 1970, hemos comprobado que gran parte de su superficie porta rasgos derivados del vulcanismo. Además de albergar volcanes gigantes como el monte Olimpo, hay vastas regiones cubiertas por coladas y llanuras de lava. También hay indicios de depósitos friables derivados de episodios volcánicos explosivos, aunque por ahora abundan mucho menos que los signos de erupciones efusivas, como las coladas de lava. Al igual que sucede en la Luna, la menor presión atmosférica que impera en Marte (alrededor de un 1 % de la que impera en la superficie de la Tierra en la actualidad, aunque cabe la posibilidad de que fuera mucho mayor en el pasado) debería favorecer la formación y expansión de burbujas en el magma ascendente e incrementar la explosividad. A diferencia de la Luna, Marte revela signos abundantes de que el agua líquida fluyó y esculpió la superficie del planeta en tiempos remotos. El todoterreno Curiosity de la NASA exploró con bastante detenimiento los restos geológicos de un lago de agua dulce ahora desecado y envió imágenes impresionantes de guijarros lisos que se redondearon tras rodar kilómetros río abajo por una corriente de agua cuya profundidad no pasaba de los tobillos. Además de abrir la fascinante posibilidad de que Marte tuviera entornos habitables en su historia más primitiva, este depósito de agua superficial también pudo contribuir al vulcanismo explosivo de épocas pasadas. Como en el ejemplo del cono truncado adornado con cactus que se desecó tras el retroceso del agua que formaba los lagos poco profundos del Gran Valle del Rift de Etiopía descrito en el capítulo 6, es posible que las aguas de Marte (o, en tiempos más recientes, el hielo del subsuelo) sufrieran una ebullición instantánea al entrar en contacto con el magma, lo que pulverizó la roca incandescente en una lluvia de fragmentos.

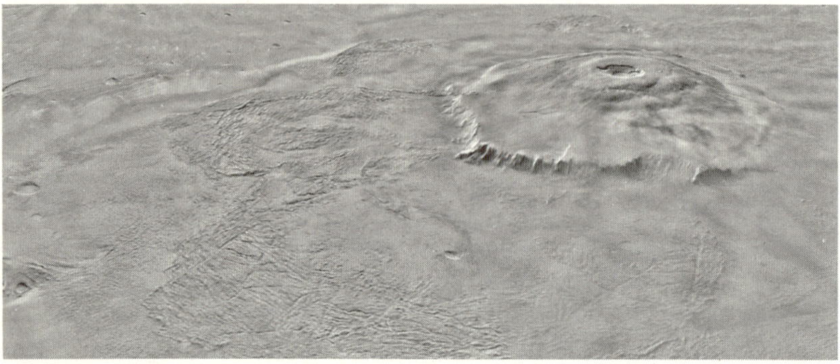

Imagen del volcán monte Olimpo tomada desde la órbita de Marte.

Sin embargo, a pesar de las semejanzas con la Tierra que encontramos en algunos de los paisajes fotografiados que nos llegan desde todoterrenos cada vez más sofisticados, Marte no alberga lagos ni ríos en la actualidad. Los estudios apuntan a que una parte considerable del agua de este planeta se perdió en el espacio o permanece atrapada en minerales dentro de su masa sólida. El agua que alberga el planeta en la superficie en la actualidad se encuentra concentrada en su mayoría en los casquetes polares o congelada en el subsuelo, puesto que la temperatura media en la superficie ronda los 60 °C bajo cero. Tampoco se aprecia ningún signo de vulcanismo activo significativo en la actualidad en Marte, aunque cabe la posibilidad de que tenga alguna actividad muy ligera. Todo indica, más bien, que el vulcanismo planetario alcanzó su mayor intensidad hace más de 3.000 millones de años y que desde entonces ha ido disminuyendo. Por muy gigantesco que sea el monte Olimpo, su actividad parece haber cesado hace más de 2.500 millones de años. Aunque este mundo es más grande que la Luna, sigue siendo menor que la Tierra y solo tiene una novena parte de su masa. En el caso de Marte, como en el de la Luna, esta reducción del vulcanismo en épocas más tempranas que en nuestro planeta se explica porque tiene menos reservas de calor primordial, menos isótopos radiactivos que aporten calor y una superficie mayor en comparación con su volumen que favorece el enfriamiento. Pero esta disminución del furor geológico del planeta no solo se refleja en la historia de sus volcanes y regiones volcánicas particulares; tal como hemos visto en la Tierra y la Luna, todo está conectado, y el menor tamaño de Marte y su apaciguamiento interno más veloz repercuten en la evolución de toda la superficie del planeta y han contribuido a convertirla en el helado y yermo desierto que es hoy.

Al comparar la evolución ambiental de mundos diferentes, como lo son la Tierra y Marte, es necesario ampliar las conclusiones derivadas del estudio de aspectos específicos de su comportamiento. Para emitir deducciones sobre procesos a una escala planetaria hay que integrar datos que suelen ser locales en la geografía completa de ese mundo. Es más, este ejercicio requiere extraer deducciones a partir de mediciones efectuadas en un instante geológico concreto e imaginar después cómo se desarrollaron a lo largo de los miles de millones de años casi insondables de los tiempos más remotos del Sistema Solar. Nuestra capacidad para concebir un planeta como un sistema interdependiente y emplear estas grandes pinceladas con el fin de comparar entornos de dos mundos diferentes se basa en la capacidad para detectar esas conexiones aquí en la Tierra. Esta consideración del mundo como un sistema se ha visto favorecida por el incremento de nuestras posibilidades para «ver» el planeta en el que vivimos a una escala que ya no se limita a la experiencia individual, porque las noticias viajan por todo el orbe casi de forma instantánea y contamos con satélites que observan la Tierra desde su órbita. Pero antes de que alcanzáramos muchos de estos logros tecnológicos, las alturas de los Andes contribuyeron al menos un poco a ese cambio de mentalidad humana, tal como veremos a continuación. Para que los aspectos medioambientales del mundo se entendieran a una escala global y planetaria, en lugar de a una limitada a experiencias más localizadas, fue necesario un cambio de perspectiva y de pensamiento, así como el desarrollo de tecnologías que permitieran ampliar la mirada.

En capítulos precedentes hemos visto que la interpretación del vulcanismo ha ido cambiando a lo largo de los milenios y pasó de considerarse un fenómeno local a entenderse como un sistema global con procesos de transformación de placas tectónicas, nubes inmensas de aerosoles volcánicos cuya propagación llega a veces a provocar un enfriamiento planetario y emisiones de carbono en suspensión que se compensan y equilibran a través de fenómenos de meteorización. Para alcanzar esta visión más amplia de nuestro mundo han sido cruciales avances tecnológicos como los cables telegráficos submarinos y, en tiempos más recientes, la posibilidad de contemplar el mundo desde el exterior en la era de los satélites y las naves espaciales. El envío de sondas robóticas (y, tal vez algún día, de seres humanos) a otros planetas podría considerarse la culminación de esta reinterpretación del medio ambiente gracias a una capacidad cada vez mayor para comparar mundos diferentes, y no solo regiones distintas de la Tierra. Estos desarrollos tecnológicos son bastante recientes, pero, como suele ocurrir, el cambio en la forma de ver y entender el mundo que nos rodea debe tanto a las grandes mentes de la historia como a los avances en electrónica, aeronáutica o instrumentación. Mucho antes de que emplazamientos elevados como Atacama se usaran como provechosas atalayas donde instalar grandes observatorios para escudriñar las estrellas, parece que las incursiones humanas a gran altitud favorecieron el cambio de perspectiva que permitió alcanzar una panorámica más amplia. Así sucedió, sin ninguna duda, con el reputadísimo polímata alemán Alexander von Humboldt, quien impulsó una transformación radical de la concepción de la naturaleza desde una perspectiva local hacia una planetaria. Ese cambio de paradigma pareció ir ligado en su propia persona al viaje que él mismo realizó a los Andes y al esfuerzo que le exigieron el ascenso, el aire enrarecido y las duras condiciones de estas montañas elevadas.

Humboldt, nacido en Berlín y formado en Gotinga y en la Escuela de Minas de Freiberg, había soñado durante mucho tiempo con viajar fuera de Europa siguiendo la tradición de exploradores científicos como sir Joseph Banks, a quien había conocido en Londres. Tras numerosos contratiempos, en 1799, con casi 30 años, zarpó al fin desde Galicia, España, rumbo a las islas Canarias, el Caribe y tierras americanas. En 1802, sus viajes lo llevaron a Ecuador, donde intentó ascender hasta la cumbre del volcán Chimborazo, de 6.268 metros. Por entonces, Humboldt ya había escalado o intentado escalar muchos volcanes, entre ellos el Teide, en las islas Canarias, y el Cotopaxi mientras permaneció en Quito. Pero en aquel tiempo se creía que el Chimborazo era el pico más alto de los Andes, y las cimas más altas de la Tierra despertaban una gran curiosidad. Tal como manifestó él mismo algo más tarde, en 1853, «lo que parece inalcanzable ejerce una misteriosa atracción».

Los desafíos del ascenso se revelaron, desde luego, a la altura de lo «inalcanzable». Los guías locales abandonaron a Humboldt y sus acompañantes a unos 4.700 metros de altitud. Después de un esfuerzo adicional abrumador, él y su grupo acabaron llegando a una arista de roca conocida en español como «La cuchilla». La naturaleza escarpada y quebradiza del terreno los obligó a avanzar a cuatro patas, y las rocas afiladas como navajas les cortaron las manos. Todos sufrieron el mal de altura con fuertes náuseas, mareos, dificultad para respirar y hemorragias en encías y labios. La mayor parte del tiempo avanzaron envueltos en niebla, lo que Humboldt describió como «estar dentro de un globo aerostático». Cuando la niebla se desvaneció al fin, dejó al descubierto la «solemne y majestuosa visión» de la cima en forma de cúpula del Chimborazo, ya muy próxima, pero también el camino bloqueado por un profundo barranco. El mercurio del barómetro indicaba que habían alcanzado una altitud aproximada de 5.900 metros (aunque la altura exacta se ha cuestionado desde entonces), pero el ascenso hasta la cima de la montaña siguió resistiéndose.

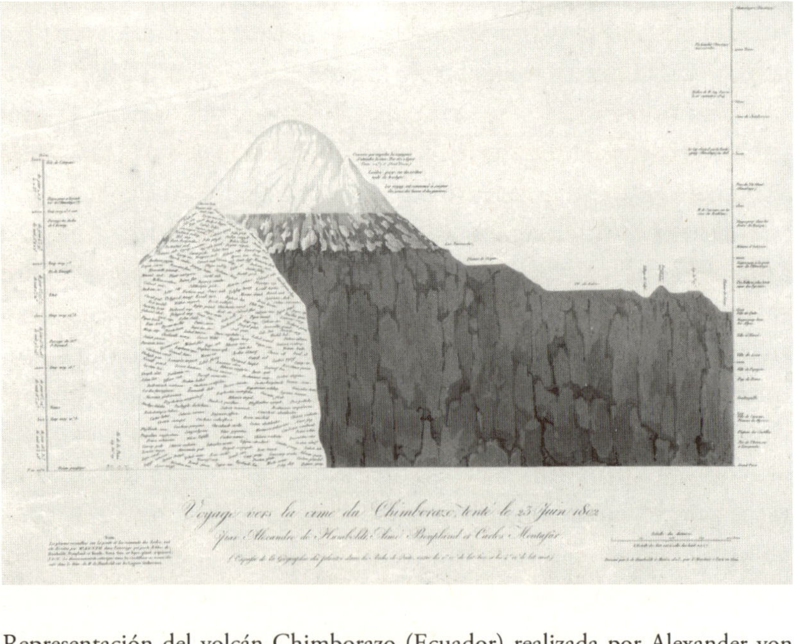

Representación del volcán Chimborazo (Ecuador) realizada por Alexander von Humboldt, que incluye escalas de alturas relativas a ambos lados de la ilustración y el lado izquierdo de la montaña anotado con las especies vegetales que viven a diferentes altitudes. Extraído del *Atlas* de Humboldt, de 1815.

A pesar de la decepción de que la cumbre fuera inalcanzable, la visión del mundo desde el Chimborazo resultó reveladora para Humboldt. Hacia el final de su vida reflexionó a menudo sobre la interpretación de la naturaleza desde «un punto de vista más elevado» que permitiera establecer conexiones. Esta visión del mundo estuvo muy influida por sus experiencias en las altas laderas del Chimborazo, tal vez bastante aturdido por la altitud. Desde allí contempló de «un solo vistazo» toda la naturaleza que se desplegaba ante él. Las aportaciones de Humboldt al pensamiento humano son diversas y múltiples, pero a menudo se centran en establecer conexiones. Él inventó las isotermas, líneas que unen lugares de igual temperatura y que aún hoy se emplean en los mapas meteorológicos. Él fue quien concibió las zonas vegetales y climáticas que utilizamos para sistematizar las variaciones biológicas y meteorológicas que se despliegan por todo el planeta. Encontró asociaciones por todas partes y empezó a ver la naturaleza entrelazada, interconectada a una escala planetaria.

En el primer volumen de su obra *Cosmos*, publicada en 1845, ofreció al público lector un viaje desde el espacio exterior hasta el núcleo interno de la Tierra. Abordó temas como la climatología y fue más allá de un enfoque centrado en datos, como las temperaturas y la meteorología, para tener en cuenta la «interrelación perpetua» entre la atmósfera, los océanos, los continentes y, por supuesto, la biología del planeta. Su manera de ver y percibir el mundo por el que viajó y sus ideas de interconexión influyeron en muchos pensadores importantes de su tiempo, como Darwin, Goethe, Germaine de Staël, Thomas Jefferson y Simón Bolívar. Al igual que muchos otros intelectuales pioneros, Humboldt dejó un legado de ideas que sigue presente en el pensamiento humano. Materias de estudio como las ciencias de la Tierra, la geografía y la ecología se inspiran a diario en esta concepción de interrelación global, pero ahora podemos efectuar mediciones, análisis y simulaciones del mundo inconcebibles para las aspiraciones de Humboldt.

Aunque Humboldt no llegó a formularlo así, muchos de sus principios de conectividad se centran en la idea (que analizamos en el capítulo anterior) de las existencias a largo plazo de carbono atmosférico en la Tierra y su extenso equilibrio a largo plazo entre las aportaciones derivadas de la desgasificación volcánica y tectónica y su eliminación a través de las precipitaciones de lluvia y de reacciones con las rocas de la corteza a lo largo de escalas de tiempo geológicas. En la Tierra utilizamos este modelo para explicar cómo se han mantenido las temperaturas en buena medida dentro de los valores que permiten el agua líquida, lo que dio tiempo para que evolucionara la vida con toda su complejidad. Las trayectorias alternativas que han seguido nuestros vecinos planetarios permiten comprobar lo que sabemos sobre estos equilibrios con unos parámetros planetarios distintos y los resultados derivados de ellos. Como ya se ha dicho aquí, el estudio de la superficie de Marte evidencia que albergó agua en el pasado, aunque ahora sea un desierto helado. Puesto que Marte se encuentra más lejos del Sol que la Tierra, necesitaría un efecto invernadero más intenso para mantener unas temperaturas tan cálidas como nuestro planeta. Pero la disminución de la actividad volcánica por su menor tamaño ha impedido que las aportaciones a la atmósfera procedentes de la desgasificación volcánica compensaran la fuga de gases carbónicos debida a reacciones químicas que lo aprisionaron en su corteza o a su pérdida en el espacio. De hecho, Marte no solo acusa el descenso de la desgasificación planetaria, sino que también pierde la atmósfera que acumula con más rapidez que la Tierra porque tiene menos gravedad y carece de un campo magnético global significativo, al menos en los últimos tiempos.

Al igual que ocurre con la Luna, un tamaño más reducido y una actividad geológica interna más breve han favorecido el desarrollo de un medio ambiente frío y estéril, inhóspito para la vida.

Todo apunta a que para mantener unas condiciones similares a las de la Tierra, con abundancia de agua líquida y la posibilidad de que evolucione vida tal como la conocemos, es necesario que un planeta conserve una atmósfera sustancial a lo largo de miles de millones de años. Esto exige una desgasificación planetaria persistente y lo bastante intensa como para reponer y mantener la envoltura gaseosa del mundo. Marte y la Luna eran demasiado pequeños para preservar su actividad geológica y conservar esas exhalaciones, pero Venus, nuestro otro vecino celeste, es muy distinto. Venus posee un tamaño y una densidad semejantes a los de la Tierra, de modo que debería tener muchas más posibilidades de conservar actividad geológica y una atmósfera importante. Pero mientras que Marte es frío y tiene una atmósfera fina y tenue, Venus ha evolucionado hacia el extremo opuesto. Presenta una atmósfera gruesa con presiones noventa veces más intensas que las de la Tierra, equivalentes a las que se soportan a unos 1.000 metros de profundidad en los océanos terrestres. Y además de ser densa, la atmósfera de Venus es un cóctel tóxico de gases de efecto invernadero que forman nubes de dióxido de carbono y ácido sulfúrico y que mantienen la superficie a unas temperaturas abrasadoras que rondan los 500 °C, suficientes para fundir el plomo. Tal vez sea una suerte que en la Tierra no haya ningún lugar al que podamos ir para imaginarnos en un entorno parecido al de la superficie de Venus. Y si existiera, no se habrían montado los bares, hostales, restaurantes y hoteles para mochileros de San Pedro de Atacama, la ciudad más importante de uno de los emplazamientos científicos análogos de Marte en la Tierra.

Todos estos factores dificultan el estudio de Venus. A pesar de ser uno de los objetos más fáciles de observar en el cielo del atardecer, las densas nubes de Venus cubren de misterio su superficie. Todo lo que sabemos sobre ella procede de misiones espaciales, y algunos de los lanzamientos más relevantes para sobrevolar, orbitar y aterrizar en el planeta se efectuaron en las décadas de 1960, 1970 y 1980 por parte de soviéticos y estadounidenses. Las masas de nubes compactas y permanentes de Venus reflejan y esparcen la luz visible, y es poca la radiación solar que consigue llegar hasta la superficie. La vida en el suelo rocoso de Venus, si es que alcanzamos a concebir alguna posibilidad de que exista allí, se encontraría en un estado plomizo de nubes perpetuas iluminadas tan solo por relámpagos ocasionales. Más reducida aún es la luz que logra salir de vuelta al espacio a través de la cubierta nubosa, lo que frustra la obtención de información sobre la superficie a través del estudio de los rayos del Sol reflejados mediante naves en órbita alrededor del planeta, tal como hacemos en la Tierra, Marte u otros objetos planetarios. Disponemos de algunas fotografías de la superficie de Venus obtenidas durante las misiones rusas Venera, pero el calor extremo y la presión aplastante tornan difíciles y muy breves las misiones de aterrizaje. La nave Venera 13 ostenta el récord de supervivencia en la superficie de Venus, donde permaneció 127 minutos antes de sucumbir a las durísimas condiciones que imperan allí.

Pero el empleo de la luz solar no es la única vía para obtener información a distancia. En 1989 la NASA lanzó la nave espacial Magallanes, equipada con un sistema de radar para observar a través de las nubes de Venus y cartografiar la superficie. Magallanes permaneció en órbita alrededor del planeta más de cuatro años, durante los cuales lanzó ondas de radio a la superficie a lo largo de bandas o franjas para confeccionar un mapa con la forma, la temperatura y el brillo (es decir, el brillo de radar) de la superficie. Los datos de Magallanes siguen aportando información varias décadas después, pero la misión desveló un planeta cubierto de material volcánico desde los primeros análisis. Algunos rasgos son variantes de formaciones terrestres que conocemos aquí: abundan las inmensas llanuras de lava y las acumulaciones de pequeños domos de lava, así como volcanes grandes y pequeños con forma de escudo, además de calderas aisladas: atributos que destacan soberbios sobre la calva superficie.

Otros rasgos nos eran desconocidos, y la escala de grises del radar les confería un aspecto más extraño aún, casi fantasmagórico. A partir de los datos emergieron formaciones insólitas que parecen exclusivas de Venus: coronas (círculos concéntricos de roca fracturada), novas (fracturas brillantes que irradian desde un centro) y aracnoides, que son una combinación de las dos anteriores y parecen telas de araña gigantes. Estas imágenes y los datos enviados desde la superficie por las escasas naves que consiguieron aterrizar en ella no dejan lugar a dudas de que Venus es un mundo volcánico. La escasez de cráteres de impacto también indica una superficie bastante joven (de entre 700 y 800 millones de años) y una posible erupción volcánica a escala global que renovó toda la superficie en un espacio breve de tiempo geológico, aunque los detalles aún no están claros.

A pesar de los numerosos signos de vulcanismo antiguo encontrados en Venus, aún no se sabe si sigue habiendo actividad volcánica en este mundo ni en qué grado. Mediciones recientes sugieren la existencia de coladas de lava de diferentes edades, así como emisiones térmicas transitorias que aparecen y desaparecen en cuestión de días o meses. La persistencia de las nubes de ácido sulfúrico en la atmósfera y las variaciones en las concentraciones de dióxido de azufre registradas en la parte superior de las nubes podrían indicar emisiones de azufre a la atmósfera durante erupciones volcánicas. El indicio más concluyente tal vez esté en que un nuevo análisis de los datos obtenidos por Magallanes publicado en 2023 detectó cambios entre febrero y octubre de 1991 en la forma de una chimenea en la falda del Maat Mons, uno de los volcanes más grandes de Venus, que podrían atribuirse a lava activa en la superficie o al desplazamiento de magma en el subsuelo. Cabe esperar que futuras misiones a Venus arrojen luz sobre esta cuestión, pero dado que tiene un tamaño y, por tanto, una historia térmica comparables a los de la Tierra, parece probable que sus volcanes conserven alguna actividad y sigan expulsando humos nocivos a la densa atmósfera.

Por tanto, a diferencia de lo observado en Marte, parece que Venus no ha sufrido por la ausencia de emisiones volcánicas a la atmósfera. Sin embargo, como hemos visto, esto no ha favorecido que Venus desarrollara un medio ambiente parecido al de la Tierra. El calor abrasador y la aplastante atmósfera de Venus vuelven a poner de manifiesto la trascendencia de que exista un equilibrio a escala planetaria para la gestación de un mundo agradable. En Venus, las emisiones volcánicas de dióxido de carbono y otras sustancias químicas procedentes del interior del planeta han logrado acumularse, al carecer del mecanismo de control o sumidero que representa la meteorización en la Tierra. Esto parece deberse en gran medida a que se encuentra más cerca del Sol que la Tierra y, por tanto, recibe una radiación más intensa. Con el paso del tiempo, esa radiación descompuso las moléculas de agua de la atmósfera venusina y permitió que los átomos ligeros de hidrógeno vencieran la gravedad del planeta y se fugaran al espacio. Poco a poco, este proceso fue despojando el planeta del agua vital que albergaba. Sin agua, no puede llover, y sin precipitaciones que arrastraran consigo hacia el suelo el dióxido de carbono de la atmósfera, este gas se acumuló en ella y desencadenó un efecto invernadero galopante que dio lugar a las condiciones extremas de la superficie que tanto dificultan su exploración actual. Si la desaparición temprana del vulcanismo en Marte y la Luna contribuyó a crear las severas condiciones de frío y atmósfera ligera que imperan en ambos objetos, las desmesuradas exhalaciones volcánicas de Venus han ayudado a situarlo en el extremo opuesto.

A pesar de la crisis actual de ascenso de temperaturas en la Tierra, hay pocos signos de que nos encaminemos hacia un efecto invernadero desbocado como el de Venus, al menos en un futuro cercano. Pero la situación cambiará a largo plazo con el avance del ciclo vital del Sol. Dentro de unos mil millones de años, a medida que nuestra estrella se torne más brillante, tal vez sea inevitable que la Tierra sufra un efecto invernadero imparable durante un proceso de deshidratación similar al de Venus. De momento, sin embargo, los ejemplos de la Luna, Marte y Venus deberían hacernos reflexionar sobre lo especial que es nuestro mundo. La Tierra está lo bastante cerca del Sol como para recibir su calor, pero no tanto como para perder el agua que alberga. El campo magnético la protege, al menos hasta cierto punto, de la erosión del viento solar, y el planeta posee un tamaño suficiente y la química adecuada para conservar la actividad volcánica y restaurar la atmósfera. La combinación de la tectónica de placas y el agua permite la armonía necesaria para proporcionar un ciclo de pérdida y suministro de dióxido de carbono que mantiene todo el conjunto en una especie de equilibrio. Si Humboldt pudo contemplar toda la naturaleza de la Tierra desplegada ante él de «un solo vistazo» desde las alturas, ahora podemos alzar la mirada al cielo para conocer mejor las conexiones que sustentan nuestro mundo y lo han mantenido así a lo largo de todos los eones que ha necesitado este planeta para llegar hasta el momento presente.

Pero no solo obtenemos información nueva sobre las aventuras volcánicas observando a nuestros vecinos más próximos. A medida que estudiamos regiones cada vez más distantes del universo, ampliamos aún más las definiciones y conocimientos del vulcanismo. Aunque aún no disponemos de pruebas concluyentes sobre la actividad volcánica actual en nuestros vecinos más cercanos, sí hemos encontrado vulcanismo activo en otro mundo, y eso ha permitido poner a prueba nuestras teorías sobre el origen del calor que albergan los cuerpos planetarios. En 1979, la sonda espacial Voyager 1 sobrevoló Júpiter y envió imágenes no solo de este planeta gigante, sino también de su satélite Ío. Linda Morabito, una joven ingeniera que por entonces formaba parte del equipo de la Voyager, fue la encargada de procesar las imágenes con fines de navegación. Otros científicos de la misión que operaban en la planta superior a la suya del Laboratorio de Propulsión a Chorro de la NASA, en California, ya habían mostrado algunas de las impresionantes imágenes en color de Júpiter e Ío recibidas desde la nave. Durante una entrevista para la revista *Sky at Night* de la BBC publicada en 2020, Morabito recordaba que aquellas tomas le sugirieron que los azufrosos tonos negros, naranjas, amarillos y azules de Ío lo convertían en uno de los objetos más insólitos del Sistema Solar y lo asemejaban a «una pizza con moho». Las imágenes de navegación eran en blanco y negro y requerían un procesamiento rutinario para calcular la posición exacta de la nave. Una mañana, mientras trabajaba con datos de baja prioridad, ajustó el contraste de brillo de una de las imágenes y, para su sorpresa, apareció enfocado un gigantesco penacho con forma de paraguas. Al final del día, el equipo ya había descartado todo el resto de explicaciones y estaba seguro de que se trataba de un surtidor volcánico. Morabito recuerda con especial emoción aquel breve instante de la mañana que pasó a solas con la imagen. Según sus propias declaraciones, aquellos momentos «fueron los únicos de aquel hallazgo que me pertenecieron solo a mí, porque la ciencia es más importante que cualquier individuo. Fue como un sueño porque sabía que estaba viendo algo nunca visto con anterioridad por ningún ser humano». Aquella mancha gris pálido contra la negrura del espacio fue la primera prueba directa de que otro objeto planetario está geológicamente «vivo» en el momento presente.

Como Ío tiene un tamaño similar al de la Luna, las predicciones sostenían que ya habría perdido suficiente calor interior como para quedar convertido en un objeto geológicamente muerto similar a nuestra compañera nocturna. El descubrimiento de un mundo con un vulcanismo tan activo oculto en aquella entidad diminuta fue toda una sorpresa, dada la concepción imperante por entonces sobre la evolución térmica de los cuerpos celestes rocosos ya comentada aquí en los casos de la Luna, Marte y Venus. Sin embargo, solo unos meses antes de que llegaran a la Tierra las imágenes de la Voyager, un estudio dirigido por la Universidad de California en Santa Bárbara había contemplado la posibilidad de que en Ío actuara otra fuente de energía importante.

Ío dista de Júpiter casi lo mismo que la Luna de la Tierra, pero Júpiter es más de 300 veces más masivo que este planeta. Aquí notamos a diario el tirón gravitatorio de nuestro pequeño satélite en el ascenso y el descenso de las mareas. En Ío, la colosal masa de Júpiter estira y comprime la roca que lo conforma. Este masaje gravitatorio continuo se suma a los rítmicos tirones que también recibe Ío de los dos satélites jovianos que tiene por vecinos, Europa y Ganímedes (un fenómeno que en mecánica celeste se conoce como resonancia orbital). Esta deformación, este amasado constante de la esfera rocosa de Ío, genera una energía que mantiene un calor perpetuo en su interior y alimenta el persistente vulcanismo captado por las cámaras de la Voyager 1 y que, según algunas mediciones, lo convierte en el cuerpo volcánico más activo de todo el Sistema Solar. En algunos lugares, una actividad geológica tan intensa produciría al menos algún tipo de atmósfera, pero el potente tirón gravitatorio que ejerce Júpiter sobre Ío lo despoja del gas exhalado desde su interior y torna tenue y frágil su atmósfera dominada por el dióxido de azufre. Aunque Ío no se parece en nada a la Tierra a pesar de sus abundantes emisiones volcánicas, el descubrimiento de Morabito y su explicación de que el magmatismo se debe a efectos de mareas demostraron que en el firmamento hay más variedades de vulcanismo de las que habíamos imaginado a partir de lo observado en la Tierra.

En un lugar más exterior aún del Sistema Solar actúa otro tipo de vulcanismo. En 1989, la sonda Voyager 2 pasó junto a Tritón, satélite de Neptuno, y tomó imágenes de penachos de gas nitrógeno y polvo de unos ocho kilómetros de altura sobre la superficie lanzados contra su tenue y brumosa atmósfera rica en nitrógeno. Tritón dista unas treinta veces más del Sol que la Tierra, alberga temperaturas de 235 °C bajo cero en su superficie y está cubierto por una capa de nitrógeno congelado situada sobre capas más inferiores de hielo y, tal vez, un océano interno salado que parece rodear un núcleo de roca y metal. El análisis de las imágenes enviadas desde allí ha desvelado un mundo de uniformes llanuras volcánicas (la inexistencia de cráteres de impacto evidencia una superficie muy reciente en términos geológicos) marcadas, además, por los fosos, montículos y ondulaciones creados por procesos similares bien conocidos en la Tierra, como la formación de fallas, erupciones de diversos tipos y el abombamiento de la corteza causado por material flotante del subsuelo. Sin embargo, en Tritón estos procesos se desarrollan sobre un suelo de hielo, no de roca. Se cree que el vulcanismo helado de Tritón (a veces conocido como criovulcanismo) se debe a «magmas» de nitrógeno, agua y amoniaco, en lugar de roca fundida, que es

Imagen de un penacho lanzado a gran altura por el volcán Tvashtar de Ío tomada en 2007 por la nave espacial New Horizons de la NASA. En 1979, la sonda Voyager fotografió un penacho parecido procedente del volcán Pele de Ío.

el material predominante en los volcanes de la Tierra. Los procesos que impulsan el vulcanismo en Tritón siguen siendo un enigma. Es posible que intervenga el calor interno del satélite, pero otra hipótesis sostiene que la energía podría provenir directamente del Sol y aprovecharse a través de la corteza transparente de nitrógeno helado de Tritón mediante una versión sólida del efecto invernadero que solemos encontrar al describir el equilibrio energético en atmósferas gaseosas.

El avance en la exploración espacial ha ido desvelando otros casos de criovulcanismo en el Sistema Solar: desde penachos de vapor de agua (criogéiseres) lanzados desde la superficie helada de Europa (satélite joviano) y Encélado (satélite de Saturno) hasta posibles accidentes criovolcánicos en Titán (satélite de Saturno), el planeta enano Plutón y Ceres (el objeto más grande del cinturón de asteroides). Da la impresión de que cuanto más exploramos el Sistema Solar, más debemos adaptar y ampliar nuestras teorías sobre el vulcanismo.

Desde la primera detección de exoplanetas en órbita alrededor de estrellas que no son el Sol en la década de 1990, lo que sabemos sobre otros mundos contempla una diversidad mayor de posibilidades que las imaginadas tan solo a partir de lo que conocemos en el Sistema Solar. En 1995, Michel Mayor y Didier Queloz, de la Universidad de Ginebra, comunicaron el descubrimiento de un exoplaneta en órbita alrededor de una estrella de tipo solar. La trascendencia de este gran avance para la ciencia y, cómo no, para la imaginación humana en relación con el universo se reconoció más tarde con la concesión del Premio Nobel de Física de 2019. Desde entonces se han catalogado más de 5.000 exoplanetas confirmados, y la cifra no para de aumentar. Estos estudios han pasado de la capacidad para detectar sobre todo planetas masivos que orbitan muy de cerca sus estrellas al hallazgo de numerosos exoplanetas pequeños, algunos incluso con posibilidad de albergar vida. Otras misiones, como el lanzamiento del telescopio espacial James Webb el día de navidad del año 2021, ampliarán aún más nuestras capacidades de detección.

Los fotones que captamos de esas esferas lejanas portan información codificada sobre la composición química de su atmósfera y, si esta es lo bastante transparente, sobre las propiedades de la superficie. Ya hemos descubierto muchos mundos nuevos asombrosos. El sistema estelar binario Kepler-16 tiene un planeta del tamaño de Saturno que orbita alrededor de sus dos estrellas. 55 Cancri e (con una masa ocho veces mayor que la de la Tierra) tarda menos de dieciocho horas en completar una órbita alrededor de su estrella central, y es posible que toda la superficie consista en magma fundido. El sistema planetario TRAPPIST-1 (situado a tan solo cuarenta años luz o 380 billones de kilómetros de nosotros y, por tanto, muy próximo) posee siete planetas del tamaño de la Tierra que orbitan una estrella enana fría, y tres o cuatro de ellos podrían tener unas condiciones habitables. A medida que aumente nuestra capacidad de detección, es posible que el estudio de estos mundos desconocidos hasta ahora amplíe lo que sabemos sobre la Tierra. Permitirán descubrir otras posibilidades de evolución planetaria, así como sus variaciones debido a factores como el tamaño del planeta, su composición, distancia a la estrella y la existencia o no de satélites cercanos. Los exoplanetas mejor conocidos hasta ahora tienen edades que van de 1,4 a 11.000 millones de años, lo que también ofrece la atractiva posibilidad de ver en ellos el pasado o el futuro de nuestro propio planeta.

A medida que reunimos esta novedosa colección de maravillas compuesta por mundos extraterrestres, la comunidad científica debe expandir la mente para interpretar el significado del conjunto completo, sobre todo en términos de habitabilidad. Para entender esta nueva proliferación de diversidad planetaria tendremos que basarnos cada vez más en lo que sabemos sobre el planeta que mejor conocemos de todos, es decir, la Tierra. Esto incluye inferir qué aspecto tendría su huella espectral si se observara desde otro sistema solar, porque sería una manera de comprobar si somos capaces de reconocer mundos como el nuestro en la vasta inmensidad del firmamento. Como hemos visto en este capítulo y en otros anteriores, el vulcanismo y la desgasificación son cruciales para las atmósferas planetarias. Puesto que los volcanes intervienen en procesos con efectos globales, como el ciclo del carbono a largo plazo que actúa en la Tierra, tal vez sean cruciales para la estabilidad del clima de un planeta, lo que tornaría más probable la emergencia de la vida. Pero entender las emisiones volcánicas también facilita en cierto modo la identificación de lugares que podrían albergar vida extraterrestre entre la plétora de exoplanetas recién descubiertos. Algunas moléculas que podrían interpretarse como huellas biológicas en caso de detectarse en una atmósfera planetaria, como es el caso del metano, también se forman a partir de procesos abióticos (no asociados a células vivas) relacionados a veces con el vulcanismo, por lo que es crucial descartar este origen antes de replantearnos si estamos solos en el universo. La caracterización de qué aportan a la atmósfera los volcanes de la Tierra, incluso los más remotos e inaccesibles, brinda información relevante sobre lo que cabría encontrar al observar mundos cada vez más diversos. Viajes como el que realicé yo misma a Atacama para ascender hasta las prodigiosas exhalaciones del Láscar en 2003 forman parte de esta tarea de dimensiones planetarias que aún continúa en la actualidad.

Aunque subimos en coche hasta superar los 4.800 metros de altitud, el ascenso de los últimos 700 metros para alcanzar el elevado borde del cráter del Láscar portando el equipo para medir los gases y las partículas del penacho sigue siendo el esfuerzo físico más duro que he hecho en mi vida. El senderismo a gran altura es una actividad completamente distinta de cuando se practica al nivel del mar. La caminata es lenta y pesada. Una vez que se encaja el ritmo, parece un ejercicio de meditación en el que la mente se concentra tan solo en respirar y en poner un pie delante del otro: respirar, pisar, respirar, pisar, respirar. Por suerte, aunque el ascenso nos resultó extenuante, no llegamos a sufrir hemorragias en las encías y los labios, como les ocurrió a Humboldt y sus acompañantes. A diferencia de las penurias que pasó Humboldt en el Chimborazo, tampoco había una cubierta de nubes de la que tuviéramos que salir. El día de nuestro ascenso estuvo increíblemente despejado. Pero los mareos que él menciona fueron ciertamente una sensación que compartimos. Debo admitir que guardo un recuerdo algo nebuloso de la cumbre, probablemente debido a la altitud, pero sí sé que consulté mi altímetro electrónico, bastante diferente del artilugio de mercurio que usaba Humboldt, y vi que estábamos a la mitad de la presión atmosférica que impera al nivel del mar. A aquella altitud, la mitad de la masa de la atmósfera terrestre quedaba por debajo de mí. Tengo una fotografía con la espalda apoyada contra una grieta de una gran bomba volcánica del tipo corteza de pan (un trozo denso de roca lanzado por el volcán con una característica superficie exterior agrietada que se solidificó en el aire y se fracturó por contracción, expansión o impacto) que parece que he roto yo misma, y recuerdo a la perfección lo pesado que sentía el cuerpo en ese momento debido al agotamiento del ascenso y la falta de oxígeno. También me recuerdo contemplando un inmenso cielo azul casi imposible con gran sensación de paz, como si observara con desapego el mundo a mis pies, algo tal vez equivalente a la epifanía que vivió Humboldt en las alturas. Por desgracia, aquel estado mental alterado no me proporcionó ni siquiera una minúscula fracción de la clarividencia que él tuvo.

En el momento en que permanecí en pie contemplando el mundo desde la cima del Láscar, oyendo el zumbido de las bombas que extraían las partículas y los gases volcánicos para hacerlos pasar a través de nuestros instrumentos de muestreo, había transcurrido menos de una década desde la detección del primer exoplaneta y hacía muy poco que se habían logrado las

La autora recostada contra una bomba volcánica del tipo corteza de pan cerca de la cumbre del volcán Láscar en 2003.

primeras mediciones de atmósferas de exoplanetas. En 2001, el telescopio espacial Hubble observó un planeta apodado Osiris, de 220 masas terrestres y a 159 años luz de distancia, cuyas líneas espectrales resultaron ser la huella de una atmósfera de sodio alrededor del planeta. A pesar de las dificultades que entrañaron las mediciones en 2003, el transporte de las baterías y los filtros hasta la cima del Láscar nos permitió determinar las proporciones entre el dióxido de azufre y halogenuros ácidos, como el ácido clorhídrico, y partículas, como la bruma de ácido sulfúrico que emana de la cumbre. El análisis de las emisiones de dióxido de azufre con un espectrómetro como el que empleamos en el Masaya implicó trayectos en coche por caminos de tierra llenos de baches que levantaban el estómago mientras intentábamos leer la pantalla del ordenador portátil con el recuento algorítmico de las moléculas en un corte o sección transversal de la estela de gas procedente del cráter. A menudo, los caminos se acababan antes de que pudiéramos llegar bajo el penacho, y tampoco nos atrevíamos a apartarnos mucho con el todoterreno de las rutas ya trazadas, es decir, de donde veíamos marcas de neumáticos o huellas recientes, debido a las minas antipersona instaladas en la zona durante una disputa fronteriza anterior. Pero lo conseguimos y reunimos el inventario químico más completo de emisiones volcánicas del momento, y con él se constató que el Láscar era una fuente considerable de gases ácidos para la enrarecida atmósfera del desierto.

Cinco años después fundimos aquellas mediciones insólitas efectuadas en el Láscar con otros datos obtenidos con gran dificultad por la comunidad vulcanológica internacional sobre emisiones de ácido clorhídrico para extraer la mejor estimación del aporte global de este gas nocivo a la atmósfera terrestre por parte del vulcanismo. Desde entonces, estas estimaciones han permitido confeccionar modelos para determinar si el telescopio espacial James Webb detectaría biología u océanos en los planetas del sistema planetario TRAPPIST-1. Otras de las mediciones que efectuamos aquel día contribuyeron a conocer la posible repercusión de los volcanes en el ciclo del nitrógeno de la Tierra, también importante para buscar huellas biológicas, como el amoniaco, en atmósferas extraterrestres. El estudio de exoplanetas no fue lo que nos movió a efectuar aquellas mediciones en la cumbre del Láscar, pero parte de la emoción de dedicarse a la ciencia es que nunca sabes para qué acabará sirviendo tu trabajo. Humboldt fue un explorador consumado que se adelantó a su tiempo al detectar conexiones a gran escala. No hay manera de saberlo, pero a mí me gusta pensar que él habría disfrutado con esta conexión inesperada entre las humeantes cumbres de sus amados Andes («¡En las montañas está la libertad!») y la nueva frontera que ha encontrado la humanidad en la exploración de mundos fuera del Sistema Solar.

Humboldt es una de las dos únicas personas inmortalizadas en la Luna con un mar que lleva su nombre. Dada su pasión por la exploración y las conexiones, considero muy oportuno que Mare Humboldtianum caiga justo en la frontera entre la cara visible y la cara oculta de la Luna, enlazando lo visible con las sombras. Humboldt no era partidario de la idea de que los humanos nos propagáramos por otros mundos. Durante sus viajes había visto una y otra vez que alteramos el equilibrio de la naturaleza. Él hablaba del «mal comportamiento de la humanidad [...] que perturba el orden de la naturaleza». Tenía una visión sombría sobre nuestro futuro y temía que la expansión al espacio solo sirviera para llevar a otros planetas nuestra mezcla letal de vicio, codicia, violencia e ignorancia. Ya en el año 1801 escribió que la especie humana podría convertir en un «erial» incluso esas estrellas lejanas y «arrasarlas» tal como ya estábamos haciendo con la Tierra. Es difícil imaginar qué opinaría de los datos que nos llegan sobre el estado en el que se encuentra este planeta más de 200 años después de que escribiera aquellas palabras o cuál sería su contribución exacta a la ciencia y el debate en torno al cambio climático y cómo mitigar sus peores efectos.

No cabe duda de que la Tierra está cambiando con gran rapidez en el presente. En el capítulo anterior vimos que las emisiones de carbono de origen humano superan con creces las emisiones de los volcanes del planeta. Mientras actúen los mecanismos que controlan y equilibran el volumen de carbono a través de la lluvia y las reacciones químicas, la Tierra acabará estabilizándose a muy largo plazo y no caerá en el aplastante infierno de Venus. Pero ¿qué efectos tendrá este aumento descomunal del carbono atmosférico y qué quedará cuando todos los procesos implicados hayan seguido su curso? También para esto encontraremos respuestas y advertencias con otra aventura volcánica. Para acceder a esos mensajes necesitamos todo lo que hemos aprendido sobre actividad y gases volcánicos y viajar al pasado con el registro geológico. No olvidemos que para que nuestra especie alcanzara la posición dominante que ocupa hoy en este mudo tuvieron que extinguirse muchas otras especies. Este proceso de diversificación y decrecimiento de la vida no ha sido siempre constante. Los abismos del tiempo geológico revelan intervalos de florecimiento de la vida, pero también ocultan periodos de gran mortandad. Todos los indicios relacionan esas extinciones masivas con el vulcanismo, pero uno de un tipo que nuestra especie no ha llegado a conocer jamás. Se trata de un vulcanismo a escalas descomunales que debemos tener en cuenta no solo porque cualquier día volverá a producirse, sino también por las funestas analogías que plantea con los posibles futuros que se deriven de la actual dependencia humana de la quema de carbono fósil.

8

EXTINCIONES MASIVAS

¿Desencadenó el vulcanismo a gran escala los cambios medioambientales extremos del pasado?

A pesar de su importancia, la alarma declarada en todo el mundo ante la situación ambiental de nuestro planeta en la actualidad solo es la más reciente dentro de una algarabía de inquietud cada vez más apremiante que se ha ido forjando a lo largo de siglos. En el capítulo anterior vimos que, a comienzos del siglo XIX, Alexander von Humboldt hizo hincapié una y otra vez en la perturbación del orden natural provocada por la humanidad. Pensadores como el estadounidense George Perkins Marsh se inspiraron en los textos de Humboldt y aportaron sus propias recopilaciones de datos y observaciones para abundar en la idea de la devastación ambiental causada por la humanidad a numerosas escalas. Marsh realizó grandes viajes que incluyeron recorridos por Turquía, Egipto e Italia, y en su libro de 1864 titulado *Man and Nature* instó a sus compatriotas a aprender las lecciones del Viejo Mundo. Estaba convencido de que el Imperio Romano había caído por causa de la destrucción de los bosques, lo que a su vez causó la degradación del propio suelo que alimentaba a su pueblo. Para Marsh, la clave para evitar un futuro sombrío estaba en aprender de los errores humanos del pasado.

Man and Nature tuvo una influencia indudable. Inspiró leyes en Estados Unidos, como la Ley de Reservas Forestales de 1891, y fomentó el debate sobre la importancia de la conservación para el siglo xx. Sin embargo, las estadísticas actuales revelan que la deforestación y la degradación de los bosques, así como otros daños medioambientales más amplios, siguen produciéndose a un ritmo alarmante tanto en toda América como en el resto del mundo. Desde los tiempos de Marsh hemos sido cada vez más conscientes de lo global que puede ser el impacto ambiental de nuestra especie. Las emisiones de gases que permanecen mucho tiempo en la atmósfera, como el dióxido de carbono, debidas a la quema de combustibles fósiles en un país o varios conllevan alteraciones climáticas y la acidificación de los océanos en todo el mundo.

Como hemos visto, tampoco es nueva la preocupación por las emisiones humanas de carbono y la alteración que suponen para el equilibrio geológico del planeta entre el carbono emitido y absorbido, y las emisiones volcánicas dan una medida de la perturbación que hemos causado en la atmósfera. En un artículo publicado en 1957, Roger Revelle y Hans Suess, del Instituto Scripps de Oceanografía de California, señalaron que las emisiones humanas de dióxido de carbono por la quema de combustibles fósiles previstas para la primera década del siglo xxi eran cien veces superiores a las tasas habituales que emiten los volcanes. Según Revelle y Suess, con la devolución a la atmósfera y los océanos en el espacio de unos pocos siglos del carbono orgánico almacenado durante cientos de millones de años en rocas sedimentarias, como el carbón y el petróleo, «los seres humanos están efectuando un experimento geofísico a gran escala que no podría haberse dado en el pasado ni reproducirse en el futuro». Y prosiguen diciendo, tal vez con cierta frialdad, que «si se documenta de forma adecuada», este experimento «podrá brindarnos una idea muy amplia sobre los procesos que determinan la meteorología y el clima».

En la época de Humboldt, los niveles de dióxido de carbono en la atmósfera apenas superaban las 280 partes por millón (ppm), que era lo habitual en la era preindustrial. Cuando Revelle y Suess escribieron su artículo en la década de 1950, los niveles rozaban la cifra de 320 ppm. En 2020, los niveles medios ascendían a 412,5 ppm. Como ya hemos mencionado aquí, en 2019 la quema de combustibles fósiles liberó a la atmósfera más de 35.000 millones de toneladas de dióxido de carbono; los volcanes de la Tierra, en cambio, emiten un máximo de 500 millones de toneladas al año. Aunque el «experimento» que estamos realizando en la actualidad no tiene precedentes en numerosos aspectos, el pasado geológico tiene mucho que enseñarnos. Como ya hemos dicho, el vulcanismo actual de este planeta no refleja toda su capacidad para desplazar el carbono de las entrañas sólidas de la Tierra a la envoltura gaseosa de su atmósfera. El experimento que está efectuando la humanidad con el carbono es único, pero no carece de analogías en la larga historia de las aventuras volcánicas.

Los testigos de hielo no solo esconden en su interior los picos de sulfatos que comentamos en el capítulo 5, sino también pequeñas burbujas de aire que quedaron atrapadas en ellos. La medición de la concentración de dióxido de carbono en estas burbujas ofrece un registro de los niveles que hubo en la atmósfera a lo largo de 800.000 años. Las concentraciones más altas conservadas en el hielo rondan el valor de 300 ppm. La memoria almacenada en las profundidades compactadas de las capas de hielo del planeta es un territorio inexplorado para nosotros. Pero el hielo no es el único elemento capaz de atesorar pistas sobre el pasado de la Tierra. Puesto que las rocas sedimentarias se formaron en cierto modo manteniendo un diálogo con la atmósfera, con los océanos y con la biología del pasado, también contienen información sobre el medio ambiente de entonces, y ese registro se remonta mucho más atrás en el tiempo que el efímero hielo. En el registro sedimentario encontramos signos de que el carbono atmosférico llegó a igualar o incluso superar los niveles actuales, aunque para ello haya que retroceder más de tres millones de años en el tiempo.

Antes de que lo hiciéramos los seres humanos, las fuerzas geológicas controlaban el carbono de la Tierra. En el capítulo 6 comprobamos que los volcanes intervienen en el dilatado ciclo del carbono que actúa a largo plazo en el planeta para mantener un equilibrio único (según lo observado hasta la fecha) y afortunado que surgió en la Tierra a partir de una confluencia muy específica de circunstancias, tal como hemos descubierto con el estudio de otros mundos. Pero el vulcanismo en sí también tiene la capacidad de amenazar de manera transitoria este equilibrio y, al parecer, lo ha hecho más de una vez en el pasado de la Tierra. En el capítulo 6 vimos que las erupciones de corta duración, incluso las clasificadas como superupciones por sus grandes dimensiones, no emiten suficiente dióxido de carbono para causar cambios significativos en las concentraciones atmosféricas. Sin embargo, estos sucesos potentes pero fugaces en términos geológicos no son la única variedad de magmatismo extremo que la especie humana no ha llegado a presenciar aún. A medida que los viajes de exploración han ido describiendo y cartografiando la superficie del mundo, se han descubierto inmensas efusiones volcánicas, coladas de basaltos que cubren grandes extensiones de paisaje e informan sobre otra clase de vulcanismo distinta a cualquiera de las recopiladas a lo largo de nuestra breve historia humana. Estas coladas de lava y sus consecuencias son muy prometedoras para conocer los posibles resultados de eso que Revelle y Suess consideraron un «experimento geofísico a gran escala» sobre la tolerancia del planeta al carbono.

A través de los estudios científicos que he realizado y presentado en este libro, he vivido muchos momentos a lo largo de mi carrera caracterizados por el asombro ante el poder de los volcanes: sus elevadas temperaturas, su poder destructor, su capacidad para teñir los cielos vespertinos y enfriar el aire en todo el planeta, para mantener el clima estable, para actuar en otros objetos del cosmos. Su hegemonía en nuestro mundo y muchos otros, marcando los eones de la existencia, a menudo me hace sentir insignificante. Indagar en el pasado geológico de los episodios volcánicos más grandiosos tal vez parezca perfecto para reforzar ese sentimiento de vertiginosa reverencia. Sin embargo, aunque esta sea una emoción muy presente, la yuxtaposición de mis estudios profesionales y las noticias cada vez más frecuentes sobre el retroceso de los hielos, los incendios forestales y los fenómenos climáticos extremos también me transmite un mensaje diferente. La exploración de las maravillas volcánicas me recuerda cada vez más el poder más reciente de la humanidad para actuar como un proceso a escala planetaria. Las enseñanzas que podemos extraer de esos experimentos naturales e inevitables protagonizados por el magma hace millones de años encierran advertencias sobre la gravedad de las decisiones que estamos tomando en el presente, ahora que nos hemos convertido en custodios del futuro de la Tierra. Como hemos visto en las aventuras de capítulos anteriores, es muy difícil entender los procesos que actúan a una escala planetaria, pero el primer paso para lograrlo suele consistir en observar el mundo que nos rodea. De modo que empecemos por explorar los paisajes que dejaron las inmensas efusiones de lava características de esos periodos de vulcanismo desatado que se esconden en el pasado de la Tierra.

En la parte norte de la isla de Skye, en el noroeste de Escocia, hay un gran acantilado cuya pared se alza en pisos escarpados hasta una meseta plana y la cumbre Meall na Suiramach situada más arriba. El lugar dista mucho de cualquier actividad volcánica actual, pero la fachada de roca deja a la vista una capa tras otra de antiguas coladas de lavas basálticas azotadas por la meteorología. Solo he estado allí con niebla y lluvia, lo habitual en esta región del mundo, y aún no he realizado la ruta que va desde los pináculos como agujas y los empinados escarpes hasta la cima plana con forma de mesa, aunque es uno de los destinos que encabezan mi lista. Esta zona ha sido durante mucho tiempo un paraíso para la geología. El geólogo escocés Archibald Geikie sintió gran interés por las rocas volcánicas del oeste de Escocia y las conexiones entre ellas. Esta lengua septentrional de Skye también fue especial para él. En 1897 esbozó este paisaje en el que «desde el fondo de los valles se alzan verdes laderas en terrazas provistas de bandas paralelas de roca marrón formadas por el afloramiento de mantos basálticos casi llanos y que culminan en crestas de cimas planas y conos truncados». Las coladas de lava han conferido a estas colinas «curiosas formas tabulares que atestiguan las láminas horizontales de roca que las componen». Esta meseta basáltica aflora en algunos lugares a lo largo de una franja que va desde esta parte septentrional de Skye hasta Irlanda del Norte pasando por la isla de Mull y que incluye las famosas columnas basálticas de la Calzada del Gigante, en el condado de Antrim, y la Gruta de Fingal, en la pequeña isla de Staffa próxima a Mull.

Existen otras señales de magmatismo de una edad similar en lugares tan alejados de allí como Lundy, en el canal de Bristol. Geikie puso de manifiesto las grandes extensiones que abarcaban estas mesetas y enfatizó que «abundan y abruman» los signos de que sus contornos «son ahora mucho más reducidos que en su origen».

Entre 55 y 60 millones de años atrás, el paisaje de lo que hoy es el noroeste de Escocia quedó cubierto por cordones de lava incandescente que, episodio tras episodio, se enfriaron y solidificaron para conformar la topografía actual de capas sobre capas. A pesar del largo tiempo que estas rocas han permanecido en la superficie del planeta, en algunas regiones aún se distinguen las texturas características de las coladas *pāhoehoe* que recuerdan a la lava recién expulsada en lugares como Hawái en la actualidad. Pero en Skye, la acción de los agentes meteorológicos durante las muchas épocas transcurridas desde su formación también ha esculpido cada capa de los escalones tabulares a menudo azotados por el viento y la lluvia y envueltos en niebla y que, sin embargo, cautivan ahora a visitantes como yo.

Estos paisajes estratificados de lava, con su topografía en terrazas, sus colosales escalones horizontales y sus escarpadas paredes verticales, se conocieron en un principio como «traps» o «trapps», por los términos escandinavos para *escaleras*. Ya en la década de 1860 se reconocieron como un tipo distinto de vulcanismo y se vio con claridad que se formaron a partir de episodios masivos. Durante la segunda mitad del siglo XIX, las autoridades rusas condenaron a un exilio en Siberia al geólogo polaco Aleksander Czekanowski por su presunta participación en el levantamiento de enero de 1863 contra el Imperio Ruso. Entre 1869 y 1875 estudió la geología de la región y localizó valiosos yacimientos de carbón y grafito. Pero en sus diarios de expedición (publicados en 1896) declara

Capas de antiguas coladas basálticas de inundación de la provincia ígnea del Atlántico Norte en Mull, Escocia, fotografiadas en 2016.

que los «mejores resultados de este estudio geológico» de Siberia consistieron en el «descubrimiento de una zona desconocida hasta entonces de rocas ígneas de una extensión tan grande que supera el tamaño de cualquier otra de su clase».

Cartografió estos traps siberianos a lo largo del río Tunguska Inferior y hasta el río Oleniok por el norte «a través de seis grados de latitud y quince grados de longitud», lo que abarca un área aproximada de 1,1 millones de kilómetros cuadrados. La extensión de este vasto territorio de traps impresiona aún más visto desde las alturas. El transporte aéreo comercial ha traído nuevas panorámicas del mundo. Durante un viaje en avión que realicé de Londres a Tokio en 2016, más de 140 años después de las expediciones de descubrimiento de Czekanowski, me quedé hipnotizada contemplando los interminables traps siberianos, la vasta meseta esculpida por el drenaje dendrítico fluvial que se desplegaba bajo mis pies mientras lo recorríamos desde las alturas, una marca volcánica monumental estampada sobre la Tierra.

Estos traps de Escocia occidental e Irlanda del Norte y de Siberia no son en absoluto únicos en el mundo. Cerca de la ciudad estadounidense de Portland (Oregón), el río Columbia discurre a través de altos acantilados en terrazas similares. Aquí, esta topografía en forma de mesa cubre unos 240.000 kilómetros cuadrados de paisaje. Durante un recorrido por la ruta Eagle Creek Trail subí hasta las coladas siguiendo un camino voladizo excavado en la roca de la escarpada ladera del valle donde algunas cascadas de agua tallaban la lava. Los traps del Decán cubren grandes extensiones de la India; la región montañosa de Etiopía, donde nace el Nilo Azul, consiste en parte en traps; en la frontera entre Brasil y Argentina, el agua se precipita en las cataratas de Iguazú por escalones tallados sobre coladas y coladas superpuestas de lavas basálticas antiguas que conforman los restos de la gran provincia ígnea de Paraná-Etendeka. Hay muchos más ejemplos, y todos los continentes del planeta exhiben al menos algún signo de este imponente vulcanismo estratificado en algunos paisajes del pasado remoto. Pero no solo los encontramos en tierra firme. Algunos forman vastas mesetas que tapizan los fondos oceánicos. Una de las mayores conservadas, la meseta de Ontong Java, cubrió cerca del 1 % de la superficie terrestre cuando se produjo la erupción. Ahora ocupa un área extensa de mar poco profundo en el suroeste del océano Pacífico, al norte de las islas Salomón.

Geikie incluyó la topografía de los traps en su sistema de clasificación de volcanes, y la denominó vulcanismo «de meseta». En 1932, George W. Tyrell, otro geólogo escocés, acuñó la expresión «basaltos de inundación» porque «los accidentes topográficos de la región invadida quedaron anegados de lava como si se tratara de agua». Desde la década de 1990 se conocen con el nombre más general de «grandes provincias ígneas».

En algunos lugares, como Siberia y el río Columbia, aún se percibe el rastro completo de estas grandes provincias ígneas, mientras que en otros ha quedado escindido por la irrupción de océanos o la separación de supercontinentes. La llanura mesetiforme del norte de Skye estuvo en sus orígenes mucho más cerca de otros vestigios que ahora yacen en lugares tan alejados como las islas Feroe, Islandia y el este de Groenlandia. Estos fragmentos de coladas basálticas, conocidos por el nombre conjunto de provincia ígnea del Atlántico Norte, se separaron al abrirse el Atlántico Norte. En el norte de África, en América del Sur y América del Norte encontramos rocas pertenecientes a una gran provincia ígnea conocida como provincia magmática del Atlántico Central: piezas de un rompecabezas continental esparcidas por los bordes oceánicos y los continentes. En algunas partes afloran en parajes bastante remotos, como la cordillera del Atlas en Marruecos; en otras, se encuentran inmersas en infraestructuras de la vida urbana moderna. Los llamativos acantilados de las Palisades, en la orilla occidental del curso bajo del río Hudson, guardan relación con la provincia magmática del Atlántico Central. Durante un viaje reciente a Nueva York, disfruté de una panorámica moteada por la lluvia a través de la ventanilla del tren que circulaba de Tarrytown a Marble Hill. Al rebobinar la danza tectónica de los continentes, estas piezas encajan y revelan sus orígenes comunes como parte del antiguo supercontinente de Pangea. Las rocas de más de veinticuatro de estas grandes inundaciones magmáticas han dejado su rastro indeleble sobre la superficie de la Tierra durante los últimos 275 millones de años. También hay vestigios de otros episodios semejantes en épocas más remotas, pero el registro geológico se torna cada vez más irregular a medida que se retrocede en el tiempo porque algunas rocas antiguas se han perdido por fenómenos de subducción, meteorización o aplastamiento debidos al desplazamiento de las placas tectónicas.

Las grandes provincias ígneas conocidas presentan tamaños diversos, pero la mayoría expulsó al exterior millones o decenas de millones de kilómetros cúbicos de lava y acumuló en la corteza planetaria grandes balsas de magma con forma de cuenco, así como intrusiones apiladas o diques. Para hacernos una idea de la magnitud de estos volúmenes descomunales sirva como referencia que un solo kilómetro cúbico sepultaría toda la región del Gran Londres bajo una costra de lava de unos 65 centímetros de grosor. Estos sucesos anegaron paisajes con una cantidad de lava millones de veces más abundante. El origen de esta fusión masiva del manto se sigue debatiendo en la actualidad, pero una explicación posible la atribuye a la formación de inmensas bolsas de plumas mantélicas incandescentes y a su ascenso por el interior del planeta desde profundidades tan remotas como la frontera entre el núcleo del planeta y el manto. Las suponemos parecidas, aunque más grandes, a las observadas en la actualidad en el Rift de África oriental mediante la toma de imágenes sísmicas y descritas en el capítulo 6.

La historia humana no contiene ningún registro del vulcanismo que formó las grandes provincias ígneas ni de sus consecuencias. De hecho, el análisis de estas regiones rocosas extraordinarias evidencia que los episodios más recientes son anteriores a la aparición de nuestra especie en el planeta. Para saber más sobre ellas, debemos reunir datos procedentes de muchas fuentes, pero las pistas fundamentales provienen de la reconstrucción del instante temporal, la duración, la intensidad y el tipo de erupción que las causó a partir de las rocas que

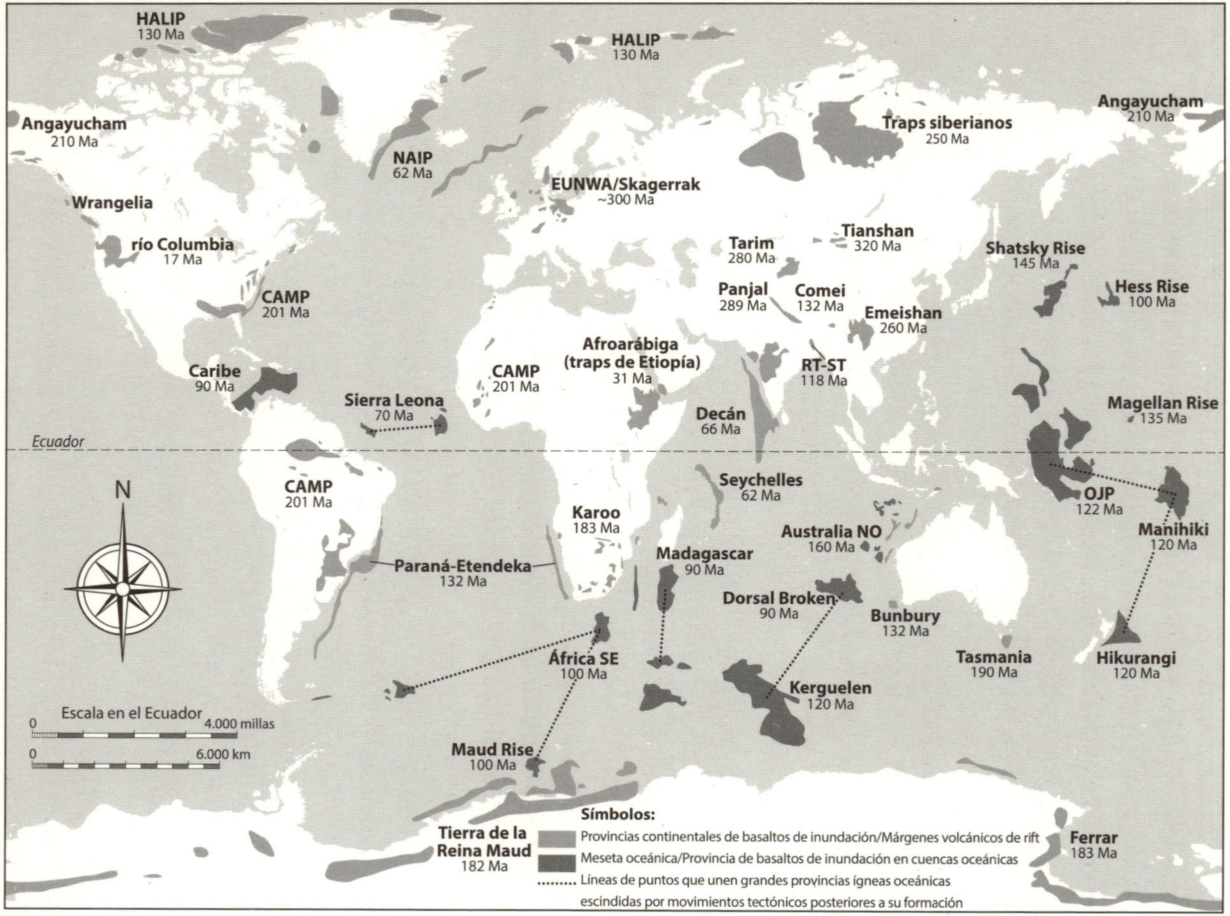

Mapa con la distribución mundial de las grandes provincias ígneas basálticas formadas durante los últimos 320 millones de años de la historia de la Tierra con sus edades indicadas en millones de años (Ma). Abreviaturas empleadas de acuerdo con sus siglas en inglés: CAMP - provincia magmática del Atlántico Central; EUNWA - provincia ígnea de Europa y África Noroccidental; HALIP - gran provincia ígnea del Ártico dejaron tras de sí. Tal como vimos al exponer el caso de Santorini, la reconstrucción de sucesos volcánicos pasados a partir de rocas que han permanecido unos pocos milenios a la intemperie de la superficie terrestre ya supone todo un desafío. Pero la dificultad es mucho mayor si se trata de las lavas procedentes de grandes provincias ígneas que han sufrido los efectos de fenómenos tectónicos y meteorológicos durante decenas de millones de años o muchos más.

La región mejor conocida de todas estas grandes provincias es la más reciente, formada en el entorno del río Columbia actual, en el noroeste de Estados Unidos, y denominada grupo basáltico del río Columbia. Esta acumulación de lava define todo el paisaje local, y cuando la visité, ascendí a pie entre árboles musgosos y acantilados y vi caer el agua por sus escalones de basalto. El paisaje es impresionante y de una belleza sobrecogedora, pero también es uno de los ejemplos más pequeños que se conocen de una gran provincia ígnea, con tan solo 0,25 millones de kilómetros cúbicos de lava. Los traps del Decán, la provincia magmática del Atlántico Central y los traps siberianos son diez o más veces mayores en cuanto a volumen total de material expulsado.

Estas rocas, las más recientes de una gran provincia ígnea y transformadas por la erosión para dar lugar a este tramo del desfiladero del río Columbia, contienen cristales que podemos datar midiendo la desintegración de elementos radiactivos en su interior. Los basaltos de los alrededores del río Columbia tienen edades que van desde los 17 hasta los 6 millones de años. Pero ese gran intervalo temporal esconde periodos de una violencia volcánica mucho mayor.

La cuidadosa cartografía y la datación de las coladas sugieren que más del 70 % del volumen que conforma esta provincia salió al exterior a lo largo de un periodo mucho más breve de 400.000 años hace unos 16 millones de años. Se estima que durante ese pico de actividad, las erupciones volcánicas de la zona se produjeron a un ritmo comparable o superior a la del Laki descrita en el capítulo 5, que fue mucho más breve puesto que solo duró ocho meses, aunque devastó Islandia en la década de 1780. De hecho, se cree que en su momento más frenético, las emisiones volcánicas del grupo basáltico del río Columbia llegaron a superar con creces las de la suma conjunta del resto del vulcanismo que actuó y expulsó rocas a la superficie terrestre en aquel tiempo. Los pulsos más violentos de actividad parecen haber durado décadas y marcaron el ritmo del *crescendo* y *diminuendo* de la duración más extensa de la formación de la provincia.

En el caso de las provincias más antiguas que los basaltos del río Columbia, la datación de coladas individuales resulta más compleja, pero podemos obtener una idea de la edad global del vulcanismo en términos generales. Aparte de las escalas temporales medidas por el reloj de la desintegración radiactiva, dentro de la geología recurrimos a otras pistas temporales, como leves marcas magnéticas en las lavas que revelan la inversión de los polos magnéticos terrestres en determinados periodos del pasado. Estas enrevesadas mediciones sitúan estas inundaciones basálticas dentro de la cronología geológica de la Tierra y revelan que los traps del Decán se formaron hace unos 66 millones de años; la provincia magmática del Atlántico Central, hace unos 200 millones de años, y los traps siberianos, hace 250 millones de años. Es difícil determinar la edad de las diferentes coladas, pero las mejores estimaciones respaldan las conclusiones extraídas en el caso del río Columbia, donde hubo un periodo de actividad más intenso y breve (de alrededor de un millón de años) intercalado con etapas más prolongadas de crecimiento y decrecimiento. Es complicado obtener más detalles sobre los índices de emisiones durante los picos eruptivos que formaron las provincias más antiguas, pero los inmensos volúmenes de lava cartografiados y contabilizados en la superficie terrestre actual arrojan tasas de material expulsado muy significativas a una escala planetaria incluso si se promedian a lo largo de los periodos de un millón de años de duración de su máxima actividad. Las lecciones extraídas de los basaltos del río Columbia y la erupción del Laki instan a pensar que, dentro de esos intervalos más activos, los índices de material expulsado habrían sido mucho más grandes en ocasiones y probablemente superarían con creces los observados en la actualidad en todos los volcanes subaéreos del mundo juntos. Pero sabemos que también hubo interludios más apacibles. Por ejemplo, en el Decán encontramos suelos arcillosos rojos que tuvieron tiempo de formarse entre coladas sucesivas, lo que evidencia periodos de relativa calma intercalados con episodios de gran violencia.

Aunque es difícil reconstruir los detalles exactos sobre la clase de erupción que marcó la formación de estos grandes paisajes escalonados a partir de las rocas antiguas que han llegado hasta hoy, algunas conclusiones generales están muy claras desde hace tiempo. Las grandes provincias ígneas surgieron de una variedad de vulcanismo distinta a los fugaces cataclismos causados por otras erupciones inmensas pero breves, como la del Tambora, o a supererupciones como las del Yellowstone o el Toba. Los depósitos del Tambora o el Toba evidencian el desplazamiento de cenizas hasta lugares muy lejanos, de columnas plinianas que llegaron hasta la estratosfera y de veloces efusiones de enormes coladas piroclásticas. Rara vez se conservan las chimeneas que arrojaron las lavas de los basaltos de inundación, pero allí donde aún las encontramos no se observan los mismos signos de una vasta actividad explosiva. Las fuentes de fuego brotarían, al menos de manera periódica, de fisuras que escindían el terreno y alimentaban las coladas serpenteantes, pero la irrupción de estos basaltos fluidos y pobres en agua difiere mucho de la imagen que solemos tener de una catástrofe volcánica. El poder del vulcanismo de los basaltos de inundación no reside tanto en sus efectos inmediatos a una escala global a lo largo de semanas o años como en su acción persistente y prolongada. Si sucesos como la erupción del Toba causan trastornos agudos en el sistema Tierra, las grandes provincias ígneas son como una afección crónica que actúa durante un periodo de tiempo suficiente para resultar significativa cuando se mide con la vara del tiempo geológico.

Las erupciones fisurales características de Islandia y Hawái constituyen el mejor ejemplo actual, aunque mucho más reducido, para imaginar de qué tipo fueron las erupciones de los basaltos de inundación. Podemos recurrir a la experiencia acumulada en estos lugares para imaginar un paisaje ennegrecido, cubierto por la incandescencia furiosa de fuentes de fuego. Coladas de lava al rojo vivo se abrían paso por el territorio carbonizando toda la vegetación interpuesta en su camino. El calor de las fuentes impulsaba hacia las alturas nubes de gases y aerosoles que a veces superaban los diez kilómetros de altura en la atmósfera, unidas a otras brumas surgidas de los ríos de lava que caían por las pendientes del terreno. El suelo palpitaría con los pulsos de las explosiones volcánicas a gran profundidad. Sería un panorama apocalíptico sumado a un aire acre debido a los vapores volcánicos. Las crónicas de la erupción del Laki ofrecen una idea más precisa que ningún otro testimonio actual sobre la intensidad del vulcanismo de las grandes provincias ígneas, y el Laki suele citarse como el suceso histórico más parecido a estos épicos periodos de magmatismo, a pesar de que los 14 kilómetros cúbicos de coladas de lava que expulsó lo convierten en un alevín absoluto si se compara incluso con los basaltos de inundación más pequeños de todos.

Sin embargo, las crónicas sobre la devastación que sufrió Islandia en la década de 1780 dan una idea sobre las consecuencias medioambientales del vulcanismo que formó estas mesetas. Al igual que sucedió con la erupción del Laki, la lava que cubrió el paisaje depararía una catástrofe localizada, pero los gases y aerosoles nocivos envenenarían el aire, el agua y el suelo de una región mucho más extensa que la ennegrecida por las coladas. Neblinas y situaciones meteorológicas extrañas dificultarían el progreso de la biología o incluso su supervivencia en todo el entorno circundante. Como ya hemos comentado, Benjamin Franklin midió el oscurecimiento debido a la neblina del Laki en la debilitada luz solar a miles de kilómetros de Islandia, en Francia. Tal vez parezca complicado dar el salto desde las consecuencias de la erupción del Laki hasta las derivadas de la formación de una gran provincia ígnea, con un volumen y una duración en torno a un millón de veces mayores, pero es importante intentarlo si queremos saber cómo fueron. El cálculo de las cantidades y los flujos totales de gases emitidos por las grandes provincias ígneas del pasado está plagado de complicaciones, al igual que la reconstrucción del ritmo y el tipo de erupción. Como ya se ha descrito aquí, a veces obtenemos pistas sobre la cantidad de gas que transportaron los magmas desde las profundidades mediante el análisis de las diminutas burbujas de roca vítrea atrapadas en la carga cristalina de las coladas y transportadas cual diminutas cápsulas del tiempo desde las profundidades de la Tierra. Pero a veces cuesta encontrar estos mensajes en rocas tan antiguas y, tal como ocurre con el vulcanismo moderno, pueden arrojar una información más bien pobre sobre el contenido de carbono de un magma en las profundidades.

Aun así, a partir de lo poco que conocemos sobre el magma y su capacidad para transportar gas desde el interior del planeta hasta la superficie, sabemos que serían enormes las emanaciones de gases importantes como el dióxido de carbono, el dióxido de azufre y los ácidos fluorhídrico, clorhídrico y bromhídrico. En un sistema magmático de esta magnitud, el aporte de gases también provendría de otras fuentes. La gran extensión que abarcaban estas inmensas cuencas de captación subterráneas desde el manto hasta la superficie favorecía su confluencia con reservas antiguas de carbono acumuladas en el manto quebradizo situado bajo los continentes, de manera análoga a la hipótesis sobre lo que ocurre en la actualidad en el Rift de África oriental. A veces, los magmas también atravesaban vetas de carbón u otros depósitos durante su viaje hasta la superficie, como en Siberia. El calentamiento magmático de estos depósitos puede liberar gases como el dióxido de carbono, los cuales se suman también a las emisiones de vapores desde las entrañas del planeta al medio ambiente de la superficie asociadas a estos periodos colosales de vulcanismo exacerbado.

Aunque es muy difícil calcular las cantidades totales de los diferentes gases liberados por fenómenos tan antiguos, podemos utilizar lo que sabemos para, al menos, valorar sus volúmenes más probables. Las emisiones totales de dióxido de carbono de estas efusiones de basaltos a lo largo del millón de años que duró su actividad se estiman entre decenas y cientos de billones de toneladas. Las emisiones humanas de dióxido de carbono desde la revolución industrial ascienden más bien a unos pocos billones de toneladas hasta el momento actual, solo que a lo largo de un periodo mucho más breve. Es probable que el ritmo de las emisiones de carbono durante la formación de una gran provincia ígnea fuera mucho más reducido en la mayoría de los casos que el registrado desde la invención de la máquina de vapor. Las diversas tasas de emisiones en el transcurso del larguísimo tiempo que duró el vulcanismo de estas provincias resultan mucho más difíciles de calcular aún que los índices totales, pero un estudio reciente cifró la tasa máxima de emisiones durante la formación de los traps siberianos en unos 18.000 millones de toneladas de dióxido de carbono al año: en torno a la mitad del índice actual de emisiones de carbono derivado de la quema humana de combustibles fósiles. Las emisiones de gases de azufre y de ácidos halógenos son más reducidas pero también significativas.

Dada la magnitud inmensa de estas grandes provincias ígneas y los testimonios históricos de la devastación y la extraña meteorología que causó a una escala local la erupción análoga más breve pero también más reciente del Laki en Islandia, tiene sentido plantearse cómo incidieron estos sucesos descomunales en el medio ambiente del planeta mientras duraron. Es indudable que el vulcanismo más reciente o actual puede revelarnos mucho a través de analogías. En capítulos anteriores hemos visto de qué manera podemos hacernos una idea sobre erupciones recientes y actuales y las consecuencias de sus coladas, cenizas, gases y partículas para el medio ambiente. Pero, como (por fortuna) no hemos experimentado de manera directa ninguno de los inmensos episodios volcánicos que crearon las grandes provincias ígneas para conocer todas las consecuencias de un fenómeno de esta magnitud, debemos recurrir al registro geológico más recóndito para desentrañar cómo alteraron estos sucesos tanto el medio ambiente como la biología de nuestro planeta en los tiempos en que ocurrieron. A nuestro alrededor encontramos numerosas pistas sobre ambientes pretéritos ocultas en rocas sedimentarias que afloran hasta la superficie y que a menudo conforman el suelo que pisamos.

Estas rocas guardan un registro de la vida y las etapas que atravesó el planeta escrito en los fósiles y en los ecos químicos de tiempos pasados que quedaron atrapados en capas superpuestas a medida que se acumulaban una sobre otra en el transcurso de milenios, eras y eones. Para buscar señales de las consecuencias medioambientales del vulcanismo que formó las grandes provincias ígneas debemos tener en cuenta, en primer lugar, la extensión del tiempo geológico y cómo se rastrean los cambios en la biología y la química que acabaron llegando hasta la situación actual.

La Tierra tiene una edad casi inconcebible y no siempre ha sido igual que ahora. La humanidad lleva mucho tiempo preguntándose cómo llegó el planeta a ser como es, y aunque todavía quedan numerosos mitos, leyendas y creencias, el estudio del registro de su historia que ha quedado en las rocas, junto a otras pistas, ha deparado grandes avances científicos para conocer nuestros orígenes. Hemos descubierto muchas cosas, como lo corta que es nuestra historia como especie en este planeta. Cuando comencé mis estudios de doctorado, asistí a una conferencia en un polvoriento auditorio de Cambridge una fría mañana de otoño. Trataba sobre la escala de tiempo geológico, y, aunque debo admitir que por entonces me abrumó el complejo sistema de eones, eras, periodos, épocas y edades, hubo una analogía que se me quedó grabada en la memoria. El conferenciante extendió un brazo hacia un lado y pidió a la audiencia que imaginara que representaba la edad de la Tierra: el hombro sería su comienzo, hace 4.500 millones de años, y la punta de los dedos, el momento presente. A partir de esa escala, nos retó a calcular qué longitud del brazo equivaldría a la existencia de los seres humanos en el planeta. Yo pensé que tal vez cubriríamos siquiera el primer nudillo de un dedo; otros, que quizá la mano entera, y otros, más avispados, ya sabían que si pasamos una lima de uñas una vez por los dedos, esos fragmentos serían el tramo del brazo correspondiente al tiempo que llevamos los humanos sobre esta roca: unos 200.000 años de ese total de 4.500 millones. El sentimiento identitario de nuestra especie en este mundo debería basarse siempre en que somos una mera limadura de uñas dentro del tiempo geológico. A veces, cuando noto que sucumbo al ajetreo de la vida cotidiana, me detengo un momento a recordar esto y recupero la perspectiva. También en este caso nos invade la sensación de temor y asombro que aparece al contemplar la vasta extensión infinita de un cielo estrellado o un lago de lava bullente o al imaginar las grandes profundidades de la Tierra hasta el mismo centro de su núcleo como una sucesión de pisos que se precipitan en cascada bajo nuestros pies.

La evolución del medio ambiente en la superficie hasta convertirse en lo que es en la actualidad está profundamente ligada a la evolución de la vida en este planeta. La Tierra primitiva sería absolutamente irreconocible. Es difícil concretar con certeza en qué momento exacto comenzó la vida, pero parece probable que ni siquiera hubiera vida microbiana durante al menos los primeros 500 millones de años, o alrededor de un tercio del espacio que separa el hombro del codo. La datación de rocas fosilíferas revela que la aparición de organismos pluricelulares y, con posterioridad, de plantas y animales no ocurrió hasta mucho más tarde. Lo que se conoce como explosión cámbrica y se considera una revolución crucial en cuanto a diversidad de especies y de configuraciones morfológicas en la vida marina sucedió hace unos 539 millones de años, es decir, más o menos en el arranque de los dedos. Los organismos complejos tardaron aún más en salir de los océanos y colonizar los continentes. Aunque es probable que la vida microbiana en tierra firme se remonte mucho más atrás, las primeras pruebas fehacientes de la existencia de plantas y animales terrestres datan de lo que se conoce como el periodo Ordovícico (hace entre 485 y 444 millones de años, es decir, hacia el final de la primera articulación de los dedos).

Los ecosistemas modernos en tierra firme no se establecieron hasta hace unos 385 o 359 millones de años (en el periodo Devónico tardío), a la altura de la segunda articulación de los dedos. Da que pensar, o tal vez inspire tranquilidad, saber que, durante la mayor parte de la larga historia de la Tierra, los continentes fueron lugares baldíos desprovistos de vida compleja donde solo había viento, agua, hielo, desprendimientos de rocas, tectónica de placas, vulcanismo y el impacto ocasional de algún meteorito, aunque, a partir de cierto instante geológico difícil de discernir, estuviesen dominados por microbios.

El estudio de la historia de la vida y el medio ambiente en este planeta está íntimamente ligado al análisis de sus rocas. Los restos de vida antigua se encuentran atrapados y registrados en las rocas, y en algunos casos (por ejemplo, calizas, carbones y estromatolitos) son indispensables para formarlas. Las llanuras de colinas de cretas al descubierto dominan el paisaje al sur del lugar donde resido en Oxford. Por las colinas que rodean los yacimientos arqueológicos de Avebury, West Kennet y el Caballo Blanco de Uffington hay cicatrices blancas expuestas al aire en lugares donde la hierba y el suelo han cedido ante la roca subyacente; se trata de restos quebradizos de formas de vida aún más antigua: microorganismos cretácicos de océanos desaparecidos hace mucho tiempo.

Por muy fascinantes que sean estos pálidos restos microbianos, resulta más fácil reconocer como signos de vida pasada otros tipos de fósiles más grandes perfectamente visibles para el ojo humano. El interés por el registro fósil viene de lejos. En algunas cuevas prehistóricas de Francia se han encontrado fósiles de trilobites, extintos hace unos 250 millones de años, perforados para usarlos como colgantes. En la época clásica, las culturas griega y romana empezaron a coleccionar fósiles, a plantearse su significado y hasta a emplearlos como medicinas. Muchas dolencias, desde cálculos en la vejiga hasta envenenamientos, se trataban chupando espinas y dientes fósiles o tomándolos pulverizados. Aprender a leer los mensajes sobre la historia del planeta ocultos en estas reliquias nos llevó más tiempo y requirió ciertos cambios de calado en nuestra forma de entender el mundo.

Al igual que sucedió en el campo de la vulcanología, las primeras interpretaciones de los fósiles y su significado estuvieron muy influidas por las ideas cristianas. En general, se consideraban reliquias que el diluvio bíblico transportó y sepultó más tarde. Esto implicó también que la variación biológica o la desaparición (extinción) de especies fueron conceptos problemáticos para el pensamiento occidental previo al siglo XIX. Gran parte de la sociedad creía que Dios había creado un mundo perfecto y terminado. El descubrimiento de fósiles como las improntas de conchas de nautilos gigantes se explicaba por la existencia de especies ocultas en regiones inexploradas de la Tierra. Sin embargo, a finales del siglo XVIII, algunos pensadores empezaron a utilizar indicios del registro fósil para proponer una historia más compleja de la vida y el medio ambiente del planeta. El naturalista francés Georges Cuvier defendió que los cráneos de mamut hallados en la cuenca de París diferían de los de cualquier especie viva conocida de elefante y que era muy poco probable que un animal tan enorme no se hubiera descubierto aún. Al otro lado del canal de la Mancha, William Smith estaba empleando fósiles característicos para identificar y relacionar distintos estratos de Gran Bretaña durante sus inspecciones de minas y canales, y ató todos esos cabos para confeccionar en 1815 el primer mapa geológico detallado. Durante la primera mitad del siglo XIX hubo otras personas, entre ellas los geólogos británicos Roderick Murchison y John Phillips, sobrino de Smith, que utilizaron estas técnicas incipientes de bioestratigrafía para empezar a perfilar una escala temporal geológica sistemática y crear un lenguaje nuevo con el que describir la vasta historia prehumana de la Tierra.

También hacía mucho tiempo que se debatía si la variación biológica que se manifestaba en forma de extinciones de especies sería gradual o si se debería a cataclismos cíclicos. Los estudios de Cuvier de los estratos franceses lo llevaron a identificar marcados ciclos de devastación y renacimiento en la diversidad biológica del planeta. Aunque Darwin tenía sentimientos encontrados en relación con el registro fósil, pues lo consideraba «una historia del mundo que se ha conservado defectuosa» debido a su incompletitud, extrajo de él lecciones fundamentales, y la extinción fue un proceso crucial para su teoría de la evolución mediante selección natural. Para él, sin embargo, la desaparición de especies había sido gradual. En *El origen de las especies*, obra publicada en 1859, escribió que «las especies y los grupos de especies desaparecen de un modo gradual, uno tras otro, primero de un lugar, después de otro, y por último del mundo entero». Phillips, en cambio, elaboró uno de los primeros gráficos con la diversidad de especies a lo largo de un periodo geológico prolongado en su libro de 1860 titulado *Life on Earth: Its Origin and Succession* ('La vida en la Tierra: su origen y sucesión'). A partir de los fósiles hallados en las capas de sedimentos que componen las islas Británicas, identificó «superficies o zonas con menos vida», grandes desplomes en «la abundancia de las formas de vida en el mar», en especial al final del periodo Pérmico (hace 252 millones de años) y al final del periodo Cretácico (hace 66 millones de años). En la página contigua al diagrama con una diversidad de especies tan desigual con el paso del tiempo, Phillips cita al poeta romano Lucrecio: «En un breve espacio *se* suceden las generaciones de vivientes y *se pasan*, como *corredores*, la *antorcha de la vida*». El final de la carrera de Phillips transcurrió en

Oxford, y en su caso personal, la cesión de la antorcha de la vida de una generación a otra se produjo con eso que llaman (espero que con poco fundamento) una «muerte muy Oxford»: dicen que, tras una gran cena en ilustre compañía en el All Souls College, tropezó con una alfombra y cayó por las escaleras de piedra. Aun así, quedó inmortalizado en el Museo de Historia Natural de Oxford, catedral victoriana de la ciencia de estilo neogótico cuya construcción supervisó él mismo justo a la vuelta de la esquina de mi despacho. Una talla de su busto figura entre los grandes de la ciencia, incluido Darwin, que adornan los pilares de sus espacios abovedados.

Transcurrió otro siglo tras la desafortunada extinción accidental de Phillips antes de que volviera a estudiarse en detalle el recuento de especies a lo largo del tiempo geológico. Por entonces, la humanidad ya se encontraba en plena era de la información, y los rápidos avances en el campo de la computación permitieron analizar las paulatinas eras y épocas del registro fósil. En la década de 1970, el paleontólogo estadounidense Jack Sepkoski confeccionó una sencilla base de datos informática con las apariciones y desapariciones de vertebrados e invertebrados marinos en el registro fósil desde la época de la «explosión cámbrica». En 1982, utilizó esta base de datos junto con su colega de la Universidad de Chicago David Raup e identificó cinco episodios devastadores de extinción en la historia de la vida de la Tierra que interrumpen de súbito la existencia de grandes grupos de especies. Entre esas cinco grandes extinciones masivas figuran la que Phillips detectó al final del Cretácico, que acabó con los dinosaurios no aviares, y la más grave de todas, la gran masacre del final del Pérmico, en la que se calcula que pereció más del 80 % de las especies. En medio de esas dos, hace 201 millones de años, se produjo la extinción masiva de finales del Triásico y, más atrás

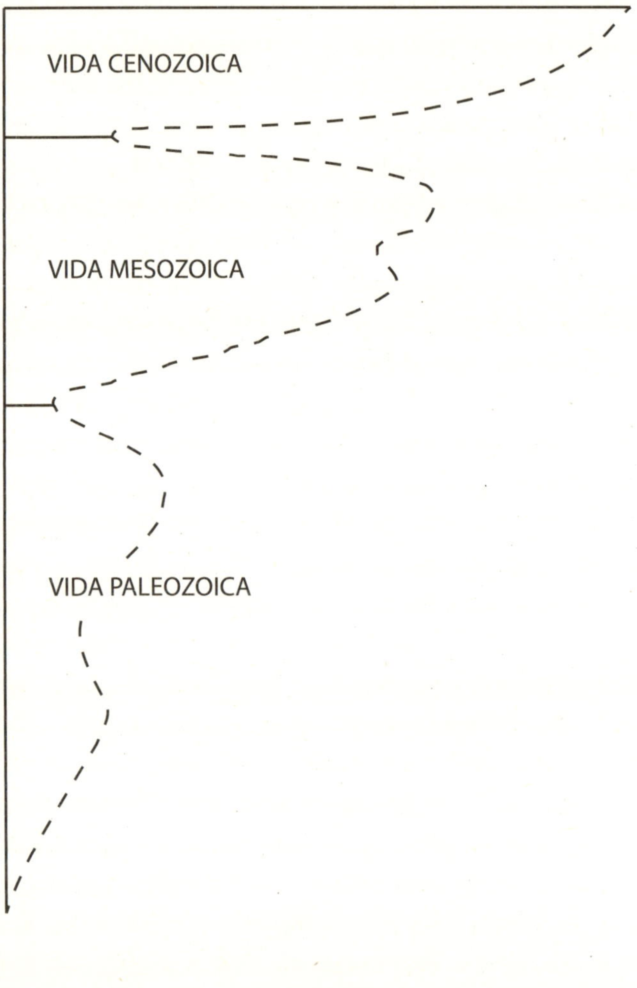

«Curva continua que se corresponde con la prevalencia numérica de la vida y que representa su crecimiento y decrecimiento» trazada por John Phillips a partir de fósiles británicos y publicada en su libro *Life on the Earth: Its Origin and Succession* (1860). El punto más reducido de la curva, en la frontera superior del segmento etiquetado como «Vida paleozoica», se conoce en la actualidad como la extinción masiva de finales del Pérmico, y el repliegue de la curva en la frontera superior de la sección denominada «Vida mesozoica» se corresponde con la extinción masiva de finales del Cretácico.

en el tiempo geológico, Sepkoski y Raup identificaron las extinciones del Devónico tardío (hace 372 millones de años) y del Ordovícico-Silúrico (hace 444 millones de años).

Las rocas que desvelan estos espectaculares periodos de mortandad se encuentran diseminadas por todo el planeta y a veces se esconden en lugares poco llamativos. Desde mi casa en Oxford tengo al alcance de la mano tanto el final del Triásico como el final del Pérmico. A unas tres horas en coche llego a la playa de piedrecitas grises de Budleigh Salterton, en Devon, en la costa sur del Reino Unido. Ahí los acantilados son de un intenso color rojo ladrillo y el mar cubre de espuma blanca islotes oxidados de trozos caídos de las paredes verticales que asoman entre los pálidos guijarros y el agua pule con el embate de las olas. En la parte superior de los acantilados, la lutita marrón rojiza del periodo Pérmico da paso a lechos de guijarros más gruesos y arenas dunares del Triásico. En abril de 2019 llevamos a nuestros hijos allí un día de primavera especialmente tórrido para que conocieran los afloramientos del límite del Pérmico superior en el sector nudista de esta playa.

Las rocas también desvelan climas pasados y desplazamientos tectónicos. En Budleigh, la herrumbre de las capas rojizas teñidas por el hierro oxidado habla de épocas lejanas en que esta región terrestre era árida y tropical. Algunos de los guijarros incrustados en los acantilados aún conservan la pátina que recibieron en los antiguos desiertos de la región central del supercontinente Pangea. Estos estratos de rocas rojas se encuentran en el subsuelo de extensas zonas de Devon. El característico tono oxidado de los campos arados del condado y los torrentes rojizos que esparcen limo de color almagra por las carreteras cuando llueve son ecos procedentes de ese antiguo mundo. Yo soy visitante habitual de Devon y doy fe de que dista mucho de ser un lugar árido. Al final de los húmedos paseos familiares de los que disfruto con frecuencia, el vestíbulo de mi casa parece la escena de un crimen cuando las claras baldosas del suelo quedan salpicadas con el barro rojo casi sangriento que llevamos en las botas. Es una imagen que a veces me trae a la mente la gran extinción del final del periodo Pérmico que algunos de estos lechos rubicundos podrían portar en su interior, y otras veces solo me sirve para lamentar que nunca nos acordemos de usar el felpudo de la puerta.

Más cerca aún de Oxford tengo el mundo del final del Triásico. En la costa meridional del canal de Bristol, donde las ondulantes colinas de Quantock se encuentran con el limoso mar, el tranquilo entorno de la bahía de St. Audrie esconde una sucesión de rocas de primera categoría que conservan un registro de este tumultuoso periodo de la historia del planeta. Aunque no queda lejos de donde crecí, nunca había visitado esa bahía antes de que el interés científico me animara a hacerlo. La última vez que pasé por allí fue un día húmedo y ventoso de marzo. Las caravanas de los espacios vacacionales que coronan los acantilados parecían desiertas, y tuvimos la playa casi para nosotros solos. Cuando se llega a la orilla por el camino que desciende desde el aparcamiento, un giro hacia la derecha nos hace retroceder en el tiempo y nos adentra en el periodo Triásico paso a paso, estrato a estrato. Hacia la izquierda, las rocas se vuelven cada vez más jóvenes hasta trasladarnos al Jurásico. Cuando llegamos, el Jurásico seguía oculto bajo la marea, así que caminamos hacia la derecha por la orilla de guijarros bordeando un pequeño promontorio tallado por una impresionante cascada que se precipita por la pared del acantilado desde una altura de 20 metros, y ahí nos resguardamos del azote del viento del oeste. En esta parte de la playa, las lutitas bandeadas de coloración gris verdosa y rojiza de finales del Triásico se han erosionado y han formado grandes escalones que descienden hasta el mar por el oeste. Las escaleras construidas para facilitar que los visitantes recorran estas superficies tan antiguas se han oxidado y han quedado impracticables y en consonancia cromática con las capas rojizas de roca. Durante nuestra estancia allí se desplomó con gran estruendo un trozo de acantilado que dejó al descubierto superficies que habían pasado 200 millones de años aisladas del azote de los elementos.

A medida que fue descendiendo la marea, nos adentramos en la parte occidental, de donde sopla el viento, para seguir la estratigrafía. Al oeste de la bahía dejamos de ver los lechos rojos y empezamos a encontrar los grises y blancos de las pizarras y calizas reveladores de un ascenso del nivel del mar y de un medio marino. En la bahía de St. Audrie, las capas más duras de roca sobresalen orgullosas y erosionadas entre el fango, por lo que en muchos lugares se asciende por escalones a grandes zancadas a través del tiempo geológico. Se calcula que más del 70 % de las especies se perdió al final del periodo Triásico. Muchos de los fósiles de estos estratos no se distinguen de inmediato a simple vista, y los restos de los moradores de esos ecosistemas antiguos son esquivos y permanecen escondidos. Sin embargo, en el extremo occidental de la bahía saltan a la vista los signos biológicos de la nueva era jurásica al ascender hasta una capa de esquisto. Entre los tonos verdes y marrones de las algas, el gris uniforme de la pared rocosa, lisa e inclinada está acribillado de incrustaciones enroscadas de caparazones de amonites del tamaño de un puño. Al torcer esa punta de la bahía, en la playa cercana a la localidad de Watchet, las encontramos del tamaño de neumáticos de coche. Cerca de la localidad británica de Lyme Regis, en la costa meridional, encontramos pavimentos de amonites similares, y la venta de estas «piedras de serpiente» fue uno de los medios de subsitencia de la conocida buscadora de fósiles Mary

Playa de St. Audrie's Bay (Somerset, Reino Unido), mirando hacia el oeste ante rocas del Triásico superior (la Formación Branscombe Mudstone del Grupo Mercia Mudstone) en 2022.

Anning a comienzos del siglo XIX. Evidencian el resurgimiento de la biología tras la crisis de finales del Triásico. Lugares como Budleigh Salterton y Lyme Regis tienen fama merecida como refugios vacacionales para huir del bullicio de la vida urbana, pero en estos acogedores retiros junto al mar podemos encontrar inesperados dramas geológicos en la mismísima orilla si sabemos dónde mirar.

A pesar de su espectacularidad, las cinco grandes extinciones masivas no son la única vía que siguen las ciencias de la Tierra para rastrear los cambios ambientales que atravesó nuestro planeta en el pasado. El registro fósil oculta numerosas desviaciones y alteraciones menores en la biología que también hemos aprendido a interpretar. Los cinco grandes episodios de extinción masiva forman parte de un continuo de muchas otras extinciones más pequeñas que han quedado registradas en los estratos como superficies con menos diversidad de vida. Pero estos cambios biológicos van unidos también a variaciones en la propia química de las rocas que a menudo se detectan en los mismos sedimentos y portan información sobre épocas y entornos del pasado. Hoy en día, la geoquímica recurre a multitud de mediciones detalladas de rocas sedimentarias extraídas de acantilados, playas u otros lugares donde han quedado expuestas u obtenidas en forma de centenares de metros de muestras cilíndricas mediante perforaciones en masas continentales o fondos marinos.

Un frío día de diciembre, en plena pandemia mundial de Covid-19 de 2020, visité un rincón aparentemente anodino de la campiña de Shropshire, cerca de la localidad de Prees. Allí, entre ondulantes cultivos, uno de mis colegas dirigía un proyecto internacional para perforar hasta las capas del lecho marino antiguo que se oculta en las profundidades de este modesto paisaje rural. La biología y la química de los estratos acumulados en los testigos de roca de más de 650 metros de largo extraídos de aquel pozo portan mensajes sobre un periodo de la historia del planeta que abarca desde hace 175 millones de años hasta 201 millones de años atrás. A la indumentaria habitual de protección para trabajar en el lugar de perforación (botas de puntera reforzada, mono ignífugo, casco y chaleco reflectante) hubo que sumarle una mascarilla y el uso frecuente de desinfectante de manos debido a la pandemia. Cada seis horas, un cable extraía del agujero un nuevo cilindro de seis metros de largo del pasado de la Tierra, y se nos iba la jornada cortando, lavando, midiendo y describiendo esas nuevas muestras de roca, con las manos y la ropa cubiertas de fango gris del Jurásico dentro de un contenedor de mercancías adaptado para guarecernos de la lluvia. Muchas de las secciones que registré yo tenían el fondo de lutita de color gris oscuro jalonado de capas blancas formadas por caparazones. Algunas veces, las láminas que atravesaban fragmentos fosilizados del molusco *Gryphaea* zigzagueaban como un texto blanco escrito sobre el fondo de roca negra, como jeroglíficos en una pizarra, mensajes que veían la luz por primera vez desde hacía casi 200 millones de años.

El valioso material extraído de las perforaciones en Shropshire junto al leve zumbido del tráfico en la A49 se estudiará durante muchos años. Los fósiles que portan se analizarán y clasificarán. A intervalos regulares de cada muestra cilíndrica se extraerán fragmentos de material para determinar su composición química mediante la aplicación de muchas técnicas diferentes con el objeto de discernir las condiciones ambientales del planeta jurásico. El análisis del equilibrio entre los átomos de carbono más ligeros y los más pesados (isótopos) atrapados en los estratos revelará los cambios experimentados por el ciclo del carbono. El análisis de los isótopos de carbono de las capas jurásicas de un testigo de sondeo gemelo al de Prees extraído a finales de la década de 1970 durante una perforación en Mochras, al oeste de Gales, y de otras rocas de edades similares procedentes de todo el mundo evidencia grandes oscilaciones. Esperamos encontrar patrones parecidos en el material recién obtenido de Shropshire, y estas señales indican variaciones en el equilibrio entre la entrada de carbono en la atmósfera y los océanos de la Tierra, mediante procesos como la desgasificación planetaria o los incendios forestales, y la retirada de carbono de esos lugares a través de sumideros como la meteorización de los continentes o el enterramiento de sedimentos ricos en carbono.

Estas oscilaciones en la huella de carbono que ha quedado estampada en los sedimentos no son exclusivas del periodo Jurásico, sino que se encuentran diseminadas por todo el registro geológico. A veces, las rocas que atesoran estos registros parecen muy comunes a simple vista y solo revelan la tumultuosa historia del ciclo del carbono en un laboratorio. En la bahía de St. Audrie me coloqué de manera que abarcara con los pies las finas capas de lutitas, areniscas y calizas alfombradas de crustáceos y algas donde ha quedado registrada una intensa oscilación en el equilibrio isotópico del carbono a una escala planetaria. Sin la experta mirada de mi compañero, entrenada a base de tomas de muestras y análisis químicos de esas rocas efectuados con anterioridad, yo no habría notado nada. En algunos casos, estas variaciones en los isótopos de carbono son más evidentes. Por ejemplo, algunas alteraciones del ciclo del carbono coinciden con bandas oscuras muy extensas (a veces globales) de rocas de esquisto ricas en materia orgánica que se depositaron en lechos marinos antiguos y se han conservado en acantilados actuales o testigos de sondeo que guardan un «instante» concreto del tiempo geológico. Estas capas oscuras evidencian una anoxia marina generalizada, momentos en que los océanos del mundo perdieron el oxígeno vital disuelto en ellos y se transformaron en regiones tóxicas sin ninguna vida. Estas anoxias suelen ser un síntoma de calentamiento global. La obtención de datos químicos y biológicos diversos y cada vez más detallados para rastrear los cambios que han quedado grabados en los sedimentos acumulados a lo largo de la historia de la Tierra brinda una imagen cada vez más completa de las condiciones ambientales del pasado y su evolución.

El principal desafío es, por tanto, enlazar estos mensajes codificados con la complejidad de las causas dentro del sistema Tierra. Los debates actuales sobre los efectos del cambio climático en distintas regiones y procesos meteorológicos ponen de manifiesto lo difícil que resulta trazar líneas claras entre causas y efectos incluso para el planeta actual. Cuando nos remontamos al pasado geológico, todo se vuelve más incierto, y las incógnitas se multiplican. Sin embargo, debido a la escasez de observaciones directas disponibles y a la complejidad del sistema climático del planeta, no hay duda de que desentrañar cómo y por qué cambió el medio ambiente de la Tierra en el pasado es un componente vital para afinar las predicciones sobre cómo podría evolucionar en el futuro, en especial si tenemos en cuenta el «experimento geofísico a gran escala» que hemos puesto en marcha con las copiosas emisiones humanas de carbono. El vulcanismo no es más que uno de los posibles causantes de las alteraciones medioambientales ocurridas en el pasado. Pero, dada la capacidad de las grandes provincias ígneas para desalojar carbono de forma periódica del interior de la Tierra a lo largo de la historia geológica a un ritmo casi comparable al de nuestra especie en la actualidad, puede que el estudio de las consecuencias de estos episodios de vulcanismo nos ofrezca una lente muy valiosa a través de la cual observar el pasado de la Tierra, y también su futuro.

La vinculación de la cronología de las grandes provincias ígneas con las pistas que quedan sobre los entornos en los que se formaron depende en gran medida de la capacidad para datar sus lavas con precisión y correlacionarlas con la escala temporal de los cambios observados en la vida fósil y en la química oceánica y atmosférica e inscritos en el registro sedimentario. En algunos casos excepcionales, como en las series del final del Triásico de Marruecos y el noroeste de América del Norte, las coladas de lava de la gran provincia ígnea magmática del Atlántico Central están entreveradas con buenos registros sedimentarios que las vinculan a una misma estratigrafía y, por tanto, la misma sucesión temporal. Pero en la mayoría de los casos, la conexión entre registros requiere asociar la edad de un trozo de lava de una parte del mundo con una secuencia sedimentaria de un lugar completamente distinto. Aún hay mucho margen de error y numerosas incertidumbres asociados a esos cotejos. No obstante, gracias a las mejoras introducidas en las técnicas de datación desde la década de 1980, se han logrado progresos considerables y se ha empezado a elaborar una imagen cada vez más detallada de la relación entre los colosales episodios de vulcanismo de las grandes provincias ígneas y la biosfera y las condiciones ambientales de la superficie a una escala planetaria.

El patrón obtenido es impresionante y complejo a la vez. Cuatro de las cinco grandes extinciones masivas coinciden en el tiempo, al menos de manera aproximada, con la formación de grandes provincias ígneas: la extinción masiva del Devónico tardío con los traps de Viluy, cuyos restos afloran en la actual Siberia; la gran extinción de finales del Pérmico con los enormes traps siberianos; la extinción de finales del Triásico con la fracturada provincia magmática del Atlántico Central, y la aniquilación de los dinosaurios de finales del Cretácico con los traps del Decán (aunque también hay pruebas sólidas y muy sonadas de que por entonces se produjo un gran impacto meteorítico). La única extinción masiva que carece de un equivalente temporal de basaltos de inundación, al menos en todo lo descubierto hasta ahora, es la más antigua de la historia, la del Ordovícico-Silúrico. Pero el registro rocoso que ha quedado de épocas tan alejadas en el tiempo es irregular e incompleto. La mayor parte de los fondos oceánicos del planeta tienen menos de 200 millones de años, y la mayor parte de la corteza oceánica más antigua se ha hundido en gran parte en el manto del planeta en las zonas de subducción del mundo durante procesos tectónicos. También las rocas de los continentes han sufrido erosión por parte de los agentes meteorológicos y aplastamientos debido al movimiento de las placas y a las fuerzas tectónicas, y es posible que estén tan deterioradas, enterradas u ocultas que en la práctica se hayan perdido por completo para la ciencia. Esto deja abierta la hipótesis de que la extinción masiva del Ordovícico-Silúrico también pudiera enlazarse en el tiempo con la actividad de una gran provincia ígnea si hubiera alguna otra manera de rastrearla. Pero, por supuesto, también podría no ser así y eso sería igual de relevante. Nos gustaría disponer de pruebas fiables de la ausencia o presencia de un basalto de inundación en esta época tan remota, pero las destructivas fuerzas de la meteorización y la tectónica nos dejan sin datos inequívocos en cualquiera de ambos sentidos en el registro de rocas ígneas.

Además de no contar con un posible culpable volcánico de la extinción masiva del Ordovícico-Silúrico, si nos limitáramos a comparar la detección de basaltos de inundación con las cinco grandes extinciones masivas, también pasaríamos por alto otras cosas. Puesto que tenemos pruebas de la formación de más de veinticuatro grandes provincias ígneas a lo largo de la historia de la Tierra y, en cambio, de tan solo cinco grandes episodios de extinción (aunque el umbral para considerarlas grandes se ha definido de forma un tanto arbitraria, como que desaparezca el 70 % de las especies o más en un lapso temporal de unos pocos millones de años), la simple aritmética deja la mayoría de las grandes provincias ígneas sin ninguna extinción masiva de especies asociada a ellas. Sin embargo, si ampliamos el estudio del registro sedimentario para incluir intervalos más cortos de variación biológica, oscilaciones en isótopos de carbono y signos de desoxigenación de los océanos, encontramos que muchos de estos periodos de alteración medioambiental coinciden con vulcanismo de inundación, al menos dentro de los márgenes de incertidumbre que arrojan las mediciones. Las lavas que crearon los paisajes del norte de Skye, Mull, la Calzada del Gigante y el resto de la provincia ígnea del Atlántico Norte fluyeron hace unos 55 o 60 millones de años y coincidieron con una perturbación notable del ciclo del carbono planetario que ha quedado registrada como una oscilación en los valores de los isótopos de carbono contenidos en los sedimentos frente a sus tasas normales de fondo. Los estudios de los archivos han estimado que las temperaturas medias mundiales eran entre 5 y 8 °C más altas. Otras lavas, como las que formaron la gran provincia ígnea de Karoo-Ferrar (ahora dividida entre el sur de África y la Antártida), cuya erupción se produjo en el Jurásico, así como la inmensa meseta oceánica de Ontong Java, que data del Cretácico, coinciden con capas de esquisto oscuro en el registro rocoso que indican una desoxigenación oceánica generalizada. Sin embargo, hay algunos basaltos de inundación, como los más recientes de todos, los del grupo basáltico del río Columbia, y la gran provincia ígnea de Paraná-Etendeka del Cretácico temprano, que parecen no guardar ninguna conexión concluyente con algo tan llamativo y fuera de lo común en el registro de sedimentos. Se han propuesto numerosas razones para explicar estos efectos más moderados, como su menor tamaño, unos índices medios de magmatismo más bajos, la configuración de los continentes, cambios en la capacidad de la biología para retirar carbono de la atmósfera o sencillamente una respuesta climática más sutil. Estas diferencias ponen de manifiesto la complejidad de establecer una relación entre las grandes provincias ígneas y las fluctuaciones ambientales en el planeta. No obstante, todos los indicios apuntan en términos generales a que el sistema Tierra y la biología dependiente de él no parecen prosperar durante los periodos asociados a estas inmensas erupciones que brotan de las entrañas del planeta.

Aun así, la correlación no siempre implica causalidad, sobre todo cuando entran en juego incertidumbres en la datación de los basaltos de inundación y la conexión entre su cronología exacta y el registro geológico. Aunque el calentamiento del planeta debido a emisiones de dióxido de carbono, la acidificación del medio (por el ácido clorhídrico y otros ácidos volcánicos) o la merma del ozono estratosférico figuran en el fatídico menú de posibles mecanismos de degradación planetaria debidos a la formación de una gran provincia ígnea, también existen otros desencadenantes viables. En la actualidad se acepta en general que el impacto de un asteroide fue clave para la desaparición de los dinosaurios. Otras coincidencias entre signos de impactos y cambios globales son menos evidentes, pero, también en este caso, la recopilación de un registro fiable de colisiones acaecidas en tiempos muy lejanos plantea numerosas dificultades. El desplazamiento de los continentes se ha propuesto asimismo como desencadenante de cambios pasados, puesto que su redistribución puede alterar corrientes oceánicas, patrones de viento y configuraciones de hábitats. Las retroalimentaciones dentro del sistema Tierra, como las existentes entre el volumen de los casquetes polares y el nivel del mar o entre el calentamiento global y el ciclo hidrológico, podrían amplificar esos cambios y deparar catástrofes globales. Quisiéramos conocer con mayor detalle estos desencadenantes y estos procesos, pero los retos para retroceder decenas o cientos de millones de años son considerables y nos obligan a recurrir a toda la información posible para descifrar los mensajes grabados en las rocas antiguas de la Tierra.

La datación es crucial para entender de qué maneras una gran provincia ígnea es capaz de desencadenar un cambio global. No solo hay que asociar el vulcanismo con el suceso medioambiental, sino que también nos gustaría conocer las concordancias entre el complejo ciclo de erupciones en toda la provincia a lo largo del millón de años que dura un episodio de basaltos de inundación y la compleja cascada de cambios en los isótopos de carbono y la desaparición de la biología depositada en los sedimentos. Para mi sorpresa, estos problemas sobre causas y efectos en tiempos antiguos resultaron guardar cierta relación con una conversación casual que mantuve durante el primer año de mi doctorado y con el transporte posterior de delicados frascos de cristal y pesadas baterías por los volcanes activos de hoy.

En 2002 tuve la gran suerte de conseguir una plaza para participar en un taller interdisciplinar de investigación en ciencias atmosféricas durante cinco semanas en Francia. Uno de los participantes en el curso investigaba el comportamiento del mercurio en entornos polares. El mercurio es un elemento muy inusual. Es el único metal que permanece en estado líquido a la temperatura y la presión del ambiente. Su uso era habitual en los termómetros de los experimentos científicos escolares, y recuerdo que me fascinaba ver corretear sus gotas plateadas por el banco y el suelo cuando se rompía alguno. Trágicos accidentes industriales, como el vertido de compuestos de mercurio en la bahía de Minamata (Japón) entre las décadas de 1930 y 1960, han demostrado su terrible toxicidad cuando entra en la cadena alimenticia, y su uso en aparatos como los termómetros está muy controlado en la actualidad. Un mediodía estábamos sentados a la mesa durante una pausa entre conferencias hablando sobre el mercurio polar y surgió la pregunta de cuánto mercurio emitían los volcanes y cuál era su química. No supe dar una respuesta inmediata, pero me comprometí a buscar artículos científicos que trataran el asunto en cuanto tuviera oportunidad.

Al indagar en las publicaciones existentes sobre el tema, comprobé que, aunque los volcanes parecen ser un surtidor natural importante de este potente metal para la atmósfera, había muchas lagunas en los conocimientos y estudios relacionados. También comprobé con claridad que es difícil obtener buenas mediciones del mercurio en los penachos volcánicos. Los diferentes métodos para medir toda la composición química del mercurio emitido implican el empleo de delicados frascos de vidrio o de grandes equipos electrónicos de alto consumo energético que requieren unas condiciones de temperaturas controladas y libres de polvo, lo que supone todo un reto incluso en los entornos volcánicos más benignos. No obstante, durante una campaña conjunta con otros colegas del Reino Unido y colaboradores de Italia y Estados Unidos, logramos una serie de mediciones de emisiones de mercurio y un avance considerable en el estudio de este metal volátil tras numerosas maldiciones mientras trasteábamos con equipos delicados en medio de fuertes vientos, gases ácidos y, en cierta ocasión especialmente tensa en la cumbre del Etna, incluso tormentas de granizo y nieve. Lo más importante fue demostrar que, a diferencia de otros tipos de metales emitidos por los volcanes, el mercurio se libera sobre todo en estado gaseoso. Esto significa que no se deposita como los metales contenidos en las partículas volcánicas y que puede recorrer grandes distancias y permanecer meses o años suspendido en la atmósfera.

En aquel momento lo que más nos interesaba de los resultados era saber si las emisiones de mercurio suponían un problema de contaminación local o si contribuían a incrementar las concentraciones atmosféricas de fondo a una escala planetaria. Por entonces no pensamos en extinciones masivas ni en grandes provincias ígneas. Pero después, en 2012, unos colegas de Canadá publicaron sus mediciones de una sección de sedimentos a sotavento de los traps siberianos que cubrían el periodo de su formación y guardaban registros de la gran mortandad ocurrida durante la extinción de finales del Pérmico. Coincidiendo con el inmenso trastorno medioambiental de la erupción, se observó en los sedimentos un fuerte aumento de las concentraciones de mercurio, tal vez un eco químico de las exhalaciones volcánicas derivadas de los traps siberianos.

La posibilidad de hallar una huella de vulcanismo en los mismos sedimentos que han registrado cambios medioambientales y biológicos es muy seductora. Ayudaría a discernir si las emisiones volcánicas son anteriores o posteriores a otros signos de perturbaciones en el ciclo del carbono o de cambios en las especies. Desde aquella primera medición, mi equipo y especialistas de todo el mundo hemos analizado gran número de muestras de sedimentos que abarcan la mayoría de los sucesos significativos del registro geológico. La señal de finales del Pérmico sigue siendo una de las más inequívocas, pero hay muchos otros indicios interesantes, aunque los picos de mercurio no sean ubicuos en todos los estratos temporales donde serían esperables. Aún queda mucho por averiguar sobre el significado real de estas huellas de mercurio y sobre cómo se captan y conservan. Pero ha habido algunos resultados prometedores. Creemos que el análisis del mercurio hallado en las limaduras de roca recolectadas en la húmeda franja costera de la bahía de St. Audrie permitirá detectar pulsos de actividad volcánica y emisiones de gas por la gran extensión de la provincia magmática del Atlántico Central. Uno de estos incrementos del mercurio se encuentra en las capas que contienen la extinción masiva de finales del Triásico. A partir de lo que sabemos sobre estratigrafía, parece probable que este mercurio saliera de lavas antiguas que quedaron apiladas en grandes acumulaciones en la cordillera del Atlas en el actual Marruecos. Hace unos 200 millones de años, ese mercurio escapó del magma y la agitación volcánica y viajó con los vientos hacia el norte a través de Pangea. Nadie sabe qué recorrido exacto siguió por la atmósfera, la hidrosfera y la biosfera, pero su destino final fue quedar atrapado en los sedimentos que se depositaron en el fondo de un antiguo océano poco profundo cerca de lo que hoy es Reino Unido. Allí permaneció atrapado en las capas de roca que conforman el contorno del canal de Bristol hasta que algunos de mis colegas se interesaron por ellas y consideraron oportuno limar las lascas de estratos extraídas de la tranquila playa que bordea este tramo de mar fangoso. Una vez desecado, pulverizado y calentado en un crisol de vidrio, este antiguo aliento volcánico metálico quedó liberado al fin para que nosotros detectáramos el mensaje que portó a través de las eras mediante un pico en la gráfica del espectrómetro que se muestra en la pantalla de una computadora en mi laboratorio de Oxford.

Aunque no siempre encontramos un significado claro en todo ello, estoy segura de que hay muchas más epístolas de este tipo procedentes de antiguas emanaciones volcánicas ocultas en rocas sedimentarias esperando a que las descifremos, otras piezas del rompecabezas que permitirán conocer el funcionamiento de la imponente complejidad del sistema Tierra. Aún no conocemos lo bastante bien las señales del mercurio, pero puede que algún día este marcador químico y otros similares nos sirvan para rastrear episodios de vulcanismo en tiempos tan remotos que hasta hayan desaparecido para nosotros las propias provincias ígneas que crearon debido a fenómenos de meteorización y tectónica de placas. Abrigamos la esperanza de que la búsqueda de picos de mercurio, combinada con otras señales, nos desvele información nueva acerca de las causas de sucesos como la extinción masiva del Ordovícico-Silúrico, así como el registro geológico más reciente.

Entre noviembre de 2019 y enero de 2020 llegaron numerosas noticias e imágenes al Reino Unido sobre incendios forestales especialmente devastadores al otro lado del orbe, en Australia. A finales de enero, se habían calcinado más de 100.000 kilómetros cuadrados de territorio, una superficie comparable a la de toda Inglaterra. Murieron al menos treinta y tres personas, y miles de edificios quedaron arrasados. El impacto también fue brutal para el ganado y la fauna de los entornos naturales. Las columnas de humo de los incendios deterioraron la calidad del aire en ciudades grandes como Canberra, por todo el sur y el este de Australia y en lugares tan alejados como Nueva Zelanda. Las imágenes tomadas desde satélites siguieron estos zarcillos de humo negro de hollín y carbono durante su propagación a más de 10.000 kilómetros de distancia a través del Pacífico en dirección a América del Sur.

Aunque la atribución directa de estos incendios al cambio climático es complicada, los registros revelan que las temperaturas de Australia han ido en ascenso, y en promedio son algo más de 1 °C más altas ahora que en la década de 1950. Los patrones y oscilaciones del sistema océano-atmósfera que controla la meteorología son complejos, pero unas condiciones más cálidas y secas favorecen la propagación y el desarrollo de incendios. Mientras Australia ardía con aquellos trágicos incendios, yo trabajaba desde Oxford con colaboradores chinos y otros coautores en la finalización de un artículo científico sobre las variaciones en la abundancia de carbón fósil en sedimentos dejados por turberas tropicales durante la crisis medioambiental de finales del Pérmico, coincidiendo con las prolongadas erupciones que formaron los traps siberianos. El aumento de la abundancia de carbón en nuestros registros documentaba un incremento de los incendios forestales y concordaba con la alteración del ciclo del carbono detectada en los isótopos de los sedimentos. Estas capas son anteriores y simultáneas a los estratos que portan los cambios biológicos característicos de la extinción masiva de finales del Pérmico. A pesar de todas las dificultades que entraña establecer una relación causa-efecto en fenómenos de hace 250 millones de años y de la actualidad, noté algo que me dejó sin aliento en esta yuxtaposición del fenómeno de los incendios forestales actuales y los acaecidos en una época de crisis tan generalizada en el pasado remoto de la Tierra.

Sin embargo, hay diferencias importantes entre el cambio global que observamos en la actualidad y el que vemos en el registro geológico de los intervalos en que se produjeron los basaltos de inundación. Si, tal como se sostiene a menudo, aunque no de manera generalizada, el carbono de las grandes provincias ígneas fue un factor clave para los episodios de cambio medioambiental veloz que sufrió la Tierra en el pasado, entonces el cotejo de las emisiones volcánicas del pasado con las humanas de hoy parece un ejercicio importante. Ya hemos comentado con anterioridad que las emisiones humanas derivadas de la quema de combustibles fósiles difieren mucho aún del total de emisiones estimado para toda la duración de un episodio volcánico como los que generaron las grandes provincias ígneas. Tan solo las emisiones procedentes de la quema de todas las reservas conocidas de petróleo, gas y carbón (valoradas en unos tres billones de toneladas de carbono) nos acercarían a la mejor estimación del total de emisiones de un episodio volcánico de basaltos de inundación. Pero el ritmo al que estamos emitiendo carbono en la actualidad supera con creces las mejores aproximaciones de la tasa media de emisión extraídas del registro geológico que ha quedado de estos monstruos volcánicos. De acuerdo con los conocimientos más recientes, solo durante sus breves fases de mayor intensidad sería comparable el ritmo de emisiones de dióxido de carbono durante la formación de basaltos de inundación con el de las emisiones humanas actuales. Los fenómenos volcánicos no solo despiden carbono, por supuesto, y siempre aspiramos a conocer mejor el resto de sustancias que expulsan al entorno, como las neblinas de azufre y otros elementos reactivos y ácidos potentes, y qué alteraciones causarían en la cascada de efectos ambientales. Dicho esto, no olvidemos que la industria humana tampoco ha trastocado tan solo el ciclo del carbono. Así, por ejemplo, dependemos de los fertilizantes para alimentar al mundo, y estos compuestos perturban los ciclos mundiales del fósforo y el nitrógeno para adaptarlos a nuestras necesidades. Estas alteraciones propician problemas ambientales, como zonas costeras muertas por falta de oxígeno en los ecosistemas marinos, que podrían devolvernos a situaciones como las detectadas en el registro geológico y en las capas oscuras que evidencian anoxia marina.

No hay duda de que desde la revolución industrial hemos observado cambios en el planeta a un ritmo inusual en épocas pasadas, de acuerdo con lo que alcanzamos a inferir del registro geológico. La temperatura media de la atmósfera y los océanos del mundo va en aumento. Los casquetes polares, el hielo marino, los glaciares y la capa de nieve están disminuyendo. Crecen el nivel del mar, la acidez de los océanos y los episodios extremos de calor y lluvias. La expansión humana también se ha convertido en una amenaza directa para la biología. La humanidad acapara cada vez más recursos del planeta y para ello fragmenta y destruye hábitats, introduce animales y plantas no autóctonos que alteran los ecosistemas, propaga agentes patógenos, caza o extermina especies de manera intencionada y altera el clima global. Aún no nos hemos acercado a causar una extinción masiva, ya que en los últimos cientos de años se ha perdido como mucho un pequeño porcentaje de las especies catalogadas (recordemos que, en términos geológicos, las grandes extinciones suelen definirse como la pérdida de más del 70 % de las especies, si bien a lo largo de periodos de millones de años). Sin embargo, análisis de datos históricos indican que los índices de extinción recientes y actuales corren el riesgo de acelerarse hasta niveles que provocarían la sexta extinción masiva en tan solo unos pocos siglos.

Es complicado comparar el ritmo de extinción a lo largo de escalas temporales tan diferentes como la del registro geológico y la de los datos históricos humanos. Como ya hemos comentado, también es difícil atribuir causas y efectos concluyentes que relacionen las grandes provincias ígneas con crisis planetarias del pasado. Sin embargo, ya sabemos lo suficiente como para captar las señales de alarma que nos envía el tiempo geológico. Los basaltos de inundación son un mecanismo capaz de liberar a la atmósfera cantidades inmensas, aunque mal conocidas, de carbono. En muchos de estos experimentos planetarios del pasado observamos los tambaleos del ciclo del carbono en el registro isotópico, y en algunos casos van seguidos de una catástrofe lo bastante generalizada como para afectar a la mayor parte de la vida que había en el planeta por entonces. Entender mejor los mensajes que contienen las rocas sedimentarias y volcánicas que portan un registro del pasado del planeta nos ayudará sin duda a entender el funcionamiento de este mundo y a predecir su futuro. Pero creo que la consideración de las conexiones entre los periodos de cambios bruscos ocurridos en el pasado del planeta y las inmensas acumulaciones de basalto de Skye, el río Columbia, Siberia y muchos otros lugares también contiene una enseñanza más espiritual.

Muchas de mis primeras aventuras volcánicas consistieron en viajar por el mundo hasta lugares lejanos en busca de chimeneas humeantes donde efectuar mis experimentos y depósitos descomunales de erupciones pasadas para realizar mis estudios. En muchos aspectos encontré enseñanzas sobre el poder de la Tierra, y los testimonios de las comunidades y especialistas que habían experimentado y estudiado estas fuerzas volátiles en el pasado me orientaron para buscar inspiración científica y satisfacción personal en su violencia. El hecho de que mis investigaciones más recientes se hayan desviado para centrarse en las grandes provincias ígneas, arquetipo tal vez del poder del vulcanismo, podría contemplarse como una culminación de esos viajes. Sin embargo, todo ese recorrido también ha supuesto para mí una extraña reversión. A lo largo y ancho de la historia y del mundo, el instinto humano ha tendido a divinizar y personificar los volcanes. Hemos conocido algunos casos a lo largo de las aventuras presentadas aquí. Los marinos griegos de la Antigüedad atribuían los estallidos del Estrómboli a la reclusión de Eolo, guardián de los vientos, en el interior de la montaña. En Guatemala, se identificó un volcán con el sobrenatural Juan Noj, señor del Santa María y el Santiaguito que envía cenizas y coladas en venganza si las poblaciones locales no cumplen sus deseos. En Hawái, la diosa volcánica Pele sigue teniendo peso en la cultura de las islas. Muchas leyendas similares abundan por todo el globo para explicar estos montes que parecen tener vida y respirar, así como su naturaleza a veces errática y destructiva. Aún no estamos ni tan siquiera cerca de poder controlar los volcanes, y es probable que no lo logremos jamás. Pero cuando me encuentro delante de la chimenea incandescente del Masaya, de las crepitantes coladas del Etna, de las columnas explosivas del Santiaguito o de cualquiera de los fenómenos volcánicos sobrecogedores descritos a lo largo de estas páginas… no solo me invade una sensación de fragilidad humana, sino que ahora también veo un reflejo de nuestro propio poder como especie.

No me parece casual que esta dualidad creciente en mi percepción del mensaje que brota de la Tierra en forma de rocas y humos volcánicos coincida con una sensación de vuelta al hogar y de reubicación evocada por el origen de las muestras que estudio. Analizar rocas de la bahía de St. Audrie (en Somerset) y del entorno de Prees (en Shropshire) en mi laboratorio cercano de Oxford en busca de vestigios de mercurio volcánico antiguo diseminado por todo el orbe durante periodos de convulsión prolongada a una escala planetaria me hace sentir con fuerza en mi propia casa el inmenso poder del vulcanismo para moldear la Tierra. Al margen de cuáles sean los detalles, es indudable que los volcanes han cambiado este mundo y muchos otros. Ahora también nosotros tenemos ese poder. Al contemplar una chimenea agitada no solo deberíamos sentirnos pequeños, sino también grandiosos. Ni siquiera ante el poder y la furia del vulcanismo podemos eludir la responsabilidad de nuestros actos, por nuestros semejantes y por este planeta.

EPÍLOGO

He dedicado casi media vida al estudio de los volcanes. Y ha sido todo un viaje: ascender por escarpaduras, deslizarme por cubiertas de hielo y abrirme paso a través de selvas para ver más de cerca la Tierra fundida y conocerla mejor. He aprendido mucho sobre cómo y por qué entran en erupción los volcanes y sobre cómo predecir mejor su comportamiento futuro. He reflexionado mucho sobre sus efectos para la vida y los medios de subsistencia de las personas que viven en ellos y en su entorno, y siento un gran respeto por los científicos y funcionarios locales dedicados a interceder entre la Tierra y la humanidad. Sin embargo, los volcanes no solo revelan qué lugar nos corresponde como especie dentro del mundo, sino también cómo ha llegado este planeta a ser como es: la historia de la Tierra interior que circula bajo nuestros pies; de continentes que danzan a través de las eras; de grandes placas tectónicas que chocan entre sí levantando montañas a un ritmo pausado y separándose unas de otras; de la delgada línea azul que conforma la atmósfera; de un delicado punto medio entre lo tórrido y lo gélido. La Tierra como país de las maravillas volcánicas es abrasadora a veces, pero a la larga depara una inmensa fecundidad, y cuando alzamos la mirada al cielo para analizar otros mundos, sentimos un asombro cada vez mayor ante la cantidad de derroteros que podría haber tomado, o que aún podría tomar, la evolución de este planeta y la benigna belleza en la que se desarrolló nuestra especie.

En medio de toda esta fascinación ante nuestro pasado y presente, el país de las maravillas volcánicas también pone de manifiesto los graves problemas que nos esperan en el futuro. Mi viaje comenzó con las retorcidas figuras de las víctimas del Vesubio que quedaron sepultadas en Pompeya. Por desgracia, aunque hemos aprendido a predecir y evitar mejor estos sucesos, ha habido numerosas tragedias de este tipo desde el año 79 d. C. y, por mucho que la ciencia siga avanzando, lamentablemente es casi seguro que habrá más en el futuro, porque pasará mucho tiempo antes de que desentrañemos toda la profundidad y el alcance de los procesos que propulsan los múltiples tipos de erupciones volcánicas y cómo anticiparnos a ellas. Pero el estudio del vulcanismo, de las crisis ambientales debidas a fenómenos geológicos y de las extinciones masivas infunde otra sensación más intensa de premonición. Hay numerosos signos de que estamos atravesando otra gran era de destrucción, y muchos ecologistas ya la denominan de sexta gran extinción masiva. Esta vez no hay vulcanismo a gran escala; nada de inmensos campos de lava expulsada a un ritmo equivalente al de todo el resto de volcanes activos juntos, como ocurrió durante la formación de las grandes provincias ígneas. No habrá colosales paisajes de traps que futuros estudiosos puedan explorar y relacionar con la sexta gran convulsión que posiblemente hallarán en el registro fósil, ni tampoco un supercontinente en proceso de escisión ni (al menos de momento) un cráter de impacto descomunal. Si llegara a producirse la extinción masiva del presente, será paralela al experimento a gran escala que estamos efectuando ahora los seres humanos, y cuando concluya, los volcanes de la Tierra seguirán aquí presidiendo el planeta que quede tras nuestras acciones.

A escalas temporales muy largas, es probable que estos centinelas de la historia de la Tierra se encarguen de restaurar algún tipo de equilibrio junto a otras fuerzas planetarias, como la atmósfera, las lluvias, los agentes meteorológicos y las criaturas marinas, que eliminen poco a poco de la atmósfera el carbono emitido por la humanidad y lo devuelvan al interior del planeta. No obstante, será un proceso demasiado lento para revertir las tendencias actuales, y deberíamos tener muy presentes las grandes catástrofes ocurridas en el pasado de este planeta. Es imposible contener las descomunales emisiones de gases procedentes de las profundidades que expulsan los magmas de las grandes provincias ígneas, pero hoy es nuestra especie la que determinará lo que suceda en adelante, qué mundo dejaremos tras nuestro paso por él y cómo nos juzgarán nuestros descendientes, por muy difícil que sea tomar las decisiones correctas. Yo soy tan culpable como cualquiera. No olvido que mis viajes a destinos volcánicos tienen un coste en carbono, y cada vez me paro más a pensar si esos viajes son realmente necesarios. Por otra parte, tanto yo como el resto de especialistas centramos cada vez más nuestras investigaciones en las soluciones que podría ofrecernos el vulcanismo a través de estudios científicos relacionados con la energía geotérmica y el aporte de metales para baterías y otras tecnologías indispensables para que nuestras actividades emitan menos carbono. No me engaño, y sé que no será fácil para nadie.

En los volcanes confluyen múltiples escalas temporales. Sus consecuencias dependen de procesos que se desarrollan a lo largo de millones de años y en fracciones de segundo. Abarcan toda la escala temporal de la especie humana. Aparecen en la historia escrita y, en ocasiones, forman parte de la historia personal de algunos de nosotros. Cambian con nosotros a lo largo de intervalos que podemos concebir con facilidad. Pero sus rocas y otros indicadores de los archivos geológicos del planeta también son heraldos de la historia más remota de este mundo. Nos recuerdan lo corta que es nuestra propia existencia y lo grande y antiguo que es el planeta. Nos obligan a imaginar lugares que se han perdido para nosotros en los abismos del tiempo o que son inaccesibles a nuestra frágil capacidad para experimentarlos realmente debido a las condiciones de temperatura o presión en las que se encuentran. Son dificultades que se me presentan una y otra vez durante mis aventuras volcánicas. A veces la cabeza me da vueltas del vértigo que me provocan, pero aprender a pensar más allá del breve intervalo de la historia humana para abordar las grandes extensiones del tiempo geológico amplía el intelecto y aporta consideraciones y perspectivas novedosas. Cuando desplegamos la mirada sobre la bahía de Santorini e imaginamos cómo era hace cientos de miles de años, o contemplamos el oro borboteante de la lava del Masaya y reflexionamos sobre su largo e imperceptible viaje desde las profundidades de la Tierra o admiramos la manchas oscuras de los mares de la Luna y sentimos que su antigüedad de miles de millones de años de edad choca con nuestra propia brevedad, empezamos a pensar mucho más allá de nuestra limitada vida y del alcance más inmediato de nuestra especie. Creo que cuanto más practiquemos este ejercicio de plantarnos ante un paisaje, sea volcánico o no, y pensar en su hondo pasado, presente y futuro, más capaces seremos de discernir las conexiones a largo plazo entre causas y efectos que debemos entender para abordar los complejos problemas a los que se enfrenta nuestro mundo.

En lo que respecta al futuro más inmediato, confío en poder dedicar al menos otros veinte años a las aventuras volcánicas. Sabemos que aún queda mucho por explicar, y cualquier ojeada a la historia de la ciencia, incluidas las viejas teorías sobre vulcanismo analizadas en estas páginas, nos recuerda una y otra vez que no debemos considerar absolutamente correcto todo lo que creemos saber ya. No cabe duda de que habrá más erupciones que estudiar, y espero de todo corazón que se limiten a despertar la curiosidad científica sin los horrores de las tragedias humanas ocurridas en el pasado. Se están dedicando muchos esfuerzos a nivel mundial para que así sea. En algún momento del futuro viviremos casi con toda seguridad otra «supererupción» de magnitud ocho como las del Toba o Yellowstone y, algún día, otra gran provincia ígnea invadirá la corteza terrestre y cubrirá de basaltos un rincón del mundo. De momento no hay ninguna señal de que lo uno o lo otro vaya a ocurrir durante mi paso fugaz por este planeta, lo que agradezco con todo mi ser a pesar de que presenciar un suceso así me ayudaría a responder muchas incógnitas científicas esenciales.

Lo que sé con seguridad es que las contradicciones que se derivan del estudio de los volcanes seguirán fascinándome. Tratar de entenderlas me resulta tan primordial como sorprendente. Los volcanes abarcan grandes intervalos temporales, cubren áreas extensas y parecen encontrarse en todo el cosmos y, sin embargo, también son repentinos, aterradores, inmediatos y nos atrapan por completo en un instante. Revelan mucha información sobre el pasado de la Tierra, sobre su naturaleza fundamental y sobre cómo ha cambiado. Pero, además de trazar esta línea que nos conecta con la historia de este planeta, los volcanes también son faros que permiten vislumbrar el futuro de la Tierra. A diferencia de la humanidad o incluso de la mayoría de las especies complejas actuales, siempre quedarán volcanes de alguna clase para contemplar otros eones futuros del tiempo geológico mientras prosiga el lento enfriamiento de los «fuegos internos» de este mundo. Los actores cambiarán, por supuesto. Los arcos volcánicos irán y vendrán. Se abrirán nuevas simas y aparecerán nuevos puntos calientes en el manto. Los continentes bailarán al son de todo ello y reconfigurarán su disposición. Los volcanes del mundo seguirán moviéndose y agitándose, pereciendo y renovándose. Tal vez suene extraño, pero, a pesar de los peligros que entrañan y de que yo me habré ido hace mucho, me apena imaginar el mundo sin la majestuosidad del Etna, la belleza del Villarrica o el discreto misterio del Masaya.

Pero al margen de estos sentimientos, los volcanes de todo tipo seguirán aquí para ser estudiados por terrícolas del futuro, sean quienes sean. Las rutas volcánicas son escarpadas y

La autora y Rob Martin en la cumbre del Etna, Italia, en 2005.

pedregosas y no ejercen una atracción universal. Sin embargo, confío en que al menos algunos de nuestros sucesores sigan sintiendo la tentación de recorrer estos agitados territorios para contemplar y maravillarse con las amplias vistas que se obtienen de nuestro planeta y otros mundos del Sistema Solar y fuera de él mediante el estudio de las aventuras volcánicas.

FUENTES, NOTAS Y LECTURAS ADICIONALES

El mapa de las regiones volcánicas que abre este libro se basa en la proyección estereográfica de Gall y reproduce los contornos de las placas tectónicas del Centro de Ciencias Sísmicas del Servicio Geológico de Estados Unidos (USGS: usgs.gov/media/images/tectonic-plates-earth).

La escala de tiempo geológico al comienzo del libro se ha adaptado a partir del Inventario de Recursos Geológicos del Servicio de Parques Nacionales de Estados Unidos (US NPS, 2018) y de la Tabla Cronoestratigráfica Internacional v2023/06 de la Comisión Internacional de Estratigrafía.

La relación de referencias que se da a continuación no pretende ser una revisión exhaustiva de la bibliografía científica existente, sino tan solo orientar sobre lecturas complementarias acerca de algunos de los temas tratados y recoger las fuentes citadas, informaciones específicas ofrecidas en el libro, etc.

Introducción

P. Francis (1993), *Volcanoes, a planetary perspective* (Oxford University Press).
C. H. Langmuir y W. Broecker (2012), *How to Build a Habitable Planet* (Princeton University Press).
D. M. Pyle (2017a), *Volcanoes – Encounters through the Ages* (The Bodleian Library).
D. M. Pyle (2017b), «Visions of Volcanoes», *19: Interdisciplinary Studies in the Long Nineteenth Century*, 25.
H. Sigurdsson (1999), *Melting the Earth* (Oxford University Press).

Imagen en p. 22: créditos de la fotografía de William Mather. Imagen en p. 30: extraída de la segunda edición de G. J. P. Scrope *Considerations on Volcanos* (1862), publicada por primera vez en 1825 por W. Phillips (Londres), Look and Learn/Bridgeman Images.

Capítulo 1

R. Cole (2018), «Radiant Radium: A Christmas Gift», *Science Museum Blogs*, 26 de diciembre (blog.sciencemuseum.org.uk/radiant-radium-a-christmas-gift).
H. Davy (1828), «On the Phenomena of Volcanoes», *Transactions of the Royal Society of London*, 118, 241-251.
V. Deparis (2014), «A history of the global understanding of the Earth», *Comptes Rendus Géoscience*, 346, 275-278. (Archivo de acceso libre que incluye una imagen del modelo de la Tierra de Descartes, https://doi.org/10.1016/j.crte.2014.06.001.)
R. Descartes (1644), *Principles of Philosophy* (trad. al inglés de V. R. Miller y R. P. Miller, 1983, D. Reidel Publishing Company) [versión en castellano: *Los principios de la filosofía,* trad. de Guillermo Quintas. Madrid: Alianza Editorial, 1995].
A. J. S. McGonigle, C. Oppenheimer, B. Galle, T. A. Mather y D. M. Pyle (2002), «Walking Traverse and Scanning DOAS Mea-

surements of Volcanic Gas Emission Rates», *Geophysical Research Letters*, 29, 1985.

D. M. Pyle (2017b), *op. cit.*

H. Rymer, B. van Wyk de Vries, J. Stix, G. y Williams-Jones (1998), «Pit Crater Structure and Processes Governing Persistent Activity at Masaya Volcano, Nicaragua», *Bulletin of Volcanology*, 59, 345-355.

H. Sigurdsson (1999), *op. cit.*

D. Shastri (2016), «This bee lives on the edge—of an active volcano», *Science*, 29 de julio, doi: 10.1126/science.aag0711 (sciencemag.org/news/2016/07/bee-lives-edge-active-volcano).

J. Verne (1864), *Journey to the Centre of the Earth* (Wordsworth Classics, 1996 edition) [versión en castellano: *Viaje al centro de la Tierra,* trad. de Miguel Salabert. Madrid: Alianza Editorial, 2012].

J. G. Viramonte y J. Incer-Barquero (2008), «Masaya, the "Mouth of Hell", Nicaragua: Volcanological Interpretation of the Myths, Legends and Anecdotes», *Journal of Volcanology and Geothermal Research*, 176, 419-426.

D. A. Young (2003), *Mind Over Magma: The Story of Igneous Petrology* (Princeton University Press).

Imagen en p. 45: créditos de la fotografía de Clive Oppenheimer. Imagen en p. 59: Bridgeman Images. Imagen en p. 73: Alamy. Mapa en p. 80: las fronteras de la placa tectónica del Pacífico se basan en datos tomados del Earthquake Science Center del USGS (usgs.gov/media/images/tectonic-plates-earth); proyección estereográfica de Gall; la posición de los volcanes se ha tomado de Smithsonian Institute, Museum of Natural History, Global Volcanism Program, la base de datos de Volcanoes of the World, un catálogo de los volcanes del Holoceno y el Pleistoceno y erupciones acaecidas en los últimos 12.000 años (volcano.si.edu). El corte transversal ampliado se basa en una gráfica del Volcano Hazards Program del USGS (https://www.usgs.gov/media/images/subduction-juan-de-fuca-plate-beneath-north-american-pla-0). Imagen en p. 85: créditos de la fotografía de Katia Pasos.

Capítulo 2

T. Anderson (1908), «The Volcanoes of Guatemala», *The Geographical Journal*, 31, 473-485.

J. Ball (2012), «October 25, 1902: Santa Maria Erupts!», *AGU Blogosphere Magma Cum Laude*, 26 de octubre (blogs.agu.org/magmacumlaude/2012/10/26/october-24-1902-santa-maria-erupts).

H. C. Berry, K. V. Cashman y C. A. Williams (2021), «The 1902 Plinian eruption of Santa María volcano, Guatemala: A new assessment of magnitude and impact using historical sources», *Journal of Volcanology and Geothermal Research*, 414, 107-167.

J. Dvorak (2015), *The Last Volcano* (Pegasus Books).

G. Eisen (1903), «The Earthquake and Volcanic Eruption in Guatemala in 1902», *Bulletin of the American Geographical Society*, 35, 325-352.

P. Francis (1993), *op. cit.*

A. J. L. Harris, W. I. Rose y L. P. Flynn (2003), «Temporal trends in lava dome extrusion at Santiaguito 1922-2000», *Bulletin of Volcanology*, 65, 77-89.

A. Kerr (2020), «Classic Rock Tours 4. Long Walks, Lost Documents and the Birthplace of Igneous Petrology: Exploring Glen Tilt, Perthshire, Scotland», *Geoscience Canada*, 47, 83-102.

R. Menchú (1984), *I, Rigoberta Menchú* (ed. E. Burgos-Debray, trad. de A. Wright, Verso) [versión en castellano: *Me llamo Rigoberta Menchú y así me nació la conciencia,* transcripción de Elizabeth Burgos. Barcelona: Argos Vergara, 1983].

A. Rojas (2014), «Tiempo de recordar todas aquellas historias y leyendas características del día de los Santos», *El Palmar TV Blog* (http://elpalmartvextra.blogspot.com/2014/10/tiempo-de-recordar-todas-aquellas.html).

J. A. J. Scott, D. M. Pyle, T. A. Mather y W. I. Rose (2013), «Geochemistry and Evolution of the Santiaguito Volcanic Dome Complex, Guatemala», *Journal of Volcanology and Geothermal Research*, 252, 92-107.

H. C. Sorby (1858), «On the Microscopical Structure of Crystals, Indicating the Origin of Minerals and Rocks», *Quarterly Journal of the Geological Society*, 14, 453-500.

D. Tedlock (trad.: 1996), *Popol Vuh: The Definitive Edition of the Mayan Book of the Dawn of Life and the Glories of Gods and the Kings* (Touchstone) [versión en castellano: *Popol Vuh,* edición de Cristina Vidal y Miguel Rivera. Madrid: Alianza Editorial, 2017].

R. E. Wolf, R. O. Gomez y W. I. Rose (2010), «Geologic Map of Santiaguito Dome Complex, Guatemala», *The Geological Society of America Digital Map and Chart Series 8.*

D. A. Young (2003), *op. cit.*

R. Waterfield (trad.: 2008), *Plato, Timaeus and Critias* (Oxford University Press). Citas extraídas de R. Macfarlane (2019), *Underland* (Hamish Hamilton).

Imagen en p. 89: créditos de la fotografía de Jeannie Scott. Imagen en p. 91: Potto A Larcroix/Wikipedia. Imagen en p. 99: Temple Sepia Times/Getty images.

Capítulo 3

A. Boettcher (1975), *Santorini: Portrait of an Island* (Mayer'sche Buchhandlung).

T. H. Druitt, L. Edwards, R. M. Mellors, D. M. Pyle, R. S. J. Sparks, M. Lanphere y B. Barreirio (1999), «Santorini Volcano», *Geological Society, London, Memoir 19.*

T. H. Druitt, D. M. Pyle y T. A. Mather (2019), «Santorini Volcano and its Plumbing System», *Elements,* 15, 177-184.

T. H. Druitt, F. W. McCoy y G. E. Vougioukalakis (2019), «The Late Bronze Age Eruption of Santorini Volcano and Its Impact on the Ancient Mediterranean World», *Elements,* 15, 185-190.

F. A. Fouqué (1879) (trad.: A. R. McBirney, 1998), *Santorini and its Eruptions* (The Johns Hopkins University Press).

P. Francis (1993), *op. cit.*

P. Nomikou, M. M. Parks, D. Papanikolaou, D. M. Pyle, T. A. Mather, S. Carey, A. B. Watts, M. Paulatto, M. L. Kalnins, I. Livanos, K. Bejelou, E. Simou y I. Perros (2014), «The Emergence and Growth of a Submarine Volcano: The Kameni Islands, Santorini (Greece)», *Geological Research Journal*, 1-2, 8-18.

P. Nomikou, T. H. Druitt, C. Hübscher, T. A. Mather, M. Paulatto, L. M. Kalnins, K. Kelfoun, D. Papanikolaou, K. Bejelou, D. Lampridou, D. M. Pyle, S. Carey, A. B. Watts, B. Weiβ y M. M. Parks (2016), «Post-eruptive Flooding of Santorini Caldera and Implications for Tsunami Generation», *Nature Communications,* 7, 13332.

M. M. Parks, J. Biggs, P. England, T. A. Mather, P. Nomikou, K. Palamartchouk, X. Papanikolaou, D. Paradissis, B. Parsons, D. M. Pyle, C. Raptakis y V. Zacharis (2012), «Evolution of Santorini Volcano Dominated by Episodic and Rapid Fluxes of Melt From Depth», *Nature Geoscience*, 5, 749-754.

D. M. Pyle (2017a), *op. cit.*

R. S. J. Sparks, M. I. Bursik, S. N. Carey, J. S. Gilbert, L. Glaze, H. Sigurdsson y A. W. Woods (1997), *Volcanic Plumes* (Wiley).

D. B. Vitaliano (1973), *Legends of the Earth: Their Geologic Origins* (Indiana University Press).

G. Vougioukalakis, R. Sparks, T. Druitt, D. Pyle, C. Papazachos y M. Fytikas (2016), «Volcanic Hazard Assessment at Santorini Volcano: A Review and a Synthesis in the Light of the 2011-2012 Santorini Unrest», *Bulletin of the Geological Society of Greece*, 50, 274-283.

Imágenes en pp. 146, 154 y 166: fotografías de la autora. Imagen en p. 164: créditos de la fotografía de David Pyle.

Capítulo 4

J. Brewer (2018), «Teodoro Monticelli, Vesuvius and Naples», *Blog-post* (brewersblog.org/2018/02/18/teodoro-monticelli-vesuvius-and-naples).

C. G. B. Daubeny (1835), «Some Account of the Eruption of Vesuvius, Which Occurred in the Month of August 1834, extracted from the manuscript notes of Cavaliere Monticelli, Foreign Member of the Geological Society, and from other sources; together with a Statement of the Products of the Eruption, and of the condition of the Volcano subsequently to it», *Philosophical Transactions of the Royal Society*, 125, 153-159.

A. L. Day y E. S. Shepherd (1913), «Water and Volcanic Activity», *Bulletin of the Geological Society of America*, 24, 573-606.

M. Di Vito, L. Lirer, G. Mastrolorenzo y G. Rolandi (1987), «The 1538 Monte Nuovo eruption (Campi Flegrei, Italy)», *Bulletin of Volcanology*, 49, 608-615.

J. Dvorak (2011), «The Origin of the Hawaiian Volcano Observatory», *Physics Today*, 64, 32-37.

J. Dvorak (2015), *op. cit.*

M. Edmonds, I. R. Sides, D. Swanson, C. Werner, R. S. Martin, T. A. Mather, R. A. Herd, R. L. Jones, M. I. Mead, G. Sawyer, T. J. Roberts, A. J. Sutton y T. Elias (2013), «Magma storage, transport and degassing during the 2008-10 summit eruption at Kīlauea Volcano, Hawai'i», *Geochimica et Cosmochimica Acta*, 123, 284-301.

T. M. Gerlach (1980), «Evaluation of Volcanic Gas Analyses from Kīlauea Volcano», *Journal of Volcanology and Geothermal Research*, 7, 295-317.

M. R. Halliday y A. A. Cigna (2006), «The Grotta Del Cane (Dog Cave), Naples, Italy», *Cave and Karst Science: Transactions of the British Cave Research Association*, 33, 131-136.

M. M. Hirschmann (2006), «Water, Melting, and the Deep Earth H_2O Cycle», *Annual Review of Earth and Planetary Sciences*, 34, 629-653.

T. A. Mather, M. L. I. Witt, D. M. Pyle, B. M. Quayle, A. Aiuppa, E. Bagnato, R. S. Martin, K. W. W. Sims, M. Edmonds, A. J. Sutton y E. Ilyinskaya (2012) «Halogens and trace metal emissions from the ongoing 2008 summit eruption of Kīlauea volcano, Hawai'i», *Geochimica et Cosmochimica Acta*, 83, 292-323.

S. Mikhail y E. Füir (2019) «On the Origin(s) and Evolution of Earth's Carbon», *Elements*, 15, 307-312.

Ovidio (trad. al inglés: Mary. M. Innes, 1955), *Metamorphoses* (Penguin Books) [versión en castellano: *Metamorfosis,* trad. de Antonio Ramírez de Verger y Fernando Navarro Antolín. Madrid: Alianza Editorial, 2015].

D. M. Pyle (2017a), *op. cit.*

K. Rubin, páginas en internet del Hawaii Centre for Volcanology «The formation of the Hawaiian Islands» (https://www.soest.hawaii.edu/GG/HCV/haw_formation.html).

M. P. Ryan (1988), «The mechanics and three-dimensional internal structure of active magmatic systems: Kīlauea volcano, Hawaii», *Journal of Geophysical Research: Solid Earth*, 93, 4213-4248.

H. Sigurdsson (1999), *op. cit.*

C. Scarpati, P. Cole y A. Perrotta (1993) «The Neapolitan Yellow Tuff — A large volume multiphase eruption from Campi Flegrei, Southern Italy», *Bulletin of Volcanology*, 55, 343-356.

USGS Volcano Hazards Program, páginas en internet para el Mauna Loa (usgs.gov/volcanoes/mauna-loa).

D. B. Vitaliano (1973), *op. cit.*

P. Wallace y A. T. Anderson (2000), «Volatiles in Magmas», *Encyclopedia of Volcanoes*, 149-170 (Academic Press).

S. Winchester (2003), *Krakatoa: The Day the World Exploded* (Viking).

D. A. Young (2003), *op. cit.*

Imagen en p. 188: Getty Images. Imagen en p. 199: créditos de la fotografía de Clive Oppenheimer. Imagen en p. 224: fotografía de la autora.

Capítulo 5

Aeronet Aerosol Robotic Network, páginas en internet (aeronet.gsfc.nasa.gov).

I. Allende (trad. al inglés: M. Sayers Peden, 2003), *My Invented Country* (Flamingo) [versión en castellano: *Mi país inventado*. Barcelona: Debolsillo, 2006].

T. Anderson (1908), *op. cit.*

S. F. Corfidi (2014), «The Colors of Sunset and Twilight», NOAA Storm Prediction Center, publicaciones informales (spc.noaa.gov/publications/corfidi/sunset/).

C. R. Darwin (1835) *Darwin's Beagle Diary (1831-1836)* (darwin-online.org.uk) [versión en castellano: *Diario del viaje de un naturalista alrededor del mundo,* trad. de Juan Mateos. Madrid: Calpe, 1921 (https://www.cervantesvirtual.com/obra/diario-del-viaje-de-un-naturalista-alrededor-del-mundo-en-el-navio-de-sm-beagle/)].

L. Jaroff (2003), «More Than a 'Scream': A Blast Felt Round the World», *New York Times*, 9 de diciembre (https://www.nytimes.com/2003/12/09/science/more-than-a-scream-a-blast-felt-round-the-world.html?searchResultPosition=1).

T. A. Mather, V. I. Tsanev, D. M. Pyle, A. J. S. McGonigle, C. Oppenheimer y A. G. Allen (2004), «Characterization and evolution of tropospheric plumes from Lascar and Villarrica volcanoes, Chile», *Journal of Geophysical Research: Atmospheres*, 109, D21303.

T. A. Mather (2018), «Living with volcanic gases», *EGU Blogs* (blogs.egu.eu/divisions/gmpv/2018/01/30/living-with-volcanic-gases).

C. Oppenheimer (2003), «Climatic, environmental and human consequences of the largest known historic eruption: Tambora volcano (Indonesia) 1815», *Progress in Physical Geography: Earth and Environment*, 27, 230-259.

D. M. Pyle (2017a), *op. cit.*

A. Robock (2000), «Volcanic eruptions and climate», *Reviews of Geophysics*, 38, 191-219.

H. Sigurdsson (1999), *op. cit.*

H. Stommel y E. Stommel (1979), «The Year Without a Summer», *Scientific American*, 240, 176-187.

G. J. Symons (ed.) (1888), *The Eruption of Krakatoa, and Subsequent Phenomena. Report of the Krakatoa*, Committee of the Royal Society (Trübner & Co., Londres).

S. Winchester (2003), *op. cit.*

A. Witze y J. Kanipe (2014), *Island on Fire: The Extraordinary Story of Laki, the Volcano that Turned Eighteenth-Century Europe Dark* (Profile Books).

Imágenes en pp. 246 y 252: créditos de la fotografía de David Pyle.
Imagen en p. 260: CVO Photo Archives/Wikipedia.

Capítulo 6

R. G. Andrews (2021), «A Massive Subterranean 'Tree' Is Moving Magma to Earth's Surface», *Quanta Magazine*, 15 de septiembre (quantamagazine.org/a-massive-subterranean-tree-is-moving-magma-to-earths-surface-20210915).

J. Biggs, I. D. Bastow, D. Keir y E. Lewi (2011), «Pulses of Deformation Reveal Frequently Recurring Shallow Magmatic Activity Beneath the Main Ethiopian Rift», *Geochemistry, Geophysics, Geosystems*, 12, Q0AB10.

W. W. Bishop (ed.) (1978), *Geological Background to Fossil Man: Recent Research in the Gregory Rift Valley, East Africa* (Geological Society, Londres, Special Publications, 6).

D. Bressan (2018), «The Discovery Of The Great Rift Valley, Where Africa Is Splitting In Two», *Forbes*, 3 de abril.

P. Briggs (2009), *Ethiopia*, Bradt Travel Guides.

S. Brune, S. E. Williams y R. D. Müller (2017), «Potential Links Between Continental Rifting, CO_2 Degassing and Climate Change Through Time», *Nature Geoscience*, 10, 941-946.

W. Buckland (1840), «Memoir on the evidences of glaciers in Scotland and the north of England», *Proceedings of the Geological Society*, 3, 332-337, 345-348, citado en D. R. Oldroyd (2002), *op. cit.*

M. R. Burton, G. M. Sawyer y D. Granieri (2013), «Deep Carbon Emissions from Volcanoes», *Reviews in Mineralogy and Geochemistry*, 75, 323-354.

T. C. Chamberlin (1899), «An Attempt to Frame a Working Hypothesis of the Cause of Glacial Periods on an Atmospheric Basis», *The Journal of Geology*, 7, 545-584.

Geological Society of London, «Plate Tectonic Stories: East African Rift Valley, East Africa» (geolsoc.org.uk/Policy-and-Media/Outreach/Plate-Tectonic-Stories/Vale-of-Eden/East-African-Rift-Valley).

P. Gouin (1979), *Earthquake History of Ethiopia and the Horn of Africa* (International Development Research Centre).

J. A. Hunt, A. Zafu, T. A. Mather, D. M. Pyle y P. H. Barry (2017), «Spatially Variable CO_2 Degassing in the Main Ethiopian Rift:

Implications for Magma Storage, Volatile Transport and Rift-Related Emissions», *Geochemistry, Geophysics, Geosystems*, 18, 3714-3737.

W. Hutchison, T. A. Mather, D. M. Pyle, J. Biggs y G. Yirgu (2015), «Structural controls on fluid pathways in an active rift system: A case study of the Aluto volcanic complex», *Geosphere*, 11, 542-562.

W. Hutchison, R. Fusillo, D. M. Pyle, T. A. Mather, J. Blundy, J. Biggs, G. Yirgu, B. E. Cohen, R. Brooker, D. N. Barfod y A. T. Calvert (2016), «A Pulse of Mid-Pleistocene Rift Volcanism in Ethiopia at the Dawn of Modern Humans», *Nature Communications*, 7:13192.

P. Kent (1978), «Historical Background: Early Exploration in the East African Rift – The Gregory Rift Valley», *Geological Society, London, Special Publications*, 6, 1-4.

E. Laird (2013), *The Lure of the Honeybird: The Storytellers of Ethiopia* (Polygon).

H. Lee, J. D. Muirhead, T. P. Fischer, C. J. Ebinger, S. A. Kattenhorn, Z. D. Sharp y G. Kianji (2016), «Massive and Prolonged Deep Carbon Emissions Associated with Continental Rifting», *Nature Geoscience*, 9, 145-149.

D. R. Oldroyd (2002), «The Glaciation of the Lake District», en *Earth, Water, Ice and Fire: Two Hundred Years of Geological Research in the English Lake District*, Geological Society Memoir n.º 25, 255-269.

Oxford University Museum of Natural History, «Learning more… William Buckland» (https://internewske.org/learning/pdfs/buckland.pdf).

H. Sigurdsson (1999), *op. cit.*

C. A. Suarez, M. Edmonds y A. P. Jones (2019), «Catastrophic Perturbations to Earth's Deep Carbon Cycle», *Elements*, 15, 301-306.

C. Summerhayes (2017), «Blowing hot and cold», *Geoscientist Online* (geolsoc.org.uk/Geoscientist/Archive/May-2017/Blowing-hot-and-cold).

US EPA, «Greenhouse Gas Equivalencies Calculator» (epa.gov/energy/greenhouse-gas-equivalencies-calculator).

J. C. G. Walker, P. B. Hays y J. F. Kasting (1981), «A Negative Feedback Mechanism For the Long-Term Stabilization Of Earth's Surface Temperature», *Journal of Geophysical Research*, 86, 9776-9782.

S. R. Weart (2008), *The Discovery of Global Warming* (2.ª edición, Harvard University Press). [versión en castellano: *El calentamiento global: Historia de un descubrimiento científico,* trad. de José Luis Gil Aristu. Pamplona: Laetoli, 2006].

F. Williams y P. Mohr (2011), *Ethiopia's Rift Valley, Its Geology and Scenery* (Millbrook Nova Press).

Imágenes en pp. 291 y 299: créditos de las fotografías de David Pyle. Imágenes en pp. 304-305 y 313: créditos de las fotografías de William Hutchison. Imagen en p. 307: fotografía de la autora.

Capítulo 7

I. Allende (2003), *op. cit.*

M. Anand, R. Tartèse y J. J. Barnes (2014), «Understanding the Origin and Evolution of Water in the Moon Through Lunar Sample Studies», *Philosophical Transactions of the Royal Society A*, 372:2013025420130254.

S. E. Braden, J. D. Stopar, M. S. Robinson, S. J. Lawrence, C. H. van der Bogert y H. Hiesinger (2014), «Evidence for Basaltic Volcanism on the Moon Within the Past 100 Million Years», *Nature Geoscience*, 7, 787-791.

P. K. Byrne y S. Krishnamoorthy (2022), «Estimates on the Frequency of Volcanic Eruptions on Venus», *Journal of Geophysical Research: Planets*, 127, e2021JE007040.

The Cosmic Cast (2021), «How did astronauts explore the Moon?» (youtube.com/watch?v=XWQTAPJC_a0).

N. M. Curran, K. H. Joy, J. F. Snape, J. F. Pernet-Fisher, J. D. Gilmour, A. A. Nemchin, M. J. Whitehouse y R. Burgess (2019), «The early geological history of the Moon inferred from ancient lunar meteorite Miller Range 13317», *Meteoritics and Planetary Science*, 54, 1401-1430.

P. Francis (1993), *op. cit.*

P. Geissler (2015), «Cryovolcanism in the Outer Solar System», *The Encyclopedia of Volcanoes*, 763-776 (2.ª edición, Academic Press).

J. W. Head, L. Wilson, A. N. Deutsch, M. J. Rutherford y A. E. Saal (2020), «Volcanically Induced Transient Atmospheres on the Moon: Assessment of Duration, Significance, and Contributions to Polar Volatile Traps», *Geophysical Research Letters*, 47, e2020GL089509.

R. R. Herrick y S. Hensley (2023), «Surface changes observed on a Venusian volcano during the Magellan mission», *Science*, 379, 1205-1208.

J. D. Hofgartner, S. P. D. Birch, J. Castillo, W. M. Grundy, C. J. Hansen, A. G. Hayes, C. J. A. Howett, T. A. Hurford, E. S. Martin, K. L. Mitchell, T. A. Nordheim, M. J. Poston, L. M. Prockter, L. C. Quick, P. Schenk, R. N. Schindhelm y O. M. Umurhan (2022), «Hypotheses for Triton's plumes: New analyses and future remote sensing tests», *Icarus* 375, 114835.

J. Huang, S. Seager, J. J. Petkowski, S. Ranjan y Z. Zhan (2022), «Assessment of Ammonia as a Biosignature Gas in Exoplanet Atmospheres», *Astrobiology*, 22, 171-191.

L. Kaltenegger (2017), «How to Characterize Habitable Worlds and Signs of Life», *Annual Review of Astronomy and Astrophysics*, 55, 433-485.

J. F. Kasting y D. Catling (2003), «Evolution of a Habitable Planet», *Annual Review of Astronomy and Astrophysics*, 41, 429-463.

T. A. Mather *et al.* (2004), *op. cit.*

C. Morgan, L. Wilson y J. W. Head (2021), «Formation and Dispersal of Pyroclasts on the Moon: Indicators of Lunar Magma Volatile Contents», *Journal of Volcanology and Geothermal Research*, 413, 107217.

NASA Earth Observatory (2015), Historic rain around the Atacama Desert led to devastating floods and mud flows. Image of the Day for April 11 (earthobservatory.nasa.gov/images/85685/flooding-in-the-chilean-desert).

NASA Astromaterials Acquisition and Curation Office, «Lunar Rocks and Soils from Apollo Missions» (curator.jsc.nasa.gov/lunar).

D. H. Needham y D. A. Kring (2017), «Lunar Volcanism Produced a Transient Atmosphere Around the Ancient Moon», *Earth and Planetary Science Letters*, 478, 175-178.

S. J. Peale, P. Cassen y R. T. Reynolds (1979), «Melting of Io by Tidal Dissipation», *Science*, 203, 892-894.

G. Schubert, R. E. Lingenfelter y S. J. Peale (1970), «The morphology, distribution, and origin of lunar sinuous rilles», *Reviews of Geophysics*, 8, 199-224.

I. Todd (2020), «Interview with Voyager scientist Linda Morabito», *BBC Sky at Night Magazine*, 6 de julio (skyatnightmagazine.com/space-missions/volcano-jupiter-moon-io-interview-voyager-linda-morabito).

A. von Humboldt (1853, trad. inglesa: Vera M. Kutzinski, 2010), «About an Attempt to Climb to the Top of Chimborazo», *Atlantic Studies*, 7, 91-211.

C. A. Wood (2019), «Before Apollo: The scientists who discovered the Moon», *Sky & Telescope*, 9 de julio (skyandtelescope.org/astronomy-resources/before-apollo-scientists-who-discovered-moon).

A. Wulf (2015), *The Invention of Nature: The Adventures of Alexander von Humboldt, the Lost Hero of Science* (John Murray) [versión en castellano: *La invención de la naturaleza: el nuevo mundo de Alexander von Humboldt,* trad. de María Luisa Rodríguez Tapia. Barcelona: Taurus, 2016].

F. Wunderlich, M. Scheucher, M. Godolt, J. L. Grenfell, F. Schreier, P. C. Schneider, D. J. Wilson, A. Sánchez-López, M. López-Puertas y H. Rauer (2020), «Distinguishing between Wet and Dry Atmospheres of TRAPPIST-1 e and f», *The Astrophysical Journal*, 901, 126.

Imágenes en pp. 335 y 358: créditos de la fotografía de David Pyle. Imagen en p. 338: NASA Image Collection/Alamy. Imagen en p. 342: Geography and Map Division, Library of Congress. Imagen en p. 353: NASA Image Collection.

Capítulo 8

A. D. Barnosky, N. Matzke, S. Tomiya, G. O. U. Wogan, B. Swartz, T. B. Quental, C. Marshall, J. L. McGuire, E. L. Lindsey, K. C. Maguire, B. Mersey y E. A. Ferrer (2011), «Has the Earth's sixth mass extinction already arrived?», *Nature*, 471, 51-57.

BBC news (2020), «Australia fires: A visual guide to the bushfire crisis», 31 de enero (bbc.co.uk/news/world-australia-50951043).

P. Brannen (2017), *Ends of the World: Volcanic Apocalypses, Lethal Oceans and Our Quest to Understand Earth's Past Mass Extinctions* (Oneworld) [versión en castellano: *Los finales del mundo: Una historia de erupciones volcánicas, océanos letales y extinciones masivas. Los apocalipsis pasados y futuros de la Tierra,* trad. de David León Gómez. Barcelona: Shakleton Books, 2022].

G. Ceballos, P. R. Ehrlich, A. D. Barnosky, A. Garcia, R. M. Pringle y T. M. Palmer (2015), «Accelerated modern human–induced species losses: Entering the sixth mass extinction», *Science Advances,* 1, e1400253.

Y. Cui, M. Li, E. E. van Soelen, F. Peterse y W. M. Kürschner (2021), «Massive and rapid predominantly volcanic CO_2 emission during the end-Permian mass extinction», *Proceedings of the National Academy of Sciences*, 118, e2014701118.

E. Dunne (2018), «Patterns in Palaeontology: How Do We Measure Biodiversity in the Past?», *Palaeontology Online*, 8, 1-9.

R. Garwood (2014), «Life as a Palaeontologist: Palaeontology for Dummies, Part 2», *Palaeontology Online*, 4, 1-10.

A. Geikie (1897), *The Ancient Volcanoes of Great Britain* (Macmillan).

S. Hesselbo *et al.* (2023), «Initial results of coring at Prees, Cheshire Basin, UK (ICDP JET Project); towards an integrated stratigraphy, timescale, and Earth System understanding for the Early Jurassic», *Scientific Drilling*, 32, 1-25.

R. Lindsey (2023), «Climate Change: Atmospheric Carbon Dioxide», NOAA Climate.gov News & Features, 12 de mayo (climate.gov/news-features/understanding-climate/climate-change-atmospheric-carbon-dioxide).

T. A. Mather y A. Schmidt (2021), «Environmental Effects of Volcanic Volatile Fluxes From Sub-Aerial Large Igneous Provinces», en R. E. Ernst, A. J. Dickson, A. Bekker (eds.), *Large Igneous Provinces: A Driver of Global Environmental and Biotic Changes*, AGU Geophysical Monograph 255, 103-116.

G. R. McGhee, M. E. Clapham, P. M. Sheehan, D. J. Bottjer y M. L. Droser (2013), «A new ecological-severity ranking of major Phanerozoic biodiversity crises», *Palaeogeography, Palaeoclimatology, Palaeoecology*, 370, 260-270.

C. McGlade y P. Ekins (2015), «The geographical distribution of fossil fuels unused when limiting global warming to 2 ºC», *Nature*, 517, 187-190.

NASA, «How Do We Know Climate Change Is Real?» (climate.nasa.gov/evidence/).

Oxford University Museum of Natural History, «Learning more… The statues in the court» (http://www.oum.ox.ac.uk/learning/htmls/statues.htm).

L. M. E. Percival, B. A. Berguist, T. A. Mather y H. Sanei (2021), «Sedimentary mercury enrichments as a tracer of Large Igneous Province volcanism», en R. E. Ernst, A. J. Dickson y A. Bekker (eds.), *Large Igneous Provinces: A Driver of Global Environmental and Biotic Changes*, AGU Geophysical Monograph 255, 247-262.

J. Phillips (1860), «Life on the Earth: Its Origin and Succession» (Macmillan)

G. Racki (2020), «Volcanism as a Prime Cause of Mass Extinctions: Retrospectives and Perspectives», en T. Adatte, D. P. G. Bond y G. Keller (eds.), *Mass Extinctions, Volcanism, and Impacts: New Developments*, Geological Society of America: Special Paper 544, 1-34.

G. Racki (2021), «The Discovery of the Siberian Traps Large Igneous Province in 1870s, the Leading role of Aleksander Czekanowski», *Proceedings of the Geologists' Association*, 132, 369-391.

D. M. Raup y J. J. Sepkoski (1982), «Mass Extinctions in the Marine Fossil Record», *Science*, 215, 1501-1502.

D. M. Raup (1995) «The Role of Extinction in Evolution Tempo and Mode», en W. M. Fitch y F. J. Ayala (eds.), *Evolution Gene-*

tics And Paleontology 50 Years After Simpson, National Academy of Sciences (US), National Academies Press (US), 109-124.

R. Revelle y H. E. Suess (1957), «Carbon Dioxide Exchange between Atmosphere and Ocean and the Question of an Increase of Atmospheric CO_2 During the Past Decades», *Tellus* 9, 18-27.

H. H. Svensen, D. A. Jerram, A. G. Polozov, S. Planke, C. R. Neal, L. E. Augland y H. C. Emeleus (2019), «Thinking about LIPs: A Brief History of Ideas in Large Igneous Province Research», *Tectonophysics* 760, 229-251.

S. R. Weart (2008), *op. cit.*

A. Wulf (2015), *op. cit.*

Y. Zhang, M. Pagani, Z. Liu, S. M. Bohaty y R. DeConto (2013), «A 40-Million-Year History of Atmospheric CO_2», *Philosophical Transactions of the Royal Society A*, 371, 20130096.

Imagen en p. 370: fotografía de la autora. Mapa en p. 374 de las grandes provincias ígneas basado en la figura 1 de S. E. Bryan y L. Ferrari (2013), «Large igneous provinces and silicic large igneous provinces: Progress in our understanding over the past 25 years», *Geological Society of America Bulletin*, 125, 1053-1078. El mapa se basa en la proyección estereográfica de Gall y es obra de Stephen Dew. Imagen en p. 388: reproducción de la figura 4 de J. Phillips (1860), *op. cit.* Imagen en p. 392: fotografía de la autora.

Epílogo

Imagen en p. 416: créditos de la fotografía de David Pyle.

AGRADECIMIENTOS

Jamás pensé que probaría a escribir un libro como este. Gracias a Matthew Turner, de la Agencia Literaria RCW, por proponerme que lo intentara y por la ayuda decisiva que me brindó para dar forma al torrente inicial de ideas y convertirlo en algo más legible (o eso espero). Gracias también a Jon Appleton, Richard Beswick, David Bamford y el resto del equipo de Little, Brown Book Group, así como a Eden Railsback, John Glynn y el equipo de Hanover Square Press, por creer en el proyecto y por todos los esfuerzos que dedicaron a mejorarlo. David Pyle, Rachel Hinton, Bettina Bildhauer, Erin Saupe, Claire Nichols y Atalay Ayele aportaron valiosos comentarios sobre algunas partes o la totalidad del manuscrito que agradezco en extremo. Otras personas, como Xochilt Hernández Leiva, Felicity Mather y Charlotte Deane, leyeron fragmentos o el conjunto completo de borradores previos y me brindaron el apoyo que tanto necesité para seguir adelante. Muchos otros familiares, amigos y compañeros también me ayudaron de distintas maneras durante el viaje, en especial cuando surgieron dificultades. Muchísimas gracias a todos ellos.

Estas solo son algunas de las aventuras volcánicas que he vivido hasta ahora. Son muchas más las sendas que recorrí y las que me quedan por recorrer, de modo que este libro no pretende en absoluto ofrecer una relación completa. Hay muchas más regiones volcánicas relevantes y espectaculares del planeta que aún no he visitado. Lo que cuento aquí está claramente centrado en los lugares donde he estado, y soy muy consciente de que hasta el momento actual está muy enfocado en Europa y América. Así, por ejemplo, aún no he realizado ningún trabajo de campo en la parte occidental del cinturón de fuego del Pacífico, caracterizado por tanta actividad volcánica, pero no dudaría en aprovechar cualquier oportunidad para rellenar esta y otras muchas lagunas de mi conocimiento de emplazamientos volcánicos. También soy muy consciente de que tengo una visión del norte de Europa que es fiel reflejo de mis orígenes y mi formación. El tiempo siempre ha sido demasiado corto para estudiar todas las perspectivas con la profundidad que me habría gustado en esta etapa, pero en todo momento procuro seguir aprendiendo. Asimismo, hay numerosos aspectos, algunos incluso significativos, de la vulcanología que no he podido incluir en estas páginas y, también en este caso, lo que he escrito en ciertos pasajes aborda la ciencia que efectué durante las campañas que describo, en detrimento de otros hallazgos igual de emocionantes o más. Espero haber transmitido algo de la extensión y el ahínco de los esfuerzos colectivos pasados y presentes que se han efectuado dentro de la vulcanología, pero es una labor demasiado diversa para abarcarla en su totalidad.

Como es natural, durante todos los trabajos de campo expuestos en este libro siempre estuve acompañada por otras personas. Durante mis aventuras he tenido el increíble privilegio de trabajar con un conjunto nutrido de científicos muy competentes y, para evitar una jungla de nombres dentro de esas páginas, decidí limitar las menciones específicas a algunos de los colaboradores de mi país. Sin embargo, en esos relatos (a menudo en múltiples lugares) se encuentran David Pyle, Clive Oppenheimer, Andrew Allen, Andrew McGonigle, Ken Sims, Evgenia Ilyinskaya, Matt Watson, Jeannie Scott, Jon Stone, Rudiger Escobar Wolf, Sandro Aiuppa, Emanuela Bagnato, Seb Watt, Rob Martin, Giovanni Chiodini, Evi Nomikou, Michelle Parks, Mel Witt, Roland von Glasow, Tjarda Roberts, Adam Durant, Vitchko Tsanev, Jeff Sutton, Tamar Elias, Jim Kauahikaua, John Catto, Gezahegn Yirgu, Will Hutchison, Karen Fontijn, Fekadu Aduna, Jason Permenter, Victoria Martin, Ben Mason, Mike Rampey, Guillermo Chong, Claire Witham, Sara Barsotti, Wilfried Strauch, Rachel Whitty, Hilary Francis, Guðrún Halla Tulinius, Xochilt Hernández Leiva, Steve Hesselbo, Conall Mac Niocaill, Stuart Robinson, Joost Frieling, Isabel Fendley, Asri Indraswari, Alice Paine, Jean-François Smekens, Mike Burton, Terry Plank, Giuseppe Salerno, Nicole Bobrowski, Sandro La Spina y numerosos nombres más. Y aún quedan muchas otras personas por mencionar que han contribuido a desarrollar la ciencia que me ha permitido escribir este libro. Algunas de ellas constan como autoras o coautoras en las referencias del apartado de notas, pero también en este caso son demasiadas para incluirlas a todas y quisiera aprovechar este espacio para manifestar mi agradecimiento a todos mis colaboradores científicos, en especial al alumnado investigador y a los científicos en ciernes que han confiado en mí como mentora (y con quienes a menudo el aprendizaje ha sido mayor para mí que para ellos), así como a colegas de grandes proyectos como COMET (dirigido por Tim Wright/Barry Parsons), Riftvolc (dirigido por Kathy Whaler/Juliet Biggs),

STREVA (dirigido por Jenni Barclay), V-PLUS (dirigido por Anja Schmidt), Mantle Volatiles y V-ECHO. Un trabajo científico como el mío también requiere financiación, y no me tomo en absoluto a la ligera que esta provenga a menudo de las arcas públicas, aunque nuestros hallazgos no siempre resulten tan relevantes o útiles como cabría esperar. Los trabajos que describo en estas páginas han obtenido financiación del NERC, el ERC, la Royal Society, la NSF, el Leverhulme Trust, un premio de Unesco/L'Oréal UK e Ireland Women in Science, el ICDP, el Boise Trust Fund (Universidad de Oxford), el Centro de Estudios Latinoamericanos (Universidad de Cambridge), el University College (Oxford) y otros organismos diversos. Además, hay muchas instituciones científicas y entidades de gestión de riesgos que han sido vitales para el desarrollo de mi trabajo por todo el mundo y cuya mediación para gestionar los riesgos volcánicos siempre agradeceré, por ejemplo: INGV (Italia), INETER (Nicaragua), USGS (Estados Unidos), IMO (Islandia), INSIVUMEH (Guatemala), SERNAGEOMIN (Chile) y muchas más.

Por último, son muchas las personas sin las cuales yo no sería quien soy hoy para escribir este libro. Gracias de todo corazón a mis padres por orientarme y ser una fuente inagotable de cariño y apoyo tanto en los buenos momentos como en los malos; gracias también a mi hermana, quien espero que capte todo lo que compartimos de estas páginas. Durante mi infancia y la edad adulta he tenido la suerte de disfrutar de cerca de tres de mis abuelos y de oír hablar mucho de mi abuelo fallecido. Entre otras muchas cosas, me trajeron del Etna mi primera roca volcánica y me transmitieron numerosas enseñanzas sobre el poder de contar historias (¡a veces repetidas!), y pienso en ellos muy a menudo, incluso ahora que ya no están. Muchas gracias también al resto de mi familia y amistades por vuestro apoyo y por aguantar mis frecuentes ataques de inseguridad, mis excentricidades y tantas divagaciones espontáneas y a veces innecesarias sobre temas científicos o volcánicos a lo largo de estos años. Sabéis quiénes sois y me siento increíblemente afortunada de teneros. Nunca dejamos de aprender, pero no es algo que se consiga en solitario. Estoy inmensamente agradecida a los numerosos profesores del colegio, la universidad y otros ámbitos que han influido en mí a lo largo de mi vida; sois demasiados para nombraros a todos, pero yo no estaría aquí sin vosotros. Mi agradecimiento más profundo también a todas las personas que me han ayudado a seguir la senda de convertirme en madre y vulcanóloga, en especial a nuestras familias y amistades, al personal de las escuelas infantiles, de los colegios y al equipo del Kamran's Ward del Oxford Children's Hospital. Dedico este libro con todo mi amor a David, que ha sido, y es, mi compañero de aventuras de tantas formas diferentes, y sobre todo a Alice y Dominic y a todas las aventuras que os aguarden en el futuro, sean cuales sean.